"十四五"职业教育国家规划教材

辽宁省职业教育"十四五"首批规划教材

1+X 职业技能等级证书培训考核配套教材

新松 1+X 工业机器人装调职业技能等级证书培训系列教材

工业机器人装调教程（新松）

沈阳中德新松教育科技集团有限公司　组编

机械工业出版社

本书为“十四五”职业教育国家规划教材、辽宁省职业教育“十四五”首批规划教材。

本书以《工业机器人装调职业技能等级标准》为依据，围绕工业机器人领域的人才需求与岗位能力进行内容设计。本书主要内容包括工业机器人安全操作认知，学习工业机器人的基础知识和操作工业机器人，编写工业机器人工艺单元程序，工业机器人工作站集成应用，装调工业机器人及外围设备，维护与维修工业机器人系统。本书采用项目式编写体例，合理安排理论知识和实践知识的比例，以工业机器人码垛工艺单元、供料工艺单元、带输送工艺单元、快换夹具工艺单元、装配工艺单元、打磨工艺单元、机器视觉系统以及外部轴等典型应用为教学案例。

本书可作为工业机器人装调职业技能的培训与考证辅导教材，也可作为从事工业机器人装调工作的工程技术人员的参考用书。

本书配有教学视频，读者可以扫描书中二维码观看。本书配有电子课件，凡使用本书作为教材的教师均可登录机械工业出版社教育服务网 www.cmpedu.com 注册后下载。咨询电话：010-88379375。

图书在版编目（CIP）数据

工业机器人装调教程．新松/沈阳中德新松教育科技集团有限公司组编．—北京：机械工业出版社，2021.7（2024.1 重印）

1+X 职业技能等级证书培训考核配套教材　新松 1+X 工业机器人装调职业技能等级证书培训系列教材

ISBN 978-7-111-68374-2

Ⅰ.①工…　Ⅱ.①沈…　Ⅲ.①工业机器人-装配（机械）-职业技能-鉴定-教材　Ⅳ.①TP242.2

中国版本图书馆 CIP 数据核字（2021）第 101595 号

机械工业出版社（北京市百万庄大街 22 号　邮政编码 100037）
策划编辑：薛　礼　责任编辑：薛　礼　章承林
责任校对：郑　婕　封面设计：鞠　杨
责任印制：单爱军
北京虎彩文化传播有限公司印刷
2024 年 1 月第 1 版第 5 次印刷
184mm×260mm · 11.5 印张 · 281 千字
标准书号：ISBN 978-7-111-68374-2
定价：47.00 元

电话服务　　　　　　　　　　网络服务
客服电话：010-88361066　　机　工　官　网：www.cmpbook.com
　　　　　010-88379833　　机　工　官　博：weibo.com/cmp1952
　　　　　010-68326294　　金　书　网：www.golden-book.com
封底无防伪标均为盗版　　机工教育服务网：www.cmpedu.com

新松 1+X 工业机器人装调职业技能等级证书培训系列教材编审委员会

党的二十大报告指出：教育、科技、人才是全面建设社会主义现代化国家的基础性、战略性支撑；统筹职业教育、高等教育、继续教育协同创新，推进职普融通、产教融合、科教融汇，优化职业教育类型定位。当前，科教兴国战略已经成为国家战略的重要组成部分，高职教育的地位日益重要，高质量的创新型人才培养已经成为实施科教兴国战略的重要举措之一。编写本书旨在贯彻落实国家科教兴国战略，推动工业机器人技术的应用和创新，为我国现代化建设提供有力的人才支撑和技术支持。

《中国教育现代化2035》提出，到2035年，职业教育实现现代化，成为国家实施创新驱动发展战略、科教兴国战略、人才强国战略的重要支撑；职业教育质量全面提高，与其他教育协调发展，专业、课程、教材与国际标准接轨，形成具有中国特色、世界水平的现代职业教育体系；职业教育机制更加开放，人才培养模式创新，坚持校企合作、工学结合，强化教学、学习、实训相融合的教育教学活动，形成多元协同办学模式；职业教育服务能力提升，技术技能人才供给与产业需求重大结构性矛盾基本解决，对新型工业化、信息化、新型城镇化、农业现代化和人的成长成才的贡献显著增强；职业教育影响力显著提升，中国特色的职业教育办学经验和发展模式受到世界广泛认同。

2019年，教育部、国家发展改革委、财政部、市场监管总局联合印发了《关于在院校实施“学历证书+若干职业技能等级证书”制度试点方案》，部署启动“学历证书+若干职业技能等级证书”（简称1+X证书）制度试点工作，对院校提出的要求是，将1+X证书制度试点与专业建设、课程建设、教师队伍建设等紧密结合，推进“1”和“X”的有机衔接，提升职业教育质量和学生就业能力。通过试点，深化教师、教材、教法“三教”改革，促进校企合作，建好用好实训基地，促进专业、课程、教材与国际标准接轨，实现职业教育现代化，科教兴国、人才强国。

工业机器人装调初级、中级、高级人员应熟悉工业机器人基本结构，能够依据工业机器人应用方案、机械装配图、电气原理图和工艺文件指导并完成工业机器人本体及集成系统的安装、调试及标定，能够对工业机器人进行复杂程序（抛光打磨、外部轴应用）的操作及调整，能够发现工业机器人的常规及异常故障并进行处理，能够进行预防性维护。

依据教育部有关落实《国家职业教育改革实施方案》的相关要求，以客观反映现阶段行业的水平和对从业人员的要求为目标，在遵循有关技术规程的基础上，以专业活动为导向，以专业技能为核心，沈阳中德新松教育科技集团有限公司组织以企业工程师、高职和本科院校的学术带头人为主的专家团队编写了本书。机器人被誉为制造业皇冠顶端的明珠，工业机器人的研发，制造和应用是衡量一个国家科技创新和高端制造业水平的重要标志。新松作为中国机器人领军企业，已创造了百余项行业第一，并不断致力于打造集创新链、产业链、金融链及人才链于一体的生态体系。本书结合新松二十年工程项目案例经验，采用项目式编写体例，完整地还原了实际工作过程，引导学生主动探索现实世界的问题和挑战，在此过程中掌握更深层次的知识和技能，为成为一名合格的技术人员奠定基础。在学习过程中，学生应不断提升理论知识水平，培养辨证思维的能力以及实事实是、尊重自然规律的科学态度，读者树立安全意识、标准意识和规范意识，提升职业道德和职业素养，培养刻苦研究、精益求精、勇于创新的工匠精神，提升职业认同感、自豪感。

本书在编写过程中得到了亚龙智能装备集团股份有限公司的大力支持，在此表示衷心的感谢！

本书以《工业机器人装调职业技能等级标准》为依据，系统地讲解了工业机器人及其集成系统、机械与电气系统的安装、调试与维护方法。本书主要用于1+X证书制度试点教学，中、高职院校工业机器人专业教学，全国工业和信息化信息技术人才培训，工业机器人应用企业内训等。

由于编者水平有限，加之工业机器人技术发展迅速，书中难免存在错误或不足，恳请广大读者批评指正。

编　者

二维码索引

（续）

目 录
CONTENTS

项目1 工业机器人安全操作认知

【任务目标】

1）了解工业机器人系统的安全注意事项。
2）识读工业机器人安全标识、姿态及安全区域。
3）掌握正确穿戴工业机器人安全作业服和安全防护装备方法。
4）能够正确判断工业机器人的操作环境安全区域。

【知识准备】

一、工业机器人系统的安全注意事项

工业机器人是一种自动化程度较高的智能装备。在操作工业机器人前，操作人员需要先了解工业机器人操作或运行过程中可能存在的各种安全风险，并能够对安全风险进行控制，相关的安全注意事项包括以下几个方面。

1. 工业机器人系统非电压相关的安全注意事项

1）工业机器人的工作区域必须设置安全装置，防止他人擅自进入，可以配备安全光栅或感应装置作为配套装置。

2）如果工业机器人采用空中安装、悬挂或其他并非直接坐落于地面的安装方式，可能会比直接坐落于地面的安装方式存在更多的安全风险。

3）在释放制动闸时，工业机器人的关节轴会受到重力影响而坠落。除了可能受到运动的工业机器人部件撞击外，还可能受到平行手臂（若有此部件）的挤压。

4）工业机器人中存储的用于平衡某些关节轴的电量可能在拆卸工业机器人或其部件时释放。

5）在拆卸或组装机械单元时，应提防掉落的物体。

6）运行中或运行结束的工业机器人及控制器中存在热能，在实际触摸之前，务必先用手在一定距离感受可能会变热的组件是否有热辐射。如果要拆卸可能会变热的组件，应在其恢复至常温后再进行。

7）切勿将工业机器人当作梯子使用，这可能会损坏工业机器人。由于工业机器人的电动机可能会产生高温，或工业机器人可能会发生漏油现象，因此攀爬工业机器人还会存在滑倒的风险。

2. 工业机器人系统电压相关的安全注意事项

1）在维修、断开或连接各单元时，必须关闭工业机器人系统的主电源开关。

2）工业机器人主电源的连接方式必须保证操作人员可以在工业机器人的工作范围之外关闭整个工业机器人系统。

3）在系统上操作时，确保没有其他人可以打开工业机器人系统的电源。

4）控制器的以下部件为高压带电部件，必须注意安全：

① 注意控制器（直流链路、超级电容器设备）存有电能。

② I/O 模块之类的设备可由外部电源供电。

③ 主电源/主开关。

④ 变压器。

⑤ 电源单元。

⑥ 控制电源（AC230V）。

⑦ 整流器单元（AC262/400~480V 和 DC400/700V）。

⑧ 驱动单元（DC400/700V）。

⑨ 驱动系统电源（AC230V）。

⑩ 维修插座（AC115/230V）。

⑪ 用户电源（AC230V）。

⑫ 机械加工过程中的额外工具电源单元或特殊电源单元。

⑬ 即使已断开工业机器人与主电源的连接，控制器连接的外部电压仍存在。

⑭ 附加连接。

5）工业机器人的以下部件为高压带电部件，必须注意安全：

① 电动机电源（高达 DC800V）。

② 末端执行器或系统中其他部件的用户连接（最高 AC230V）。

6）即使工业机器人系统处于关机状态，末端执行器、物料搬运装置等也可能是带电的。在工业机器人工作过程中，处于运行状态的电缆可能会因为出现破损而漏电。

二、工业机器人安全标识

在进行工业机器人相关操作时，一定要注意相关的警告标识，并严格按照这些标识的指示执行操作，以确保操作人员和工业机器人本体的安全，并逐步提高操作人员的安全防范意识和生产效率。

常用的工业机器人安全标识有危险提示、转动危险提示、叶轮危险提示和螺旋危险提示等共 16 种，详见表 1-1。

表 1-1　常用的工业机器人安全标识

序号	安全标识	含义
1		机器人工作时，禁止进入机器人工作区域
2		转动危险：可导致严重伤害，维护保养前必须断开电源并锁定

（续）

序号	安全标识	含义
3	WARNING SCREW HAZARD 警告:螺旋危险 检修前必须断电	螺旋危险:检修前必须断电
4	IMPELLER BLADE HAZARD 警告:叶轮危险 检修前必须断电	叶轮危险:检修前必须断电
5	ROTATING SHAFT HAZARD 警告:旋转轴危险 保持远离,禁止触摸	旋转轴危险:保持远离,禁止触摸
6	ENTANGLEMENT HAZARD 警告:卷入危险 保持双手远离	卷入危险:保持双手远离
7	PINCH POINT HAZARD 警告:夹点危险 移除护罩禁止操作	夹点危险:移除护罩禁止操作
8	SHARP BLADE HAZARD 警告:当心伤手 保持双手远离	当心伤手:保持双手远离
9	MOVING PART HAZARD 警告:移动部件危险 保持双手远离	移动部件危险:保持双手远离
10	ROTATING PART HAZARD 警告:旋转装置危险 保持远离,禁止触摸	旋转装置危险:保持远离,禁止触摸
11	MUST BE LUBRICATED PERIODICALLY 注意:按要求定期加注机油	注意:按要求定期加注机油
12	MUST BE LUBRICATED PERIODICALLY 注意:按要求定期加注润滑油	注意:按要求定期加注润滑油
13	MUST BE LUBRICATED PERIODICALLY 注意:按要求定期加注润滑脂	注意:按要求定期加注润滑脂
14		注意:平衡缸的内部有弹簧,十分危险,因而切勿对其进行拆解
15		注意:严禁将脚放在机器人上或爬到其上面
16		机器人电动机或控制柜的出风口

三、工业机器人安全操作要求

工业机器人在工作时，其工作区域都是危险的，稍有不慎就有可能发生事故。因此，相关操作人员必须熟知工业机器人的安全操作要求，从事安装、操作和保养等作业的操作人员，必须遵守运行期间安全第一的原则。操作人员在使用工业机器人时需要注意以下事项。

1）避免在工业机器人的工作场所周围做出危险行为，接触工业机器人或周边机械有可能造成人身伤害。

2）为了确保安全，在工厂内应严格遵守“严禁烟火”“高电压”“危险”“无关人员禁止入内”等标识规定的安全要求。

3）不要强制搬动、悬吊、骑坐在工业机器人上，以免造成人身伤害或者设备损坏。

4）绝对不要倚靠在工业机器人或其控制柜上，不要随意按动开关或者按钮，否则工业机器人会发生意想不到的动作，造成人身伤害或者设备损坏。

5）当工业机器人处于通电状态时，禁止未接受培训的操作人员触摸工业机器人控制柜和示教器，否则工业机器人会发生意想不到的动作，造成人身伤害或者设备损坏。

四、工业机器人作业安全区域

在进行工业机器人装调等作业时，应确认作业区域足够大，以确保装有工具的机器人转动时不会与墙、安全围栏或控制柜发生干涉，否则可能会因机器人产生未预料的动作而引起人身伤害或设备损坏。

工业机器人工作空间如图 1-1 所示。工业机器人作业安全区域参考如图 1-2 所示。

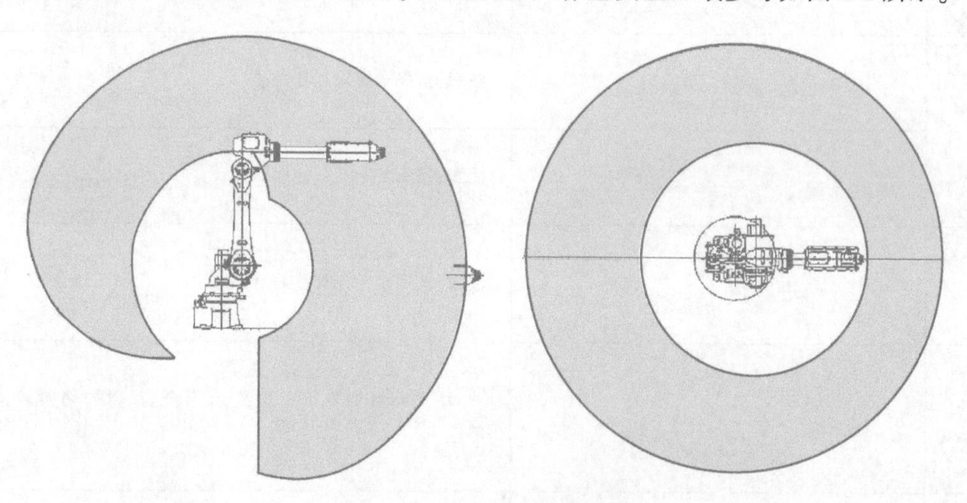

图 1-1　工业机器人工作空间

五、工业机器人装调与编程前的安全准备工作

任何负责工业机器人装调与编程的人员务必阅读并遵循以下通用安全操作规范。

1）只有熟悉工业机器人并且经过工业机器人相关方面培训的人员才允许进行工业机器人装调与编程。作业人员必须正确穿戴工业机器人安全作业服和安全防护装备。

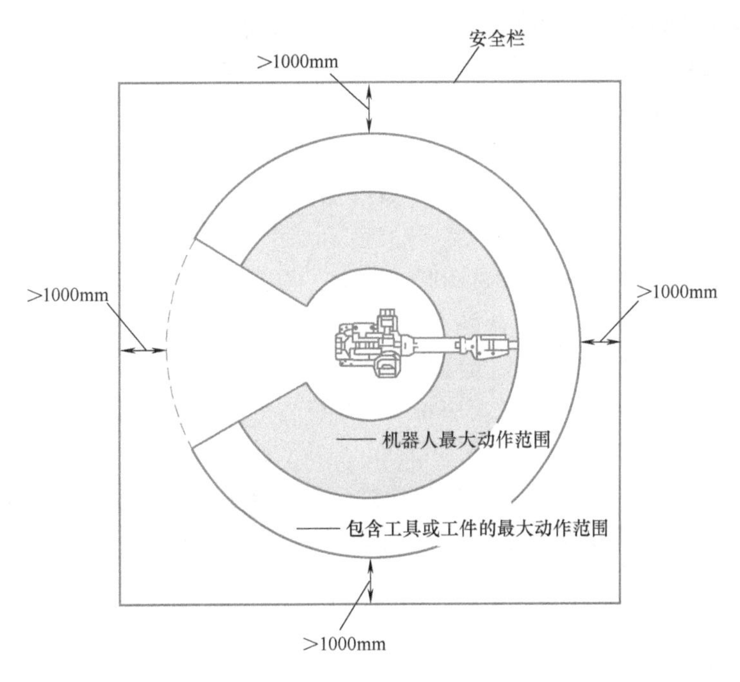

图 1-2 工业机器人作业安全区域

2）接通电源时，应确认机器人的动作范围内没有作业人员；反之，必须在切断电源后，方可进入机器人的动作范围内进行作业。

3）工业机器人装调与编程人员不得在饮酒、服用药物后进行作业。

4）在工业机器人装调与编程时，必须使用符合要求的专用工具，并严格按照说明手册或安全操作指导书中的步骤进行。

5）工业机器人装调与编程等作业必须在通电状态下进行时，应两人一组进行作业。一人保持可立即按下紧急停止按钮的姿势，另一人则在机器人的动作范围内保持警惕并迅速进行作业。此外，应确认好撤退路径后再行作业。

6）示教作业完成后，应以低速状态手动检查机器人的动作。如果直接在自动模式下以100%的速度运行，则会因程序错误等因素导致事故发生。

7）示教作业时，应先确认程序号码或步骤号码，再进行作业。错误地编辑程序或步骤，会导致事故发生。对于已经完成的程序，应使用存储保护功能，以防止误编辑。

8）作业人员在作业中，也应随时保持逃生意识，确保处在紧急情况下，可以立即逃生。

9）时刻注意机器人的动作，不得背向机器人进行作业。对机器人的动作反应缓慢，也会导致事故发生。发现有异常时，应立即按下紧急停止按钮。

六、工业机器人本体的安全对策

工业机器人本体的安全对策主要包括以下几项：

1）机器人的设计应去除不必要的凸起或锐利的部分，使用适应作业环境的材料，采用动作中不易发生损坏或事故的故障安全防护结构。此外，应配备误动作检测停止功能和紧急停止功能，以及周边设备发生异常时的联锁功能等，以保证安全作业。

2）机器人主体为多关节的机械臂结构，动作中的各关节角度不断变化。进行示教等作业，必须接近工业机器人时，请注意不要被关节部位夹住。各关节动作端设有机械挡块，被夹住的危险性很高，尤其需要注意。此外，若拆下电动机或解除制动器，机械臂可能会因自重而掉落或朝不定方向运动。必须有防止掉落的措施，并确认周围的安全情况后，再行作业。

3）在末端执行器及机械臂上安装附带机器时，应严格遵守说明书中规定尺寸、数量的螺钉，使用扳手按规定力矩紧固。此外，不得使用生锈或有污垢的螺钉。不符合规定的紧固和不完善的方法会使螺钉出现松动，导致重大事故发生。

4）在设计、制作末端执行器时，应将末端执行器的重量控制在工业机器人手腕部位的负荷容许值范围内。

5）应采用故障安全防护结构，即使末端执行器的电源或压缩空气的供给被切断，也不致发生安装物被放开或飞出的事故，并对边角部或凸出部进行处理，防止对人、物造成损害。

6）严禁供应规格外的电力、压缩空气、焊接冷却水，以免影响工业机器人的动作性能，引起异常动作或设备故障、损坏等危险情况的发生。

7）大型系统中由多名作业人员进行作业，必须在相距较远处进行交谈时，应通过使用手势等方式正确传达意图。环境中的噪声等因素会使意思无法正确传达，从而导致事故发生。工业机器人手势交流法如图 1-3 所示。

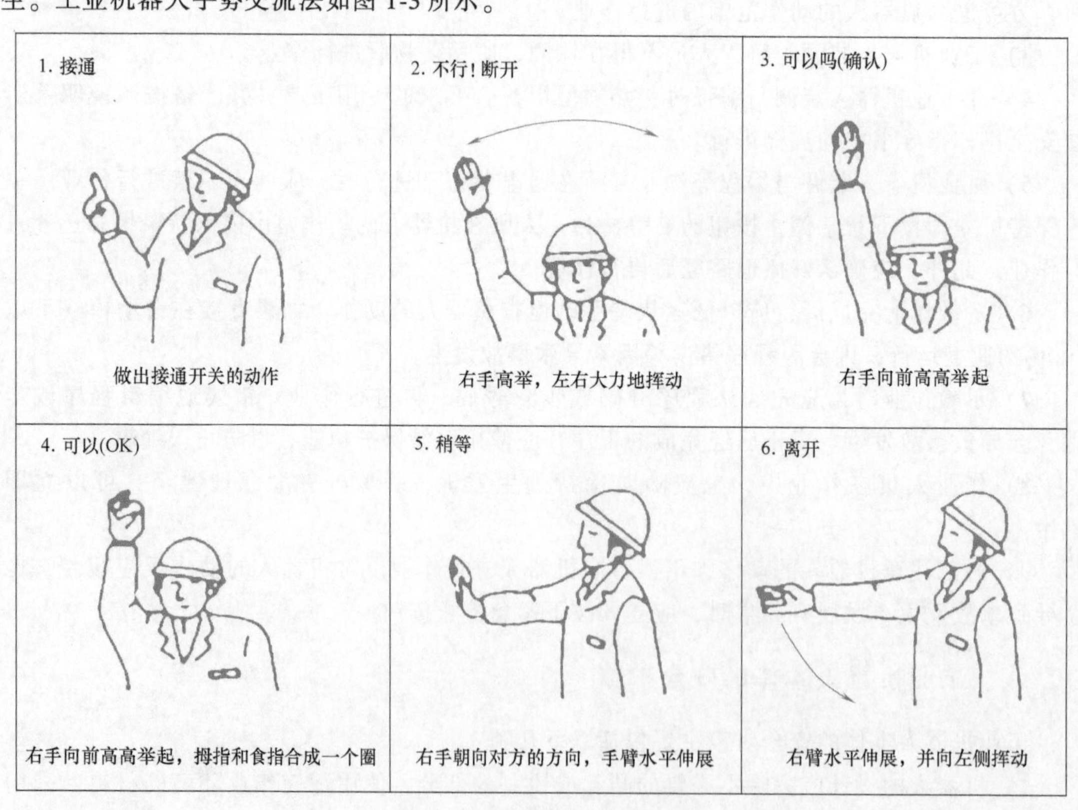

图 1-3　工业机器人手势交流法

【任务分析】

本任务对工业机器人安全操作规范，工业机器人系统中存在的安全风险，工业机器人安全标识、姿态及安全区域的识读，正确穿戴工业机器人安全作业服和安全防护装备等内容进行了详细的介绍，并设置了丰富的实施任务。通过实操，作业人员可掌握工业机器人安全操作规范。

【任务实施】

任务按两人一组进行，逐一完成以下步骤并做好记录。

步骤一、观察并识读对应工业机器人周边安全标识，确定安全区域，将看到的相关内容记录到工作手册中。

步骤二、正确穿戴工业机器人安全作业服和安全防护装备。

1. 安全帽（图 1-4）

要求：①保持清洁；②系好下领带或后帽箍；③保持帽壳和头顶有足够的缓冲距离；④每 30 个月更换一顶；⑤不要歪戴；⑥不要在安全帽上开孔；⑦不要拆掉帽内的缓冲层；⑧不要长时间在阳光下暴晒；⑨不要当坐垫使用；⑩不要接触火源；⑪不要涂刷油漆；⑫不要用热水浸泡；⑬不得超期使用。

2. 防护镜（图 1-5）

要求：①宽窄和大小要适合脸型；②若镜片磨损粗糙、镜架损坏，应及时调换；③要专人使用，防止传染眼病；④要注意防止重摔重压，禁止用坚硬的物体摩擦镜片和面罩。

图 1-4　安全帽

图 1-5　防护镜

3. 防护手套（图 1-6）

要求：①必须按手套的防护功能来选用；②使用前要仔细检查手套，应无破损、老化；③橡胶、乳胶手套使用后应冲洗干净、晾干；④绝缘手套应严格按使用说明使用，并定期检验电绝缘性能。

4. 防护服（图 1-7）

一般防护服用于防污、防机械磨损以及防绞碾等普通伤害，服装面料为纯棉、涤棉或全涤。穿着时应大小合身，系好领口和胸前的扣子，防止被旋转设备钩挂。

5. 安全鞋（图 1-8）

要求：①安全鞋只能在干燥环境下使用；②普通安全鞋不得作为防静电、绝缘鞋等特种安全鞋使用；③穿安全鞋时不得直接用手接触电气设备；④一定要穿着合适尺码的安全鞋；⑤安全鞋的内包头明显变形后，不得再作为安全鞋使用。

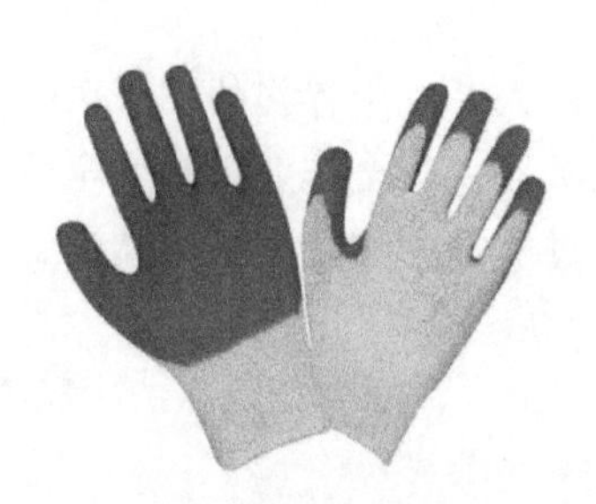

图 1-6 防护手套

图 1-7 防护服

6. 防尘口罩（图 1-9）

防尘口罩分为多次使用型防尘口罩和一次使用型防尘口罩。在粉尘环境下工作时，作业者必须佩戴防尘口罩。防尘口罩不能用于缺氧环境和有毒环境。

要求：①使用前要进行气密性检查；②正确佩戴；③专人保管，使用后应及时消毒。

步骤三、正确通过手势交流法传达意图。

具体内容如图 1-3 所示，这里不再赘述。

图 1-8 安全鞋

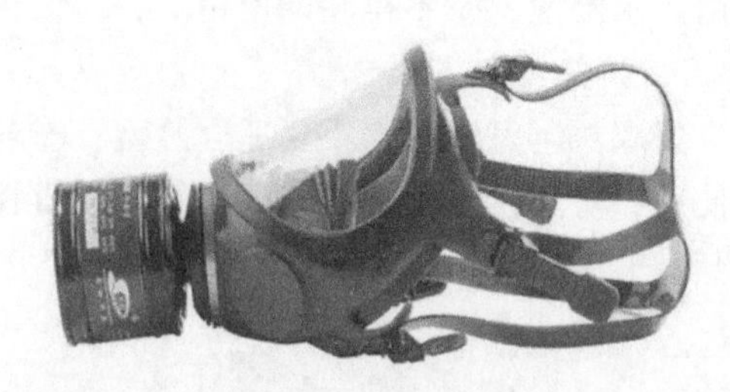

图 1-9 防尘口罩

【任务评测】

1. 自我评价

由学生根据学习任务完成情况进行自我评价，记录得分值于表 1-2 中。

表 1-2 自我评价

评价内容	配分	评分标准	得分
安全意识	10	1. 遵守安全操作规范要求 2. 不得有其他违反安全操作规范的行为	
安全标识与安全区域	30	1. 寻找对应工业机器人安全标识 2. 记录对应工业机器人安全标识 3. 确定对应工业机器人安全区域	
防护装备	30	1. 穿戴步骤正确 2. 穿戴规范 3. 收纳存储事项	

（续）

评价内容	配分	评分标准	得分
手势动作	30	1.“接通”手势动作 2.“不行！断开”手势动作 3.“可以吗(确认)”手势动作 4.“可以(OK)”手势动作 5.“稍等”手势动作 6.“离开”手势动作	

2. 小组评价

由同实训小组的同学结合自评的情况进行互评，记录得分值于表1-3中。

表1-3 小组评价

项目内容	配分	得分
1. 实训记录与自我评价情况	30	
2. 工业机器人作业前准备工作流程	30	
3. 相互帮助与协作能力	20	
4. 安全、质量意识与责任心	20	

3. 指导人员评价

由指导人员结合自评与互评的结果进行综合评价，并给出评价意见与得分值。

【任务评测】

1）口述工业机器人作业前的准备工作流程。

2）叙述图1-10所示标识，回答标识含义。

图1-10 任务评测2）图

3）叙述图1-11所示手势的含义。

图1-11 任务评测3）图

项目2 学习工业机器人的基础知识和操作工业机器人

任务2.1 学习工业机器人的基础知识

【任务目标】

1）认识工业机器人的关节结构。
2）熟悉工业机器人的性能指标。
3）熟悉机器人的位姿与坐标系。
4）认识工业机器人的驱动系统。
5）认识工业机器人的末端夹具。
6）认识工业机器人的控制系统。

【知识准备】

一、工业机器人概述

工业机器人是由仿生机械结构、电动机、减速器和控制系统组成的，常用于从事工业生产，能够自动执行工作指令。它可以接受人类指挥，也可以按照预先编排的程序运行。目前的工业机器人还可以根据人工智能技术制定的原则和纲领运动。图2-1所示为新松DSCR5双臂协作机器人。

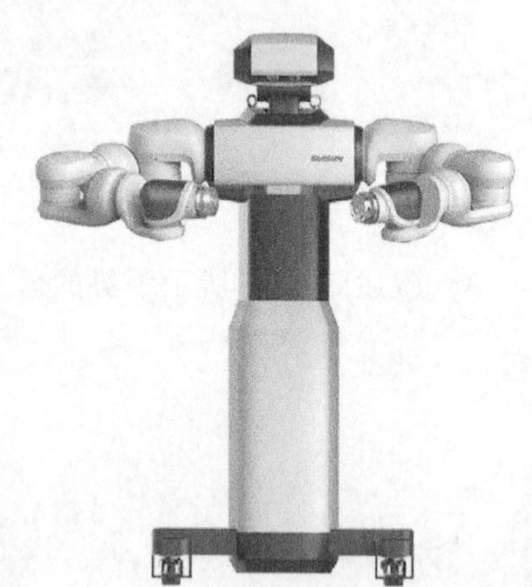

图2-1 新松DSCR5双臂协作机器人

1. 工业机器人的分类

工业机器人的结构形式多种多样，典型机器人的运动特征用其坐标特性来描述。按结构特征来分，工业机器人通常可以分为直角坐标机器人、柱面坐标机器人、球面坐标机器人、多关节机器人和并联机器人。根据能量转换方式（驱动类型）的不同，工业机器人可以分为气压驱动机器人、液压驱动机器人、电力驱动机器人和新型驱动机器人。

（1）直角坐标机器人　直角坐标机器人是指在工业应用中，能够实现自动控制、可重复编程、在空间上具有相互垂直关系的三个独立自由度的多用途机器人，如图2-2所示。直角坐标机器人在空间坐标系中有三个相互垂直的移动关节，每个关节都可以在独立的方向上移动。

直角坐标机器人的优点是各关节仅做直线运动，控制简单；缺点是：灵活性差，自身占据空间较大。它主要应用在各种自动化生产线中，可以完成焊接、搬运、上下料、包装、码垛、检测、装配和喷涂等一系列工作。

（2）柱面坐标机器人　柱面坐标机器人是指能够形成圆柱坐标系的机器人。其结构主要由一个旋转机座形成的转动关节和竖直、水平移动的两个移动关节构成。柱面坐标机器人具有空间结构小，工作范围大，末端执行器速度高、控制简单、运动灵活等优点；缺点是工作时，必须有沿 Y 轴前后方向的移动空间，空间利用率低。目前，柱面坐标机器人主要用于重物的装载、搬运等工作。

（3）球面坐标机器人　球面坐标机器人一般由两个回转关节和一个移动关节构成。其轴线按极坐标配置。这种机器人运动所形成的轨迹表面是半球面，因此称为球面坐标机器人。球面坐标机器人占用空间小、操作灵活且工作范围大，但运动轨迹较复杂，难以控制。

（4）多关节机器人　关节机器人也称为关节手臂机器人或关节机械手臂，是当今工业领域中应用最为广泛的一种机器人。多关节机器人按照关节的构型不同，可分为竖直多关节机器人和水平多关节机器人。竖直多关节机器人主要由机座和多关节臂组成，目前常见的关节臂数是 3~6 个。新松六关节臂机器人如图 2-3 所示。

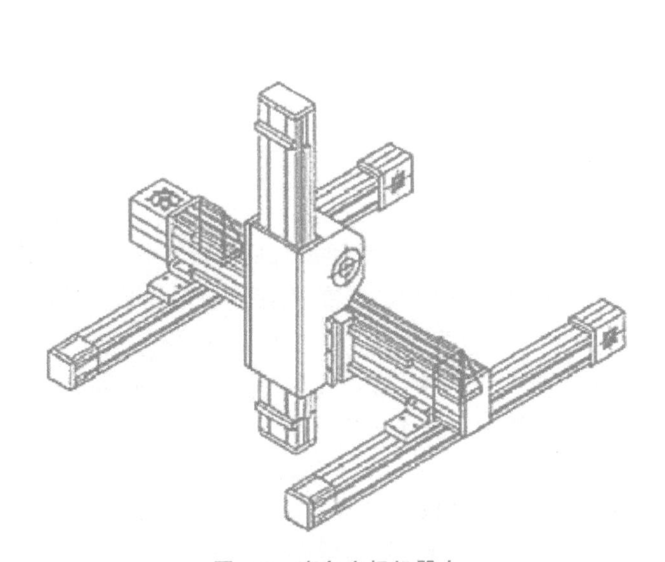

图 2-2　直角坐标机器人

图 2-3　新松六关节臂机器人

竖直多关节机器人由多个旋转和摆动关节组成，其结构紧凑，工作空间大，工作接近人类，工作时能绕过机座周围的一些障碍物，对装配、喷涂和焊接等多种作业都有良好的适应性，且适合电动机驱动，关节密封、防尘比较容易。

水平多关节机器人也称为 SCARA 机器人，如图 2-4 所示。水平多关节机器人一般具有四个轴和四个自由度，它的第一、二、四轴具有转动特性，第三轴具有线性移动特性，并且第三轴和第四轴可以根据不同的工作需要，制造出多种不同的形态。水平多关节机器人的特点在于作业空间与占地面积比很大，使用比较方便；在竖直升降方面刚性好，尤其适合平面装配作业。目前，水平多关节机器人主要应用在电子产品、汽车和塑料工业等领域，用于完成装配、搬运、喷涂和焊接等操作。

（5）并联机器人　并联机器人是近年来发展起来的一种由固定机座和具有若干自由度的末端执行器，以不少于两条独立运动链连接形成的新型机器人，如图 2-5 所示。并联机器人广泛应用在装配、搬运、上下料、分拣和打磨等需要高精度、高刚度或者大载荷而无需很大工作空间的场合。

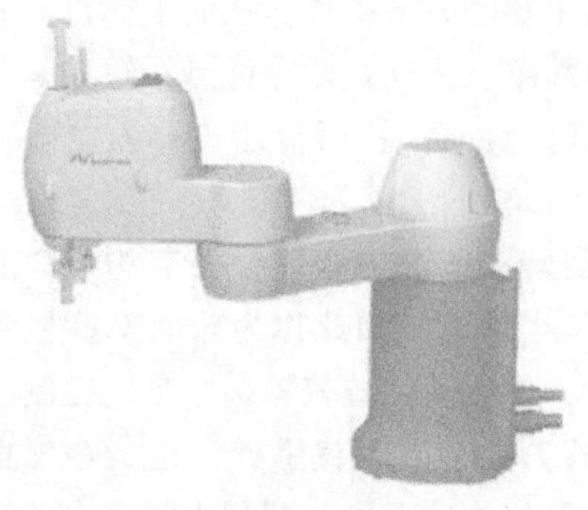

图 2-4　水平多关节机器人

图 2-5　并联机器人

并联机器人具有以下特点：

1）无累积误差，精度较高。

2）驱动装置可置于定平台上或接近定平台的位置，运动部分重量轻、速度高、动态响应好。

3）结构紧凑、刚度高、承载能力大。

4）具有较好的各向同性。

5）工作空间小。

（6）气压驱动机器人　气压驱动机器人是用压缩空气来驱动执行机构的。气压驱动机器人的优点是空气来源方便、动作迅速、结构简单，缺点是工作的稳定性与定位精度不高、抓力较小，因此常用于负载较小的场合。

（7）液压驱动机器人　液压驱动机器人是使用液体驱动执行机构的。与气压驱动机器人相比，液压驱动机器人具有更大的负载能力，其结构紧凑，传动平稳，但液体容易泄漏，不宜在高温或低温场合进行作业。

（8）电力驱动机器人　电力驱动机器人是利用电动机产生的力矩驱动执行机构。目前，越来越多的机器人采用电力驱动方式，电力驱动易于控制，运动精度高，成本低。

（9）新型驱动机器人　伴随着机器人技术的发展，出现了利用新的工作原理制造的新型驱动机器人，如静电驱动机器人、压电驱动机器人、形状记忆合金驱动机器人、人工肌肉及光电驱动机器人等。

2. 工业机器人的关节结构

关节即运动副，是允许机器人手臂各零件之间发生相对运动的机构，也是两构件直接接触并能产生相对运动的活动连接。由于机器人的种类很多，其功能要求不同，关节的配置和传动系统的形式都不同。机器人的关节如图 2-6 所示。

（1）关节的分类

1）回转关节。回转关节又称回转副或旋转关节，是使连接两杆件的组件中一件相对于另一件绕固定轴线转动的关节，两个构件之间只做相对转动，如图 2-6a 所示。

2）移动关节。移动关节又称移动副或滑动关节，是使两杆件的组件中的一件相对于另一件做直线运动的关节，两个构件之间只做相对移动，如图 2-6b 所示。

3）圆柱关节。圆柱关节又称回转移动副或分布关节，是使两杆件的组件中的一件相对于另一件移动或绕一个移动轴线转动的关节，两个构件之间除了做相对转动之外，还可以做相对移动，如图 2-6c 所示。

4）球关节。球关节又称球面副，是使两杆件间的组件中的一件相对于另一件在三个自由度上绕一个固定点转动的关节，即组成运动副的两构件能绕一个球心做三个独立的相对转动，如图 2-6d 所示。

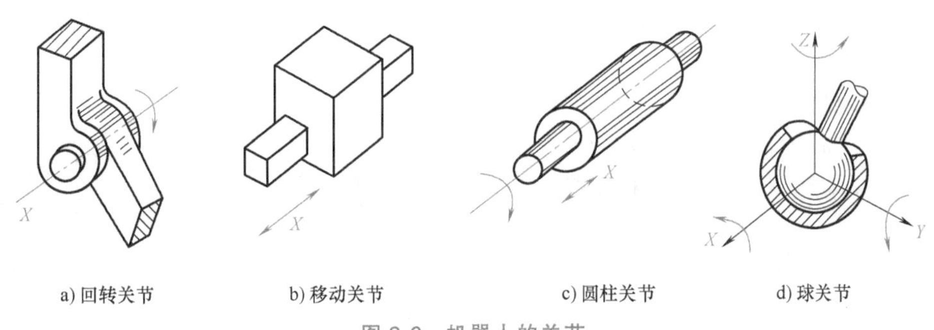

a) 回转关节　b) 移动关节　c) 圆柱关节　d) 球关节

图 2-6 机器人的关节

（2）腕部的运动　在实际应用中，工业机器人最主要的关节就是腕部关节。腕部关节简称腕部，也称手腕。腕部是连接机器人的小臂与末端执行器的结构部件，起支承手部的作用，如图 2-7 所示。腕部利用自身的活动来确定手部的空间姿态，从而确定手部的作业方向。对于一般的机器人，与手部相连接的腕部都具有独立驱动自转的功能，若腕部能朝空间取任意方位，那么与之相连的手部就可在空间取任意姿态，即达到完全灵活的状态。工业机器人一般具有六个自由度才能使手部达到目标位置或处于期望的姿态。为了使手部能处于空间任意方位，要求腕部能实现对空间三个坐标轴 X、Y、Z 的旋转运动——腕部旋转、腕部弯曲、腕部侧摆，或称为三个自由度。

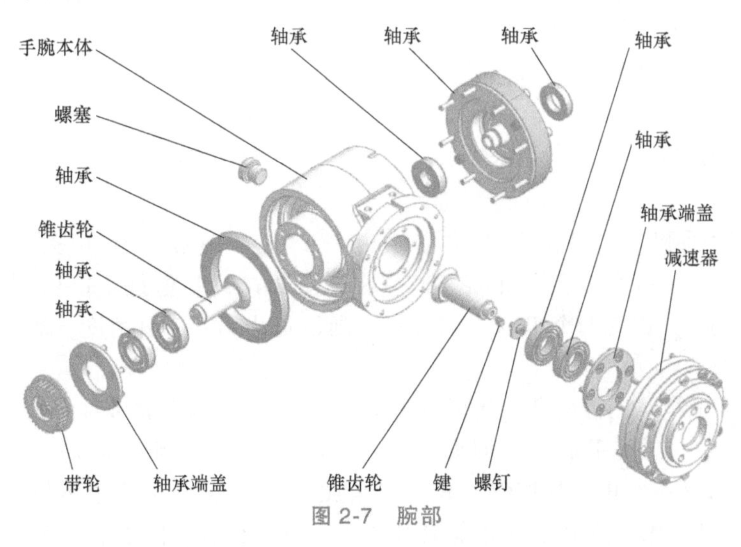

图 2-7 腕部

1）腕部旋转。腕部旋转是指腕部绕小臂轴线的转动，又称臂转。有些机器人限制其腕部转动角度小于 360°；有些机器人仅仅受到控制电缆缠绕圈数的限制，腕部可以转几圈。

2）腕部弯曲。腕部弯曲是指腕部的上下摆动，这种运动也称为俯仰，又称手转。

3）腕部侧摆。腕部侧摆指机器人腕部的水平摆动，又称腕摆。通常机器人的腕部侧摆运动由一个单独的关节提供。

按腕部转动特点的不同，用于腕部的转动又可细分为翻转和弯转两种。翻转是指组成关节的两个零件自身的几何回转中心和相对运动的回转轴线重合，因而能实现 360°无障碍旋转的关节运动，通常用 R 来标记。弯转是指两个零件的几何回转中心和其他对转动轴线垂直的关节运动。由于受到结构的限制，其相对转动角度一般小于 360°，通常用 B 来标记。由此可见，翻转可以实现腕部的旋转，弯转可以实现腕部的弯曲，翻转和弯转的结合实现了腕部的侧摆。

（3）手腕的分类　手腕的自由度如图 2-8 所示。手腕按自由度数目分类，可分为单自由度手腕、二自由度手腕和三自由度手腕。

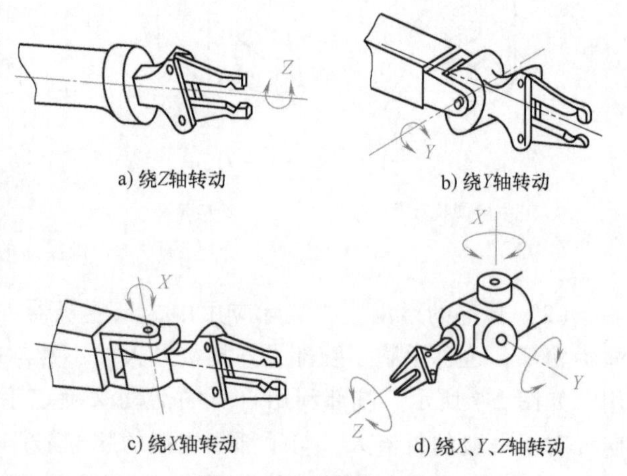

a) 绕Z轴转动　b) 绕Y轴转动　c) 绕X轴转动　d) 绕X、Y、Z轴转动

图 2-8　手腕的自由度

1）单自由度手腕。图 2-9a 所示为一种翻转关节（R 关节），其手臂纵轴线和手腕关节轴线构成共轴线形式，这种 R 关节旋转角度大，可达到 360° 以上。图 2-9b、c 所示为弯转关节（B 关节），关节轴线与前后两个连接件的轴线相垂直。这种 B 关节因为存在结构上的干涉，旋转角度小，大大限制了方向角。图 2-9d 所示为移动关节（T 关节）。

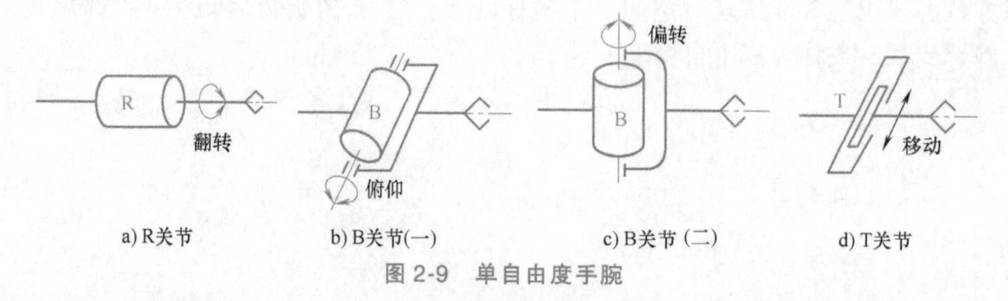

a) R关节　b) B关节(一)　c) B关节（二）　d) T关节

图 2-9　单自由度手腕

2）二自由度手腕。二自由度手腕可以由一个 R 关节和一个 B 关节组成 BR 手腕（图 2-10a），也可以由两个 B 关节组成 BB 手腕（图 2-10b）。但是不能由两个 R 关节组成 RR 手腕（图 2-10c），因为两个 R 关节共轴线，所以退化了一个自由度，实际只构成了单自由度手腕。

3）三自由度手腕。三自由度手腕可以由 B 关节和 R 关节组成多种形式。图 2-11a 所示为常见的 BBR 手腕，它使手部具有俯仰（P）、偏转（Y）和翻转（R）运动，即 RPY 运动。图 2-11b 所示为一个 B 关节和两个 R 关节组成的 BRR 手腕，为了不使自由度退化，使手部获得 RPY 运动，第一个 R 关节必须按图 2-11b 所示偏置。图 2-11c 所示为三个 R 关节组成的 RRR 手腕，它也可以实现手部 RPY 运动。图 2-11d 所示为 BBB 手腕，很明显它已退

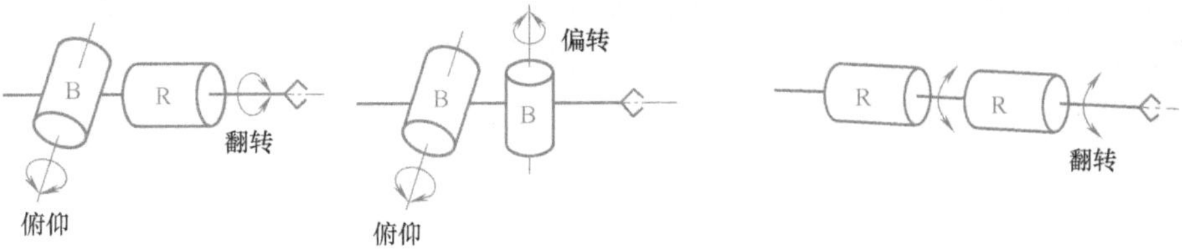

a) BR手腕　　b) BB手腕　　c) RR手腕

图 2-10　二自由度手腕

化了一个自由度，只有 PY 运动，实际上它是不被采用的。为了使手腕结构紧凑，通常把两个 B 关节安装在一个十字接头上，这样可大大减小 BBR 手腕的纵向尺寸。

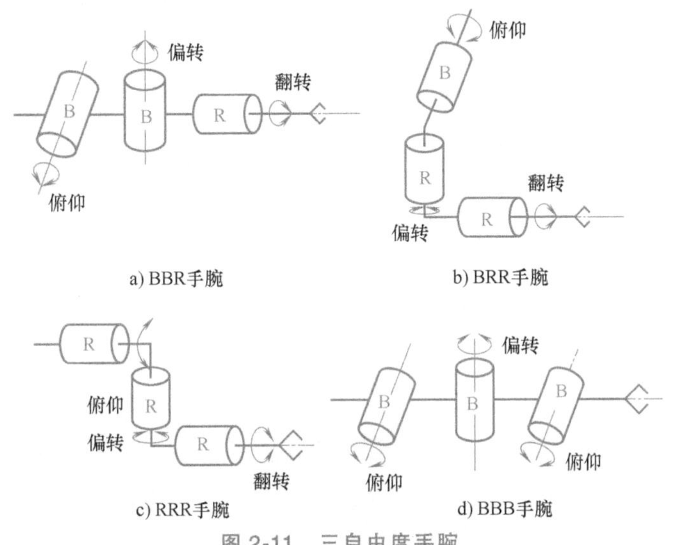

a) BBR手腕　　b) BRR手腕

c) RRR手腕　　d) BBB手腕

图 2-11　三自由度手腕

3. 工业机器人性能指标

性能指标是各工业机器人制造商在产品供货时所提供的技术数据。虽然各厂商所提供的技术参数项目是不完全一样的，工业机器人的结构、用途等有所不同，且用户的要求也不同，但是，工业机器人的主要技术参数一般都应有自由度、分辨力、定位精度和重复定位精度、工作范围、最大工作速度、承载能力等。

（1）自由度　自由度是指机器人所具有的独立坐标轴运动的数目，不包括末端执行器的开合自由度，在三维空间中描述一个物体的位置和姿态（简称位姿）需要 6 个自由度。但是，工业机器人的自由度是根据其用途而设计的，可能小于 6 个自由度，也可能大于 6 个自由度。机器人的自由度如图 2-12 所示。

一般情况下，机器人的一个自由度对应一个关节，所以自由度与关节的概念是等同的。自由度是表示机器人动作灵活程度的参数，自由度越多，机器人就越灵活，但结构也越复杂。一般机器人的自由度为 3~6 个。

（2）分辨力　分辨力是指机器人每个关节所能实现的最小移动距离或最小转动角度。工业机器人的分辨力分为编程分辨力和控制分辨力两种。

（3）定位精度和重复定位精度　定位精度和重复定位精度是机器人的两个精度指标。定位精度是指机器人末端执行器的实际位置与目标位置之间的偏差，由机械误差、控制算法与系统分辨力等部分组成。重复定位精度是指在同一环境、同一条件、同一目标动作、同一命令之下，机器人连续重复运动若干次，其位置的分散情况，是关于精度的统计数据。某工业机器人的定位精度和重复定位精度如图 2-13 所示。

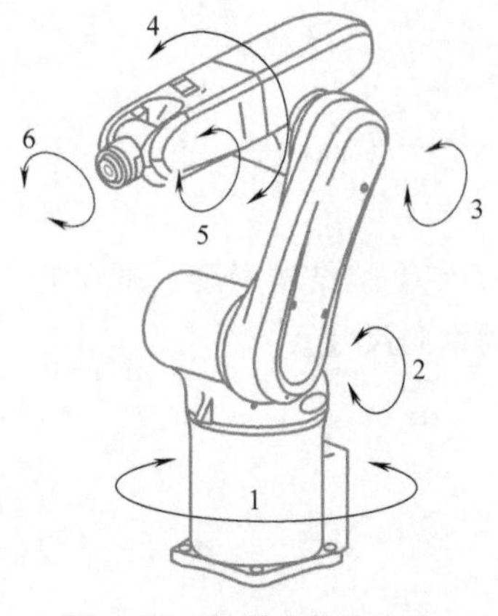

图 2-12　机器人的自由度

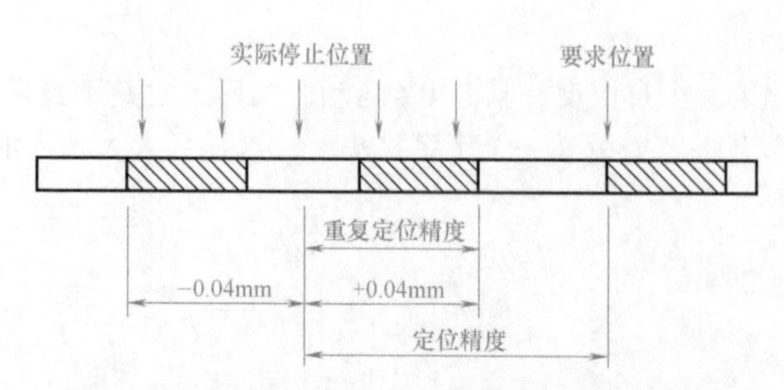

图 2-13　某工业机器人的定位精度和重复定位精度

（4）工作范围．工作范围是机器人运动时手臂末端或手腕中心所能到达的位置点的集合，也称为机器人的工作区域。由于末端执行器的形状和尺寸是随作业需求配置的，因此为真实反映机器人的特征参数，机器人工作范围是指不安装末端执行器时的工作区域。工业机器人的工作范围如图 2-14 所示。

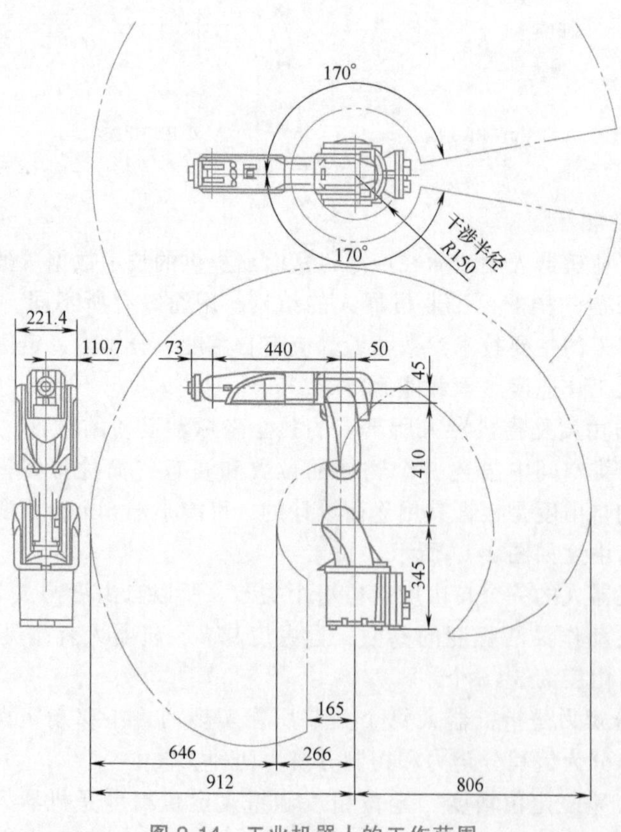

图 2-14　工业机器人的工作范围

(5) 最大工作速度　机器人在保持运动平稳性和位置精度的前提下所能达到的最大速度称为额定速度。其某一关节运动的速度称为单轴速度，由各轴速度分量合成的速度称为合成速度。机器人在额定速度和规定性能范围内，末端执行器所能承受负载的允许值称为额定负载。在限制作业条件下，为了保证机械结构不被损坏，末端执行器所能承受负载的最大值称为极限负载。对于结构固定的机器人，其最大行程为定值，因此额定速度越高，运动循环时间越短，工作效率越高。而机器人每个关节的运动过程一般包括起动加速、匀速运动和减速制动三个阶段。如果机器人负载过大，则会产生较大的加速度，造成起动、制动阶段时间增长，从而影响机器人的工作效率。因此，要根据实际工作周期来平衡机器人的额定速度。

(6) 承载能力　承载能力是指机器人在工作范围内的任何位姿上所能承受的最大负载，通常可以用质量、力矩或惯性矩来表示。承载能力不仅取决于负载的质量，而且与机器人运行的速度和加速度的大小和方向有关。一般低速运行时，承载能力强。为安全考虑，将承载能力这个指标确定为高速运行时的承载能力。通常，承载能力不仅指负载质量，还包括机器人末端操作器的质量。

4. 工业机器人的位姿与坐标系

(1) 工业机器人的位姿问题　工业机器人的位姿主要是指机器人手部在空间的位置和姿态。机器人的位姿问题包含正向运动学和反向运动学两方面问题。

1) 正向运动学问题。给定机器人机构各关节运动变量和构件尺寸参数，确定机器人机构末端手部的位置和姿态，这类问题通常称为机器人机构的正向运动学问题。

2) 反向运动学问题。给定机器人手部在基坐标系中的空间位置和姿态参数，确定各关节的运动变量和各构件的尺寸参数。这类问题通常称为机器人机构的反向运动学问题。

通常正向运动学问题用于对机器人进行运动分析和运动效果的检验，而反向运动学问题与机器人的设计和控制有密切关系。

(2) 工业机器人的坐标系　机器人程序中所有点的位置都是和一个坐标系相联系的，同时这个坐标系也可能和另外一个坐标系有联系。

1) 工业机器人坐标系的确定原则。工业机器人的各种坐标系都由右手定则来确定，如图 2-15 所示。

当围绕平行于 X、Y、Z 轴的各轴线旋转时，分别定义为 A、B、C。A、B、C 分别以 X、Y、Z 轴的正方向上右手螺旋前进的方向为正方向，如图 2-16 所示。

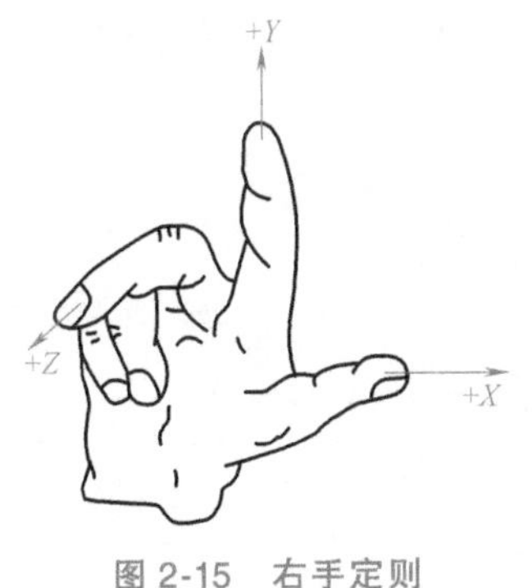

图 2-15　右手定则

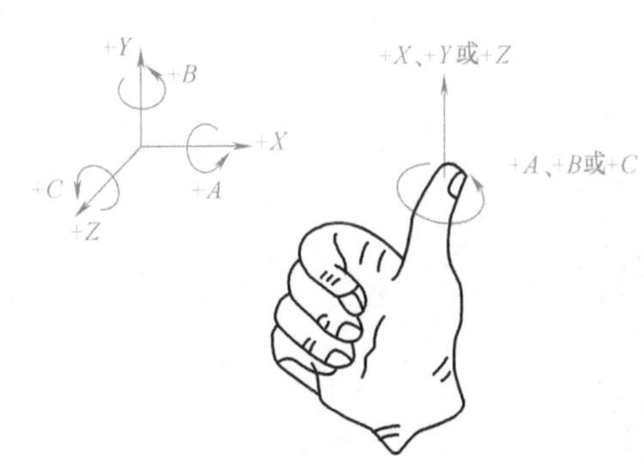

图 2-16　旋转坐标系

2) 工业机器人坐标系的种类。工业机器人系统常用的坐标系有如下几种：

① 基坐标系（Base Coordinate System）。在简单任务的应用中，可以在机器人基坐标系下编程，其坐标系的 Z 轴和机器人第 1 关节轴重合。基坐标系如图 2-17 所示。一般而言，原点位于第 1 关节轴轴线和机器人基础安装平面的交点，并以基础安装平面为 XY 平面。基坐标系符合右手定则。

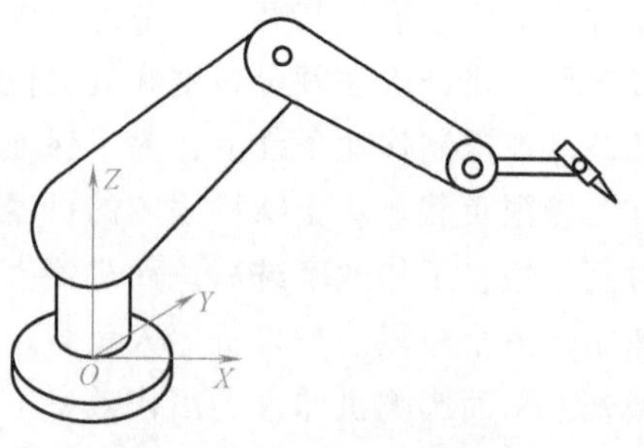

图 2-17　基坐标系

② 世界坐标系（World Coordinate System）。如果机器人安装在地面，则在基坐标系下示教编程很容易。然而，当机器人吊装时，机器人末端移动直观性差，因而示教编程较为困难。另外，如果两台或更多台机器人共同协作完成一项任务，例如一台安装于地面，另一台倒置，则倒置机器人的基坐标系也将上下颠倒。如果分别在两台机器人的基坐标系中进行运动控制，则很难预测相互协作的情况。在此情况下，可以定义一个世界坐标系（大地坐标系）。如果无特殊说明，单台机器人的世界坐标系和基坐标系是重合的。如图 2-18 所示，A、B 为基坐标系，C 为世界坐标系。当在工作空间内同时有几台机器人时，使用公共的世界坐标系进行编程有利于机器人程序间的简单交互。

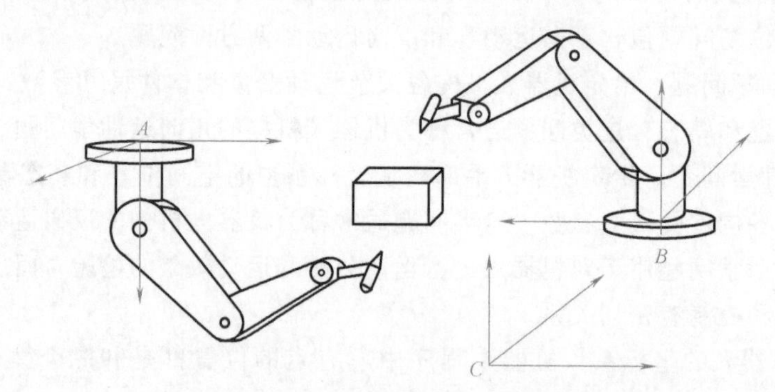

图 2-18　世界坐标系

③ 用户坐标系（User Coordinate System）。机器人可以和不同的工作台或夹具配合工作，在每个工作台上建立一个用户坐标系。机器人大部分采用示教编程的方式，步骤烦琐，对于相同的工件，当放置在不同的工作台上时，在一个工作台上完成工件加工示教编程后，如果用户的工作台发生变化，则不必重新编程，只需相应地变换到当前的用户坐标系下即可。用户坐标系是在基坐标系或者世界坐标系下建立的。图 2-19 所示为用两个用户坐标系来表示不同的工作台。

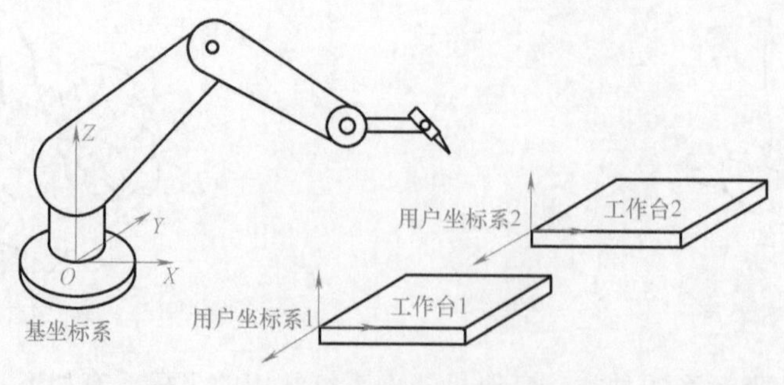

图 2-19　用户坐标系

④ 工件坐标系（Object Coordinate System）。用户坐标系是用来定义不同的工作台或者夹具的，然而，一个工作台上也可能放着几个需要机器人进行加工的工件，所以和定义用户坐标系一样，也可以定义不同的工件坐标系，当机器人在工作台上加工不同的工件时，只需变换相应的工件坐标系即可。工件坐标系是在用户坐标系下建立的，两者之间的位置和姿态是确定的。如图 2-20 所示，在同一个工作台上的两个不同工件可以分别用两个不同的工件坐标系表示。工件坐标系下待加工的轨迹点可以变换到用户坐标系下，进而变换到基坐标系下。

⑤ 置换坐标系（Displacement Coordinate System）。有时需要对同一个工件、同一段轨迹在不同的工位上加工，为了避免每次重新编程，可以定义一个置换坐标系。置换坐标系是基于工件坐标系定义的。如图 2-21 所示，当置换坐标系被激活后，程序中的所有点都将被置换。在 RAPID 语言中，有三条指令（PDispSet、PDispOn、PDispOff）关系到置换坐标系的应用。

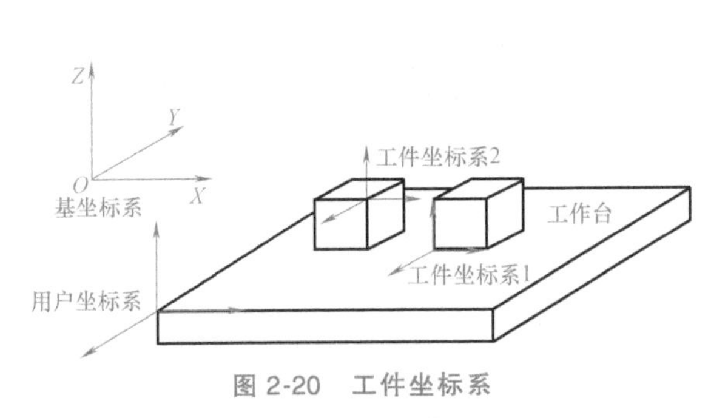

图 2-20 工件坐标系

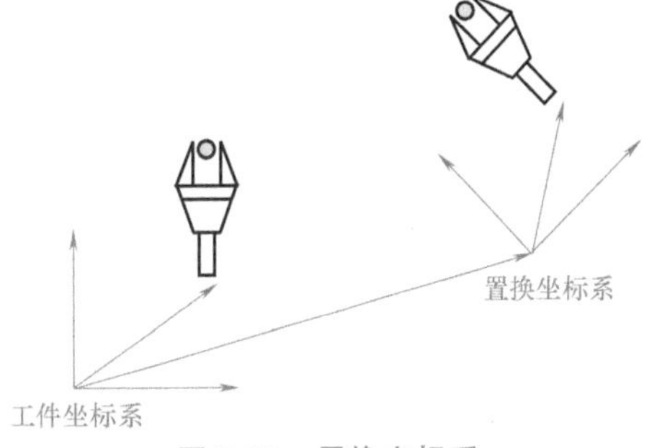

图 2-21 置换坐标系

⑥ 腕坐标系（Wrist Coordinate System）。腕坐标系和下面的工具坐标系都是用来定义工具的方向的。在简单的应用中，腕坐标系可以定义为工具坐标系，腕坐标系和工具坐标系重合。腕坐标系的 Z 轴和机器人的第 6 根轴重合，如图 2-22 所示，坐标系的原点位于末端法兰盘的中心，X 轴的方向与法兰盘上标识孔的方向相同或相反，Z 轴垂直向外，Y 轴可根据右手定则确定。

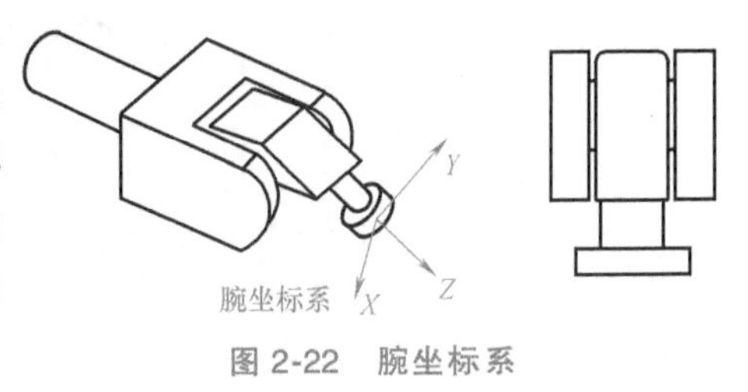

图 2-22 腕坐标系

⑦ 工具坐标系（Tool Coordinate System）。安装在末端法兰盘上的工具需要在其中心点（TCP）定义一个工具坐标系。通过坐标系的转换，可以操作机器人在工具坐标系下运动，以方便操作。如果工具磨损或更换，则只需重新定义工具坐标系，而不用更改程序。工具坐标系建立在腕坐标系下，即两者之间的相对位置和姿态是确定的。图 2-23 所示为不同工具的工具坐标系。

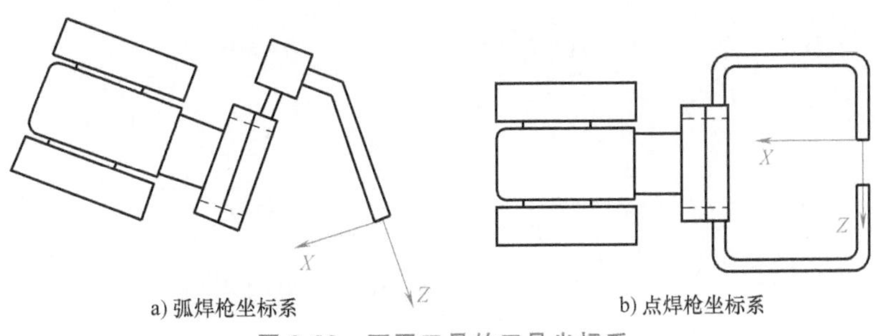

图 2-23 不同工具的工具坐标系

⑧ 关节坐标系（Joint Coordinate System）。关节坐标系用来描述机器人每个独立关节的运动，如图 2-24 所示。所有关节的类型可能不同（如移动关节、转动关节等）。假设将机器人末端移动到期望的位置，如果在关节坐标系下操作，则可以依次驱动各关节运动，从而引导机器人末端到达指定的位置。

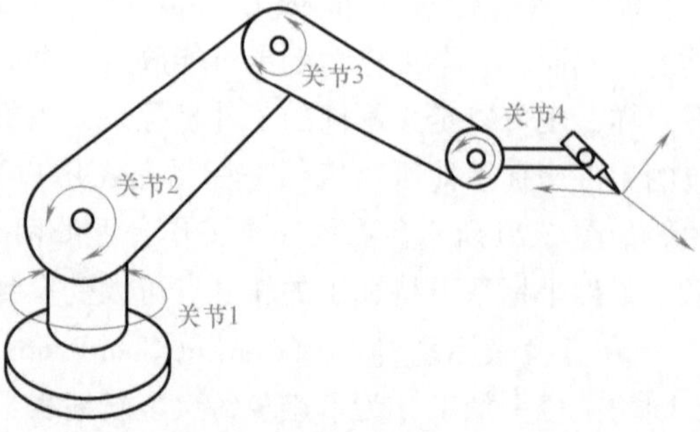

图 2-24 关节坐标系

二、工业机器人系统构成

工业机器人通常由执行机构、驱动系统、控制系统和传感系统四部分组成，如图 2-25 所示。工业机器人各组成部分之间的相互作用关系如图 2-26 所示。

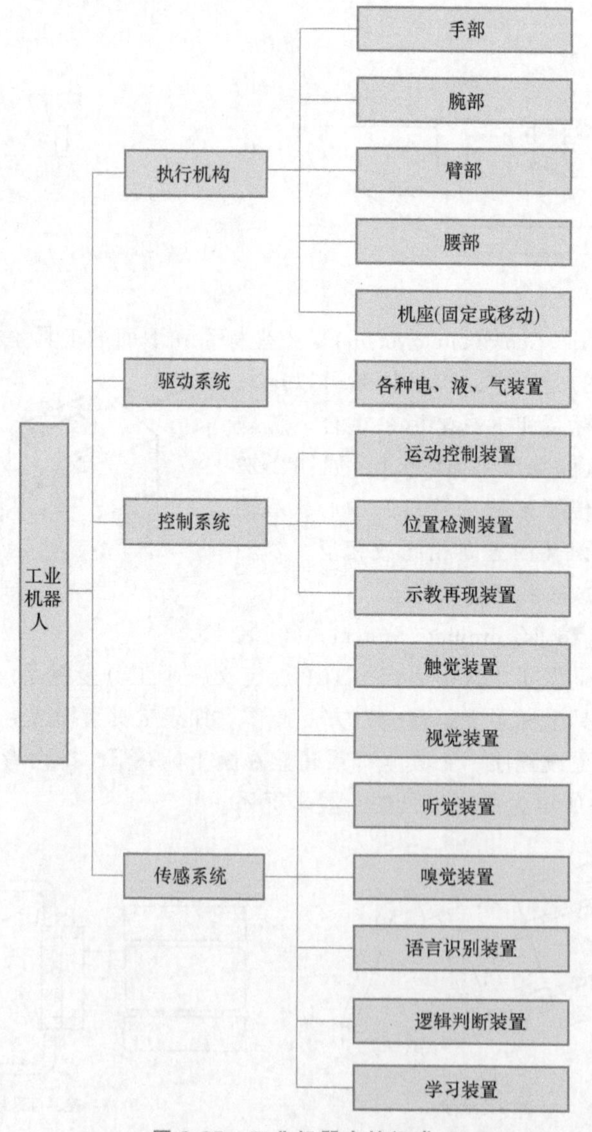

图 2-25 工业机器人的组成

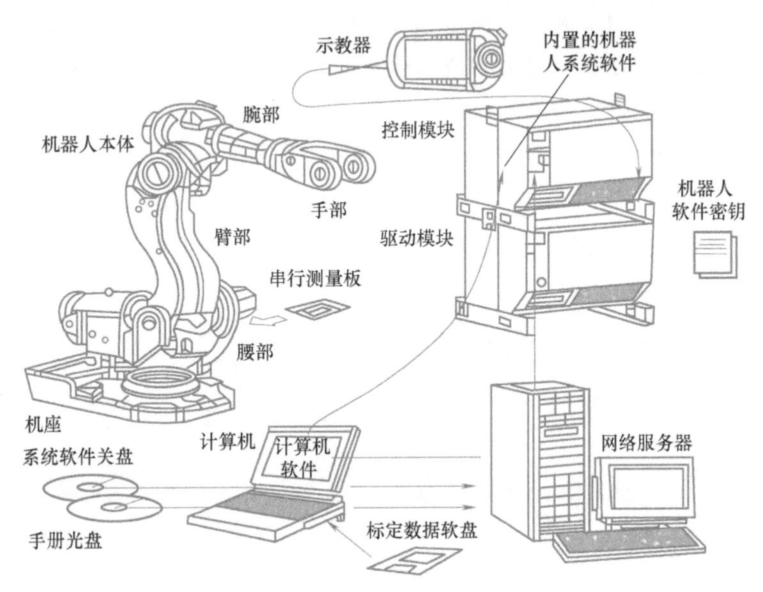

图 2-26 工业机器人各组成部分之间的相互作用关系

1. 工业机器人的执行机构

执行机构是机器人完成工作任务的实体，通常由一系列连杆、关节或其他形式的运动副组成。执行机构从功能的角度可分为手部、腕部、臂部、腰部和机座，如图 2-27 所示。

（1）手部 工业机器人的手部也称末端执行器，是装在机器人手腕上直接抓握工件或执行作业的部件。手部对于机器人来说是决定完成作业质量、作业柔性好坏的关键部件之一。

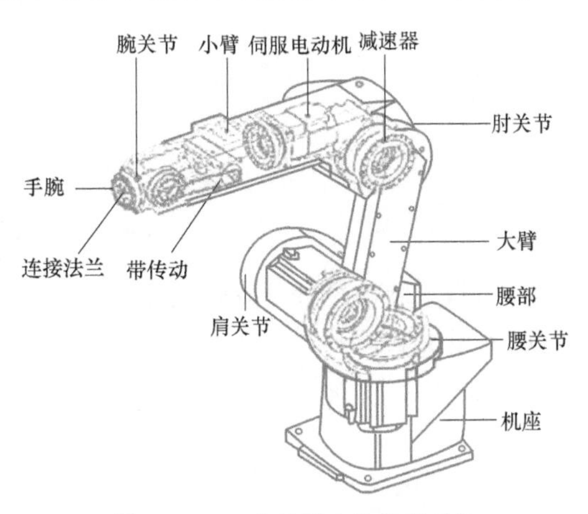

图 2-27 工业机器人的执行机构

1）手部的特点。大部分手部结构都是根据特定的工件要求而专门设计的，具有以下特点。

① 手部与腕部相连处可拆卸。手部与腕部有机械接口，也可能有电、气、液接口。工业机器人作业对象不同时，可以方便拆卸和更换手部。

② 手部是机器人末端执行器。它可以像人手那样具有手指，也可以不具备手指；可以是类似人的手爪，也可以是进行专业作业的工具，比如装在机器人腕部的喷漆枪、焊接工具等。

③ 手部的通用性比较差。机器人手部通常是专用的装置。例如，一种手爪往往只能抓握一种或几种在形状、尺寸和重量等方面相近似的工件；一种工具只能执行一种作业任务。

2）手部的分类。

① 机器人手部按其用途划分，可以分为手爪和工具两类。

a. 手爪。手爪具有一定的通用性，它的主要功能是：抓住工件、握持工件和释放工件。

抓住工件：在给定的目标位置上以期望的姿态抓住工件，工件在手爪内必须具有可靠的定位，保持工件与手爪之间准确的相对位姿，并保证机器人后续作业的准确性。

握持工件：确保工件在搬运过程中或零件在装配过程中定义了的位置和姿态的准确性。

释放工件：在指定点除去手爪和工件之间的约束关系。

b. 工具。工具是进行某种作业的专用工具，如喷枪、焊具、打磨笔及吸盘等，如图 2-28 所示。

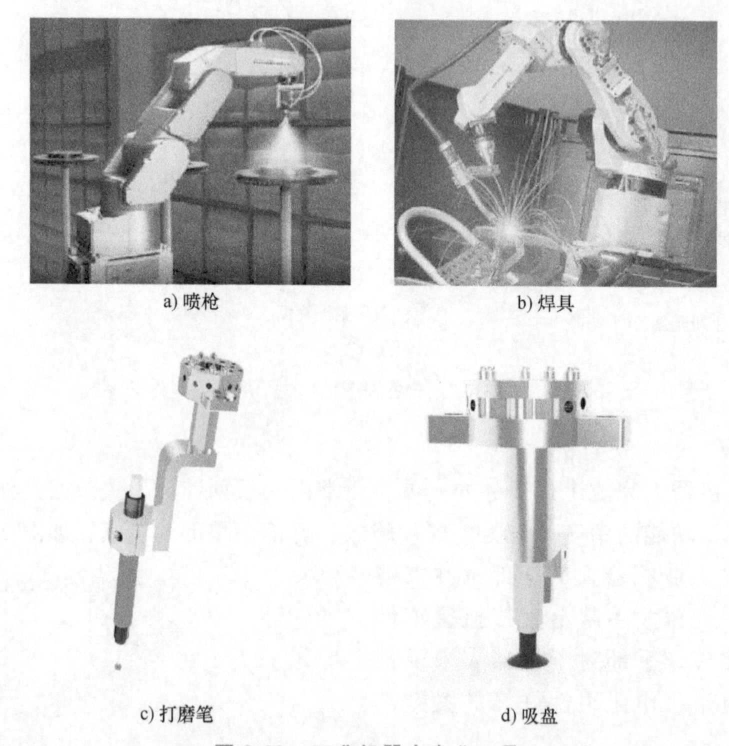

a) 喷枪　b) 焊具　c) 打磨笔　d) 吸盘

图 2-28　工业机器人专业工具

② 机器人手部还可以按照抓握原理分为夹钳式取料手和吸附式取料手。

a. 夹钳式取料手。夹钳式取料手由手指、手爪、驱动机构、传动机构及连接与支承元件组成，如图 2-29 所示。通过手指的开、合动作可实现对物体的夹持。

图 2-29　夹钳式取料手

（a）手指。它是直接与工件接触的部件。手部松开和夹紧工件，就是通过手指的张开与闭合来实现的。机器人的手部一般有两个手指，也有三个或多个手指，其结构形式常取决于被夹持工件的形状和特性。

（b）指端形状。指端是手指上直接与工件接触的部位，其结构形状取决于工件形状。

常用的有以下几种类型：

V 形指：如图 2-30a 所示，它适合夹持圆柱形工件，特点是夹紧平稳可靠，夹持误差小；也可以用两个滚柱代替 V 形体的两个工作面，如图 2-30b 所示，它能快速夹持旋转中的圆柱体；图 2-30c 所示为可浮动 V 形指，有自复位能力，与工件接触好，但浮动件是机构中的不稳定因素。在夹紧时和运动中受到的外力必须由固定支承来承受，或者设计成可自锁的浮动件。

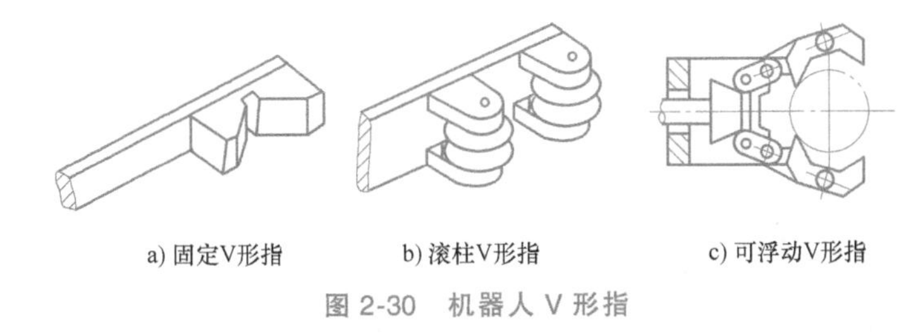

a) 固定V形指　　b) 滚柱V形指　　c) 可浮动V形指

图 2-30　机器人 V 形指

平面指：如图 2-31a 所示，一般用于夹持方形工件，板形或细小棒料。

尖指和薄、长指：尖指如图 2-31b 所示，一般用于夹持小型或柔性工件；薄指用于夹持位于狭窄工作场地的细小工件，以避免与周围障碍物干涉；长指用于夹持炽热的工件，以免热辐射对手部传动机构造成影响。

特形指：如图 2-31c 所示，对于形状不规则的工件，必须设计出与工件形状相适应的专用特形指，才能夹持工件。

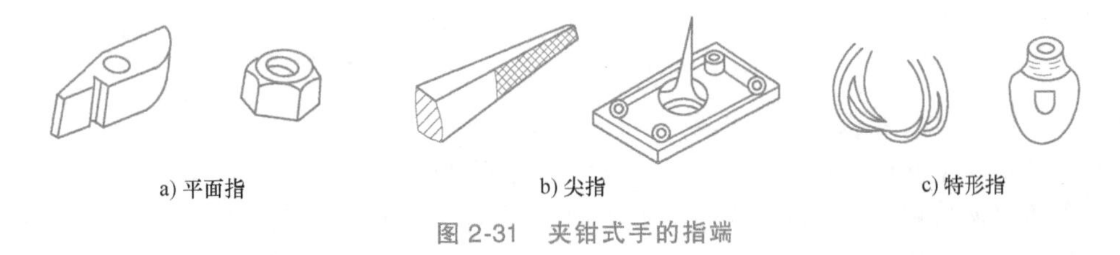

a) 平面指　　b) 尖指　　c) 特形指

图 2-31　夹钳式手的指端

(c) 指面形状。根据工件形状、大小及其被夹持部位材质、软硬、表面性质等不同，手指指面有以下几种形式：

光滑指面：指面平整光滑，用来夹持工件的已加工表面，避免已加工表面被划伤。

齿形指面：指面刻有齿纹，可增加与被夹持工件间的摩擦力，以确保夹紧牢靠，多用来夹持表面粗糙的毛坯或半成品。

柔性指面：指面镶嵌橡胶、泡沫塑料或石棉等，有摩擦力，可保护工作表面，有隔热作用；一般用于夹持已加工表面、炽热件，也适用于夹持薄脆壁件和脆性工件。

(d) 传动机构。它是向手指传递运动和动力，以实现夹紧和松开动作的机构。该机构根据手指开合的动作特点分为回转型机构和移动型机构。回转型机构又分为一支点回转型机构和多支点回转型机构。根据手爪夹紧是摆动还是平动，又分为摆动回转型机构和平动回转型机构。

(e) 驱动装置。它是向传动机构提供动力的装置。按驱动方式的不同，可有液压、气动、电动和电磁驱动之分，还有利用弹性元件的弹性力抓取物件不需要驱动元件的。

气动手爪目前得到了广泛的应用，它有许多突出的优点：结构简单、成本低、容易维修、开合迅速、重量轻。其缺点是空气介质的可压缩性使爪钳位置控制比较复杂。液压驱动手爪成本稍高一些。电动手爪的特点是手指开合电动机的控制与机器人控制可以共用一个系统，但是夹紧力比气动手爪、液压手爪小，开合时间比它们长。电磁手爪控制信号简单，但是电磁夹紧力与爪钳行程有关，因此，只用在开合距离小的场合。

b. 吸附式取料手。吸附式取料手靠吸附力取料。吸附式取料手适用于大平面、易碎、微小的物体，因此适用范围也较广。吸附式取料手与夹钳式取料手相比，具有结构简单、重量轻、吸附力分布均匀等优点。吸附式取料手对于薄片状物体的搬运更具有其优越性，广泛应用于非金属材料或不可有剩磁的材料的吸附，但要求物体表面较平整光滑，无孔、无凹槽。吸附式取料手靠吸附力的不同分为气吸附式和磁吸附式两种。

(a) 气吸附式取料手。气吸附式取料手是利用吸盘内的压力和大气压之间的压力差工作的。按形成压力差的方法，可分为真空气吸式、气流负压气吸式、挤压排气负压气吸式几种。图 2-32 所示为真空气吸附取料手的结构。其产生真空是利用真空泵，真空度较高。主要零件为碟形橡胶吸盘 1，其通过固定环 2 安装在支承杆 4 上，支承杆 4 由螺母 5 固定在基板 6 上。取料时，碟形橡胶吸盘与物体表面接触，橡胶吸盘在边缘既起到密封作用，又起到缓冲作用，然后真空抽气，吸盘内腔形成真空，实施吸附取料。放料时，管路接通大气，失去真空，物体被放下。

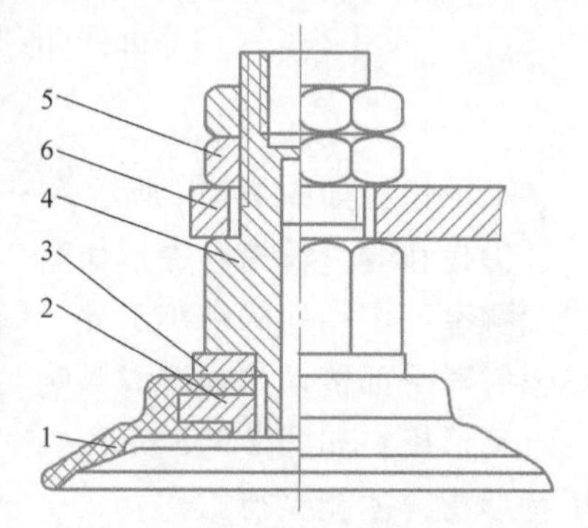

图 2-32 真空气吸附取料手的结构

1—碟形橡胶吸盘 2—固定环 3—垫片 4—支承杆 5—螺母 6—基板

为避免在取放料时产生撞击，有的还在支承杆上配有弹簧缓冲。为了更好地适应物体吸附面的倾斜情况，有的在橡胶吸盘背面设计有球铰。真空取料有时还用于微小无法抓取的零件。真空吸附取料工作可靠，吸附力大，但需要有真空系统，成本较高。

气流负压吸附取料手，利用流体力学的原理，当需要取物时，压缩空气高速流经喷嘴，其出口处的气压低于吸盘腔内的气压，于是腔内的气体被高速气流带走而形成负压，完成取料动作，当需要释放时，切断压缩空气即可。这种取料手需要的压缩空气在工厂里较易获得，成本较低。

(b) 磁吸附式取料手。磁吸附式取料手是利用电磁铁通电后产生的电磁吸力取料，因此它只能对铁磁物体起作用，另外，对某些不允许有剩磁的零件要禁止使用，所以磁吸附式取料手的使用有一定的局限性。电磁铁的工作原理如图 2-33 所示，当线圈 1 通电后，在铁心 2 内外产生磁场，磁力线经过铁心，空气隙和衔铁被磁化并形成回路。衔铁受到电磁吸力的作用被牢牢吸住。实际使用时，往往采用盘式电磁铁，衔铁是固定的，衔铁内用隔磁材料将磁力线切断，当衔铁接触物体零件时，零件被磁化形成磁力线回路并受到电磁吸力而被吸住。

③ 手部按智能化水平可以分为普通式手爪和智能化手爪两类。普通式手爪不具备传感器。智能化手爪具备一种或多种传感器，如力传感器、触觉传感器等。

(2) 腕部　腕部是连接机器人的小臂与末端执行器的结构部件，起支承手部的作用。机器人一般具有六个自由度才能使手部达到目标位置或处于期望的姿态，腕部的自由度主要是用于实现所期望的姿态，并扩大臂部运动范围。为了使手部能处于空间任意方位，要求腕

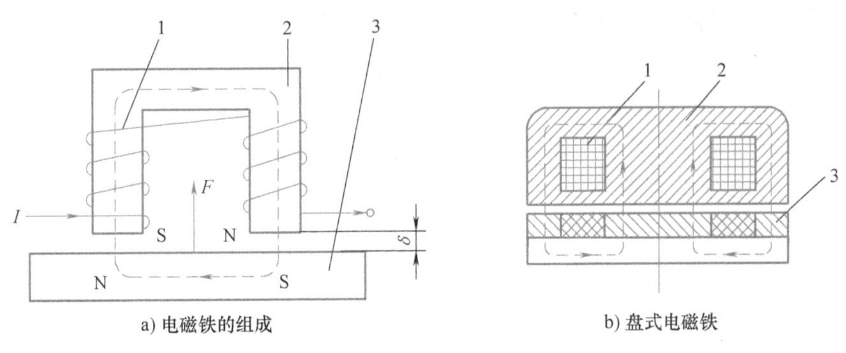

图 2-33 电磁铁的工作原理

1—线圈 2—铁心 3—衔铁

部能实现对空间三个坐标轴 X、Y、Z 的旋转运动——腕部旋转、腕部弯曲和腕部侧摆，或称为三个自由度。手腕按自由度数可分为单自由度手腕、二自由度手腕和三自由度手腕。腕部实际需要的自由度数目应根据机器人的工作性能要求来确定。在有些情况下，腕部具有两个自由度：翻转和俯仰或翻转和偏转。有些专用机器人没有腕部，而是直接将手部安装在臂部的前端；有的腕部为了特殊要求还有横向移动自由度。

（3）臂部 机器人臂部的各种运动通常由驱动机构和各种传动机构来实现。机器人臂部一般由大臂、小臂和多臂组成。因此，它不仅仅承受被抓取工件的重量，而且承受手部、腕部和臂部自身的重量。臂部的结构、工作范围、灵活性、抓取重量大小和定位精度都直接影响机器人的工作性能，所以臂部的结构形式必须根据机器人的运动形式、抓取重量、动作自由度和运动精度等因素来确定。机器人臂部的结构形式如图 2-34 所示。

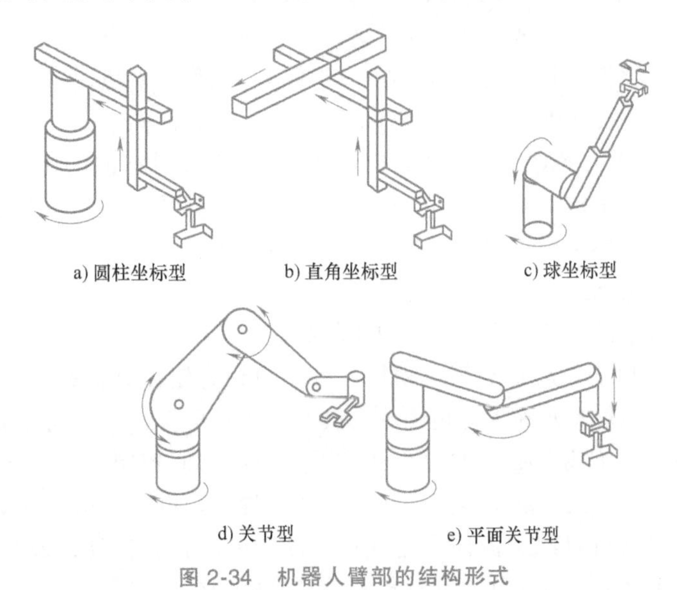

图 2-34 机器人臂部的结构形式

（4）腰部 腰部是连接臂部和机座的部件，通常是回转部件。它的回转加上臂部的运动，能使腕部做空间运动。腰部是执行机构的关键部件，它的制造误差、运动精度和平稳性对机器人的定位精度有决定性的影响。

（5）机座 机座是整个工业机器人的支承部分，分为固定式机座和移动式机座两类。

移动式机座用来扩大机器人的活动范围，有的是专门的行走装置，有的是轨道、滚轮机构。机座必须有足够的刚度和稳定性。

2. 工业机器人的驱动系统

工业机器人的驱动系统是向执行系统各部件提供动力的装置，包括驱动器和传动机构两部分，它们通常与执行机构连成一体。驱动器通常有电动、液压、气动装置以及电液气综合驱动装置。常用的传动机构有谐波传动机构、螺旋传动机构、链传动机构、带传动机构以及各种齿轮传动机构等。工业机器人驱动系统的组成如图 2-35 所示。

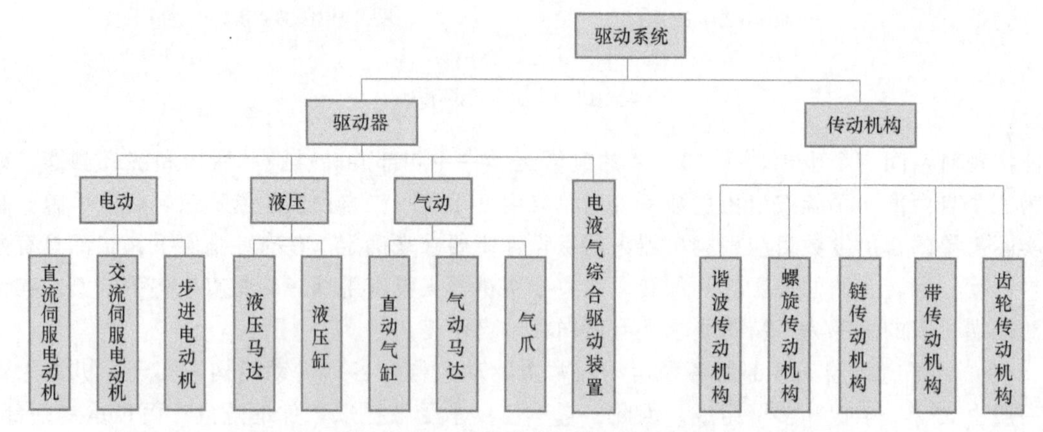

图 2-35　工业机器人驱动系统的组成

（1）气压驱动　气压驱动系统通常由气缸、气阀、气罐和空气压缩机（或由气压站直接供给）等组成，以压缩空气来驱动执行机构进行工作。其优点是：空气来源方便、动作迅速、结构简单、造价低、维修方便、防火防爆、漏气对环境无影响；缺点是：操作力小、体积大，空气的压缩比大导致速度不易控制、响应慢、动作不平稳、有冲击。因气源压力一般只有 0.6MPa 左右，故此类机器人适用于抓举力要求较小的场合。

（2）液压驱动　液压驱动系统通常由液动机（各种液压缸、液压马达）、伺服阀、液压泵和油箱等组成，以压缩液体来驱动执行机构进行工作。其特点是：操作力大、体积小、传动平稳且动作灵敏、耐冲击、抗振动、防爆性好。相对于气力驱动，液压驱动的机器人具有大得多的抓举能力，可高达上百千克。但液压驱动系统对密封的要求较高，且不宜在高温或低温的场合工作，要求的制造精度较高，成本较高。

（3）电力驱动　电力驱动是利用电动机产生的力或力矩，直接或经过减速机构驱动机器人，以获得所需的速度和加速度。电力驱动具有电源易取得，无环境污染，响应快，驱动力较大，信号的检测、传输、处理方便，可采用多种灵活的控制方案，运动精度高，成本低，驱动效率高等优点，是目前机器人使用最多的一种驱动方式。驱动电动机一般采用步进电动机、直流伺服电动机以及交流伺服电动机。由于电动机转速高，通常还需采用减速机构。目前有些机器人已开始采用无需减速机构的特制电动机直接驱动，既可简化机构，又可提高控制精度。

（4）其他驱动方式　这里一般指混合驱动，即液、气或电、气混合驱动。

3. 工业机器人的控制系统和传感系统

控制系统的任务是根据机器人的作业指令程序以及从传感器反馈回来的信号支配机器人

的执行机构实现固定的运动和功能。若工业机器人不具备信息反馈功能，则为开环控制系统；若具备信息反馈功能，则为闭环控制系统。工业机器人的控制系统主要由主控计算机和关节伺服控制器组成，如图 2-36 所示。上位主控计算机主要根据作业要求完成编程，并发出指令控制各伺服驱动装置使各杆件协调工作，同时还要完成环境状况、周边设备之间的信息传递和协调工作。关节伺服控制器用于实现驱动单元的伺服控制、轨迹插补计算以及系统状态监测。机器人的测量单元一般为安装在执行部件中的位置检测元件（如光电编码器）和速度检测元件（如测速发电机），这些检测量反馈到控制器中用于闭环控制、监测或进行示教操作。人机接口除了包括一般的计算机键盘、鼠标外，通常还包括手持控制器（示教盒），通过手持控制器可以对机器人进行控制和示教操作。

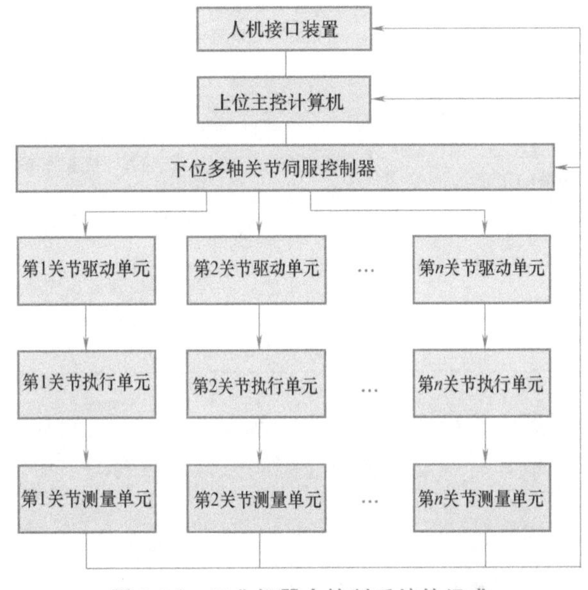

图 2-36 工业机器人控制系统的组成

工业机器人通常具有示教再现和位置控制两种方式。示教再现控制就是操作人员通过示教装置把作业内容编制成程序，输入记忆装置中，在外部给出启动命令后，机器人从记忆装置中读出信息并送到控制装置，发出控制信号，由驱动机构控制机器人的运动，在一定精度范围内按照记忆装置中的内容完成给定的动作。实质上，工业机器人与一般自动化机械的最大区别就是它具有“示教再现”功能，因而表现出通用、灵活的“柔性”特点。

工业机器人的位置控制方式有点位控制和连续路径控制两种。其中，点位控制方式只关心机器人末端执行器的起点和终点位置，而不关心这两点之间的运动轨迹，这种控制方式可完成无障碍条件下的点焊、上下料及搬运等操作。连续路径控制方式不仅要求机器人以一定的精度到达目标点，而且对移动轨迹也有一定的精度要求，如机器人喷漆、弧焊等操作。实质上，连续路径控制方式是以点位控制方式为基础，在每两点之间用满足精度要求的位置轨迹插补算法实现轨迹连续化的。

工业机器人的传感系统也是其重要的组成部分。按采集信息的位置不同，一般可分为内部传感器和外部传感器两类。内部传感器是完成机器人运动控制所必需的传感器，如位置传感器、速度传感器等，用于采集机器人内部信息，这是构成机器人不可缺少的基本元件。外部传感器用于检测机器人所处环境、外部物体状态或机器人与外部物体之间的关系。常用的外部传感器有力学传感器、触觉传感器、接近开关、视觉传感器和激光传感器等。一些特殊领域应用的机器人可能还需要具有温度、湿度、压力、滑动量和化学性质等方面感觉能力的传感器。机器人传感器的分类见表 2-1。

表 2-1 机器人传感器的分类

内部传感器	用途	机器人的精确控制
	检测的信息	位置、角度、速度、加速度、姿态和方向等
	所用传感器	微动开关、光电开关、差动变压器、编码器、电位计、旋转变压器、测速发电机、加速度计、陀螺仪、倾角传感器和力(或力矩)传感器
外部传感器	用途	了解工件、环境或机器人在环境中的状态,对工件进行灵活、有效的操作
	检测的信息	工件和环境:形状、位置、范围、质量、姿态、运动和速度等 机器人与环境:位置、速度、加速度和姿态等 对工件的操作:非接触(间隔、位置及姿态等)、接触(障碍检测、碰撞检测等)、触觉(接触觉、压觉及滑觉)和夹持力等
	所用传感器	视觉传感器、光学测距传感器、超声测距传感器、触觉传感器、电容传感器、电磁感应传感器、限位传感器、压敏导电橡胶和弹性体加应变片等

传统工业机器人仅采用内部传感器，用于机器人对运动、位置和姿态的精确控制。外部传感器使机器人对外部环境具有一定程度的适应能力，从而表现出一定程度的智能化特点。

【任务分析】

认识工业机器人的各个关节结构，熟悉工业机器人的性能指标，熟悉机器人的位姿与坐标，认识工业机器人的驱动系统、执行机构、控制系统和传感系统。

【任务实施】

步骤一、认识工业机器人的本体结构（图 2-37 和图 2-38）。

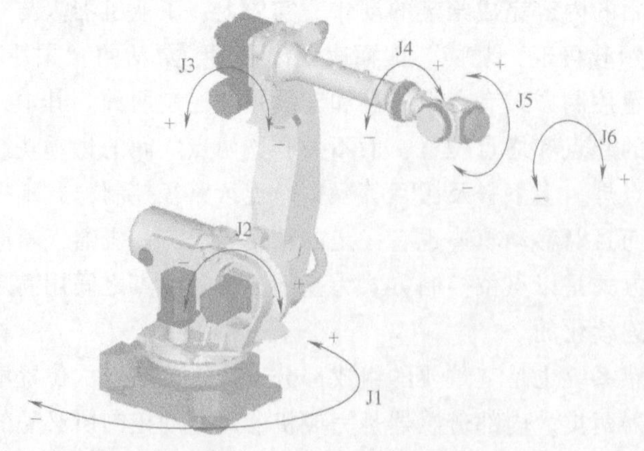

图 2-37 机器人本体外部结构

步骤二、认识工业机器人的控制器（图 2-39）。

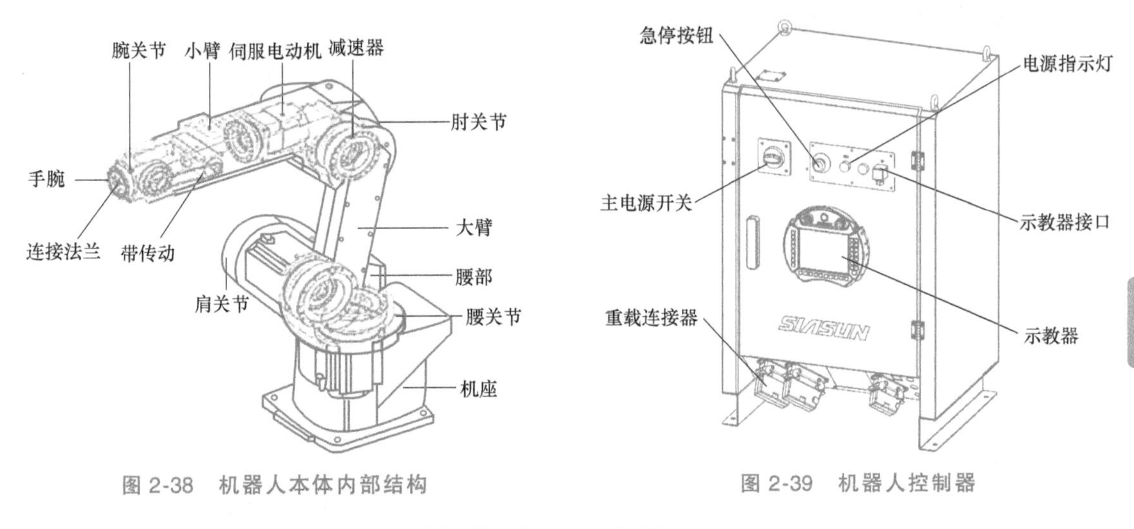

图 2-38　机器人本体内部结构

图 2-39　机器人控制器

步骤三、认识工业机器人的示教器（图 2-40 和图 2-41）。

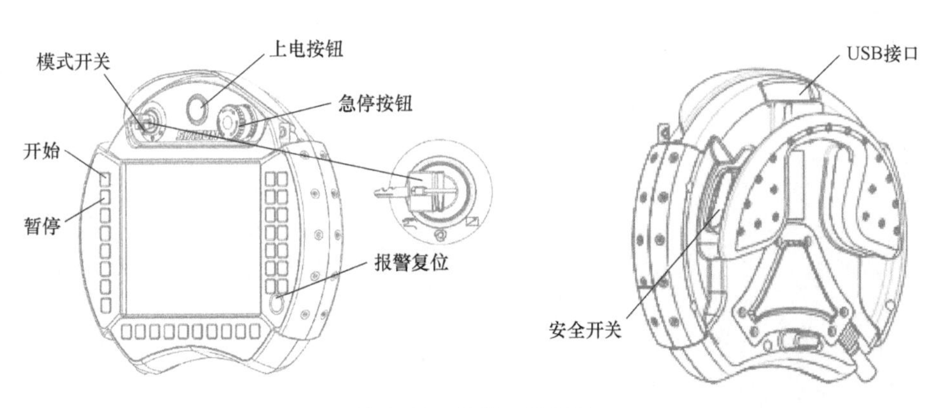

图 2-40　机器人示教器

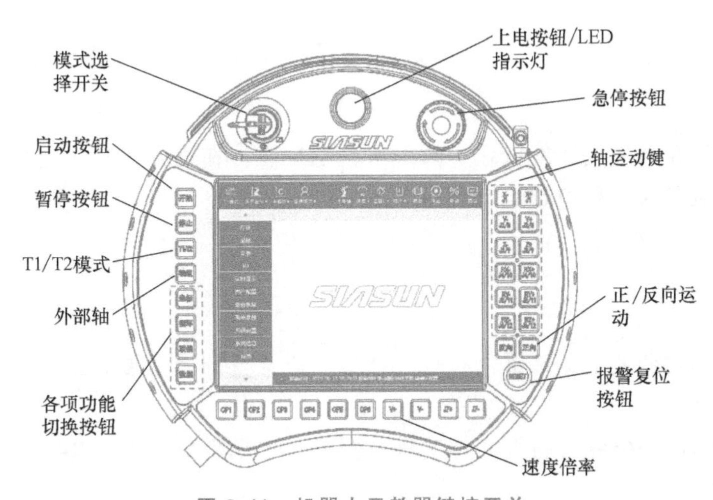

图 2-41　机器人示教器键控开关

步骤四、使用示教器进行机器人的单轴运动。

首先在状态栏中确认机器人当前为手动状态，如图 2-42 所示。

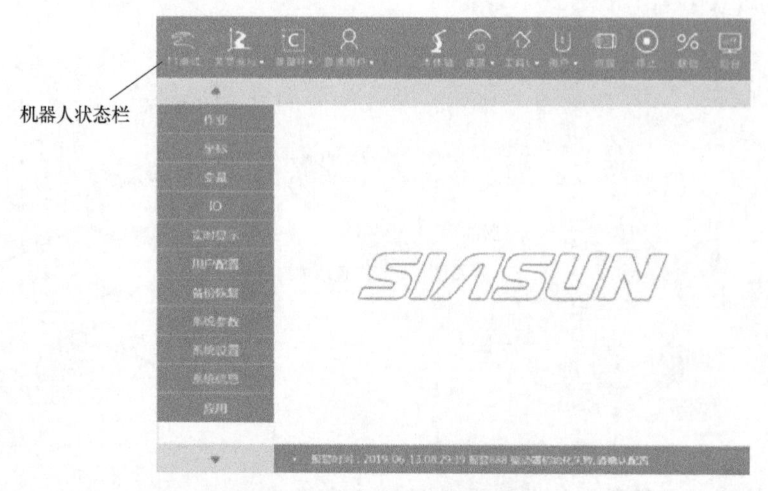

图 2-42　状态栏确认手动状态

然后单击“关节坐标”，在下拉列表框中选择关节坐标系，如图 2-43 所示。

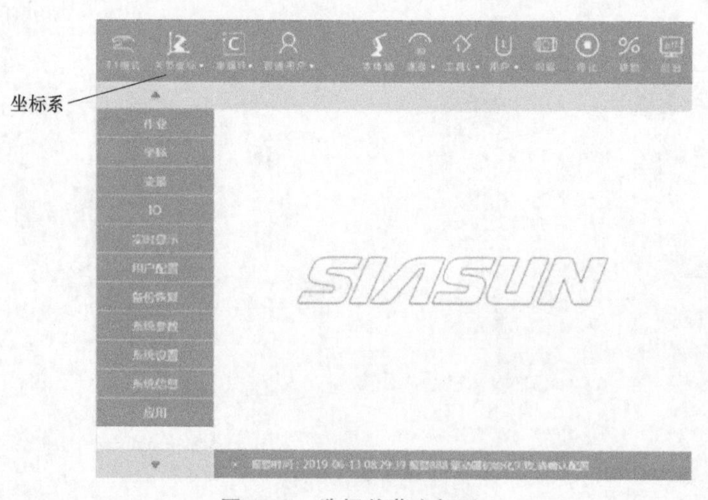

图 2-43　选择关节坐标系

最后按住示教器背后的使能按钮，按一下上电按钮，在确认机器人电动机上电后，单击轴运动键，操纵机器人进行单轴运动。

【任务评测】

1. 自我评价

由学生根据学习任务完成情况进行自我评价，记录得分值于表 2-2 中。

2. 小组评价

由同实训小组的同学结合自评的情况进行互评，记录得分值于表 2-3 中。

3. 指导人员评价

由指导人员结合自评与互评的结果进行综合评价，并给出评价意见与得分值。

表 2-2 自我评价

评价内容	配分	评分标准	得分
认识机器人	30	1. 认识工业机器人的关节结构 2. 认识工业机器人的驱动系统 3. 认识工业机器人的执行机构	
熟悉机器人	30	1. 熟悉机器人的性能指标 2. 熟悉机器人的控制方式 3. 熟悉机器人的位姿与坐标系	
操作机器人	30	1. 熟练操作工业机器人示教器 2. 熟练运用工业机器人的运动指令	
安全意识	10	遵守安全操作规范要求	

表 2-3 小组评价

项目内容	配分	得分
1. 实训记录与自我评价情况	30	
2. 工业机器人作业前准备工作流程	30	
3. 相互帮助与协作能力	20	
4. 安全、质量意识与责任心	20	

【任务评测】

1）机器人本体结构有哪些基本组成部分？

2）机器人本体运动轴有哪些？各自有什么作用？

3）示教器中的不同按键各有什么作用？

4）是否能够手动操作机器人实现各轴的运动？

任务 2.2 操作工业机器人

【任务目标】

1）熟练操作机器人。

2）掌握机器人工具坐标系的创建方法。

3）掌握机器人工件坐标系的创建方法。

4）掌握机器人信号的配置方法。

5）熟悉工业机器人基本指令。

【知识准备】

一、机器人操作与程序的构成

工作人员可以通过示教器控制机器人进行手动运行，可以单轴运动机器人，也可以使用坐标系进行多轴的联动运动，使机器人运动到预期的目标位置和姿态上。

示教机器人时，编辑动作指令是指，通过手动运动机器人到达目标位置后，点击对应的运动指令，记录当前所在位置的值。

机器人运行的程序是通过动作指令、I/O 指令、运算指令、计算指令和跳转指令等组合而成的。按照要求以及顺序输入这些指令，即可完成机器人现实作业的程序。程序的构成如下：

1）动作指令：记录机器人从初始位置到目标位置，按照特定的轨迹进行动作的指令。

2）数据的运算或计算指令：机器人控制器软件可以存储实型、整型、字节型和位置型变量，通过这些指令可以对这些变量进行赋值及计算。

3）I/O 指令：用于发送或接收信号，实现机器人与外围设备的信息、数据和状态等的传输。

4）跳转指令：在特定条件下使用跳转指令可以改变机器人的运行流程。

5）等待指令：当机器人程序执行到等待指令时，如果相关条件没有达成，则程序在这条指令上进行等待。

6）程序调用指令：在程序执行过程中调用子程序。

二、工具坐标系

将机器人第六轴法兰中心定义为机器人默认工具坐标系的原点，也称 TCP（工具中心点），法兰中心指向法兰定位孔方向定义为 X+方向，垂直法兰向外为 Z+方向，根据右手法则即可判定 Y+方向。新的工具坐标系都是相对默认的工具坐标系变化获得的。

三、用户坐标系

用户坐标系的设置方法有三点法和直接输入法两种。

新的用户坐标系是根据默认的用户坐标系 USER0 变化得到的，新的用户坐标系的位置和姿态相对空间是不变化的。用户坐标系指定机器人在工作平台上的工作方向及线性运动方向。

建立用户坐标系可确定参考坐标系，可以确定工作台上的运动方向，方便机器人调试。

【任务分析】

熟练掌握机器人工具坐标系和工件坐标系的创建方法，掌握机器人信号配置及基础指令。

【任务实施】

1. 机器人单轴控制（关节坐标运动控制）

机器人单轴操作是机器人 6 个轴相对独立的运动，每个轴都有相对应的操控按键。

1）在“超级用户”下，选择“实时显示”进入实时显示界面，在“实时显示数据项”后方的下拉列表框中选择“关节值”选项，如图 2-44 所示。

2）左手按住示教器背面的使能键，若报警信息栏出现报警信息，按一下“RESET”键，直到报警信息消失。按一下“上电”按钮，直到听到电动机抱闸的声音后松开，右手

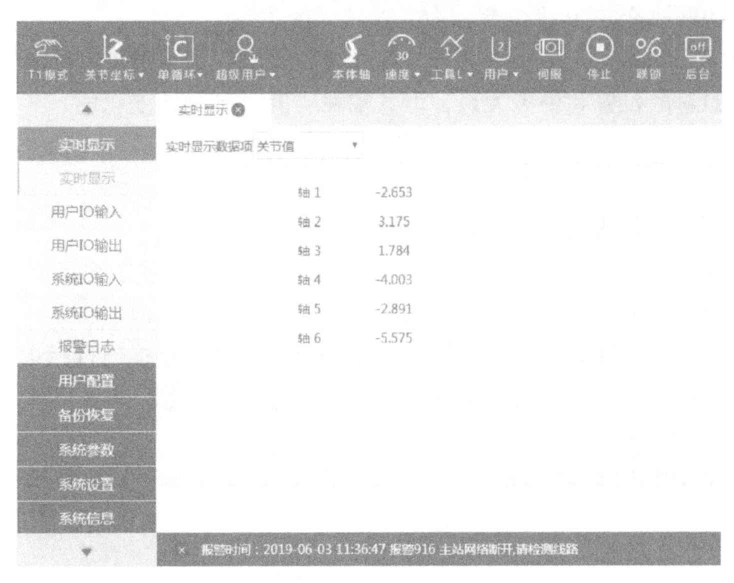

图 2-44　关节坐标运动位置信息

再按 J1、J2、J3、J4、J5、J6 按键来控制单个轴的正反方向运动。

注意：使能键需一直按住，直到不进行机器人点动再松开。

2. 直角坐标与工具坐标运动控制（线性操作）

1）单击“坐标系”按钮，选择直角坐标运动模式。左手按住示教器背面的使能键，再按一下“RESET”键后按一下“上电”按钮，右手再按 X±、Y±、Z±键来控制机器人在直角坐标中的 *X*、*Y*、*Z* 轴的正、反方向做直线运动。

2）单击“坐标系”按钮，选择工具坐标运动模式。左手按住示教器背面的使能键，再按一下“RESET”键后按一下“上电”按钮，右手再按 X±、Y±、Z±键来控制机器人在工具坐标中的 *X*、*Y*、*Z* 轴的正、反方向做直线运动。

机器人坐标系介绍见表 2-4。

表 2-4　机器人坐标系介绍

类型	定义及说明
关节坐标系	使用关节坐标系可以单独运动机器人的各轴
直角坐标系	在直角坐标系下，机器人 TCP 会平行于机器人 *X*、*Y*、*Z* 轴进行移动。同时机器人可以以 TCP 为中心，在 TCP 不变的情况下改变姿态
工具坐标系	在工具坐标系下，机器人 TCP 会平行于工具定义的 *X*、*Y*、*Z* 轴进行移动。同时机器人可以以 TCP 为中心，在 TCP 不变的情况下改变姿态
用户坐标系	在用户坐标系下，机器人 TCP 会平行于在空间定义的 *X*、*Y*、*Z* 轴进行移动。同时机器人可以以 TCP 为中心，在 TCP 不变的情况下改变姿态

3. 工具坐标系

工具坐标系的创建主要有五点法、三点法和直接输入法三种常用方法。

五点法只改变 TCP，不改变方向，三点法为五点法确认完 TCP 后确定工具坐标方向时使用，直接输入法既改变 TCP 也改变方向。

新的工具坐标系是相对于默认的工具坐标系变化得到的，新的工具坐标系的位置和方向始终同法兰保持绝对的位置和姿态关系，但各轴在空间上是一直变化的。

建立工具坐标系可以确定 TCP，方便调整工具姿态；确定工具的进给方向，方便工具位置调整。

下面以五点法为例创建工具坐标系：

五点法可以确定工具中心点（TCP），即工具坐标系原点相对于法兰中心点的 X、Y、Z 值。手动控制机器人，使机器人工具中心点以五种不同的姿态指向同一点。系统将自动计算 TCP 位置值。注意：在示教时，尽量使用五个不同方向的姿态来接近目标点。

五点法标定完成后，只能确定工具中心点（x，y，z），此时工具的姿态值（R_x，R_y，R_z）是默认的（0，0，0）。

五点法标定 TCP 如图 2-45 所示。

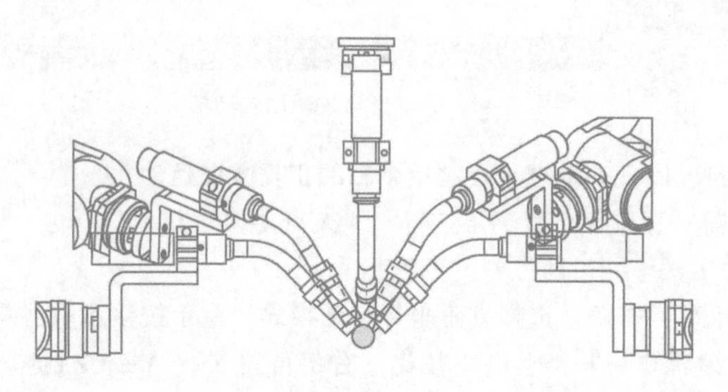

图 2-45　五点法标定 TCP

（1）TCP 的标定　单击主菜单中的“坐标→工具坐标→标定”，进入工具坐标系标定界面，如图 2-46 所示。通过翻页键可以选择需要标定的工具号。

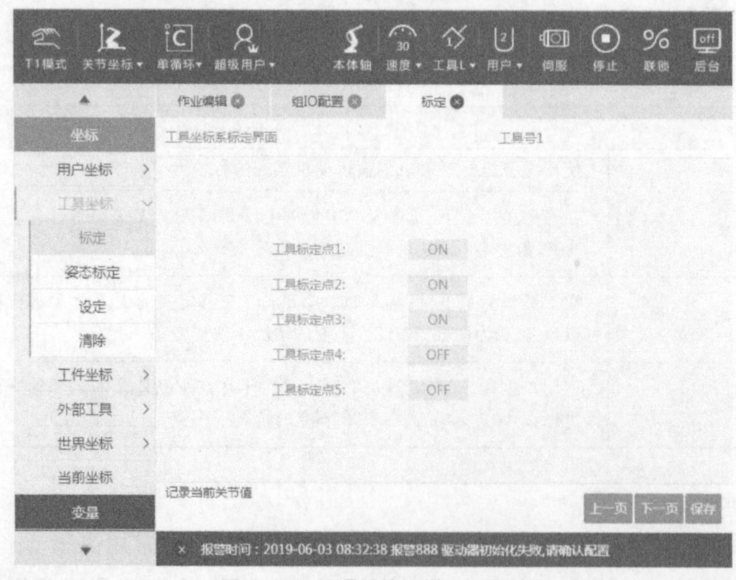

图 2-46　工具坐标系标定界面

依次以五个不同的姿态接近同一个目标点，并单击“OFF”，当“OFF”变成“ON”后，此点即被成功标定，单击“保存”按钮结束标定。单击“下一页”按钮可以进行另一工具坐标系的标定，工具坐标系一共有8个。编号显示在界面右上方的工具号上。

（2）姿态的标定　单击主菜单中的“坐标→工具坐标→标定”，进入工具坐标系姿态标定界面，如图2-47所示。单击“上一页”“下一页”按钮，选择希望的工具号。

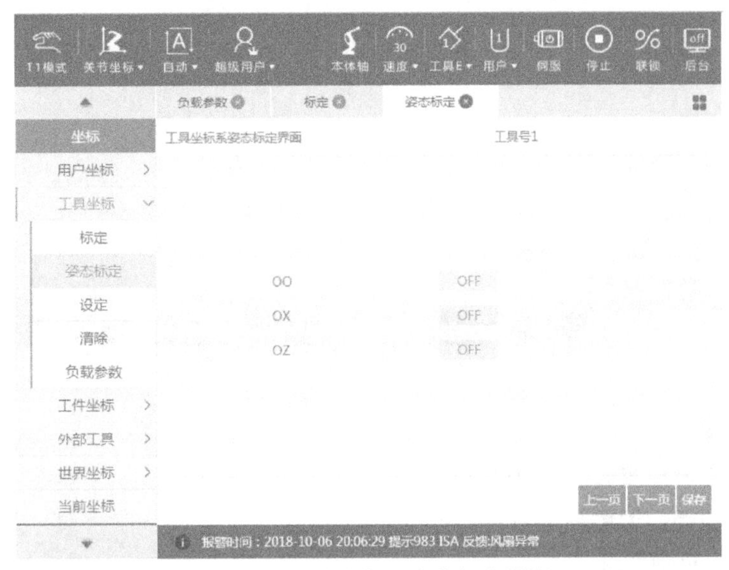

图2-47　工具坐标系姿态标定界面

首先标定TCP在空间上的选定点，再标定工具坐标系X轴方向上的一点和Z轴负方向XZ平面上的一点。在三个点处，单击“OFF/ON”，进行标定；标定结束后，单击“保存”按钮。

注意：同一坐标系的TCP和姿态需要在同一个工具号下进行标定。

4. 用户坐标系

用户坐标系的创建方法有三点法和直接输入法两种。

下面以三点法创建用户坐标系。

用户坐标系是用户对每个作业空间进行标定的一种笛卡儿坐标系。标定用户坐标系之前，默认为在直角坐标系上。

用户坐标系通过相对于机器人直角坐标系原点的位置（x，y，z）和X轴、Y轴、Z轴的旋转角（R_x，R_y，R_z）来定义。一共可以定义8个用户坐标系，可根据情况进行切换。

单击主菜单中的“坐标→用户坐标→标定”。打开用户坐标系标定界面，如图2-48所示。通过单击“上一页”“下一页”按钮来选择用户坐标系的编号。

移动机器人到用户坐标系的原点、X轴上的点、XY平面上的点，依次单击位置对应的“OFF”，记录当前位置，3点都显示为“ON”后，单击“保存”按钮，标定完成。

5. 关节运动指令

程序一般起始点使用MOVJ指令。机器人将TCP沿最快速轨迹送到目标点，机器人的姿态会随意改变，TCP路径不可预测。机器人最快速的运动轨迹通常不是最短的轨迹，因而关节轴运动不是直线。由于机器人轴的运动为旋转运动，所以弧形轨迹会比直线轨迹更

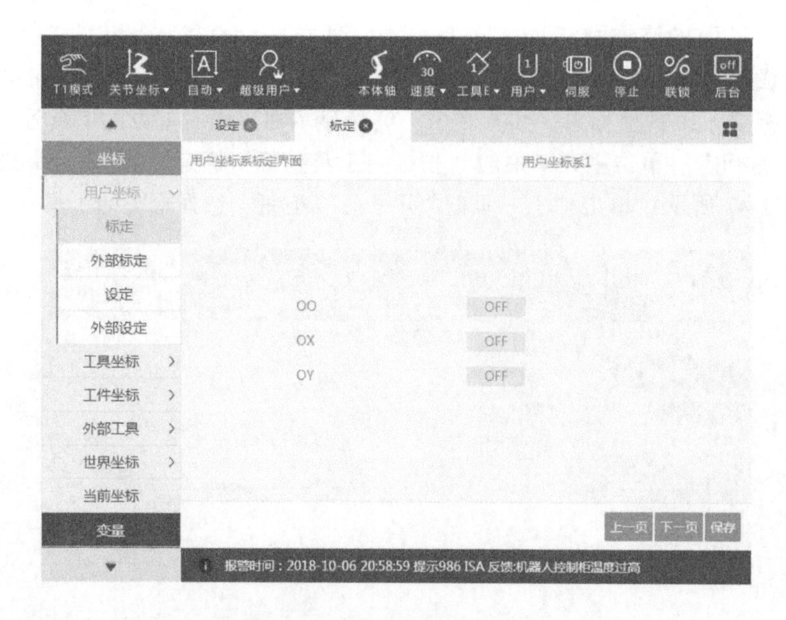

图 2-48　用户坐标系标定界面

快。关节运动指令示意图如图 2-49 所示。

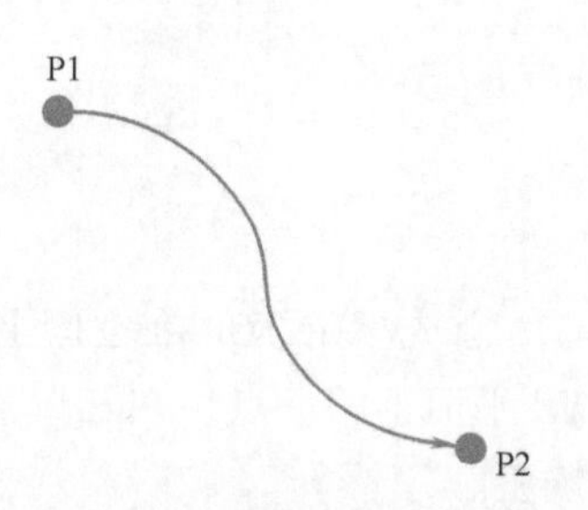

图 2-49　关节运动指令示意图

关节运动的特点：①运动的具体过程是不可预见的；②六个轴同时起动并且同时停止。

使用 MOVJ 指令可以使机器人的运动更加高效快速，也可以使机器人的运动更加柔和，但是关节轴运动轨迹是不可预见的，所以使用该指令务必确认机器人与周边设备不会发生干涉。

（1）指令格式

MOVJ　VJ = 20

MOVJ　P1　V = 20　CP = 1　ACC 100

（2）指令格式说明

1）MOVJ：机器人关节运动。

2）VJ/V：机器人关节运动运行速度符号。

3）20：速度数据（最大移动速度的 20%）。

4）P1：位置变量。

5）CP = 1：连续轨迹 CP 为 1 时，代表连续轨迹开启；CP 为 0 时，代表连续轨迹关闭。

6）ACC 100：加速度数据。

（3）应用　机器人以最快捷的方式运动至目标点，机器人运动状态不完全可控，但运动路径保持唯一，常用于机器人在空间中的大范围移动。

（4）编程实例　根据图 2-50 所示的运动轨迹，编写其关节运动指令程序。

图 2-50 所示运动轨迹的指令程序如下：

```
MOVL  P1  V=200  CP=1  ACC100
MOVL  P2  V=100  CP=0  ACC100
MOVJ  P3  V=50  CP=0  ACC100
```

6. 线性运动指令

线性运动指令也称直线运动指令，工具的 TCP 将按照设定的姿态从起点匀速移动到目标位置点，TCP 运动路径是三维空间中一点到另一点的直线运动，如图 2-51 所示。直线运动的起始点是前一运动指令的示教点，结束点是当前指令的示教点。

直线运动的特点：①运动路径可预见；②在指定的坐标系中可实现插补运动。

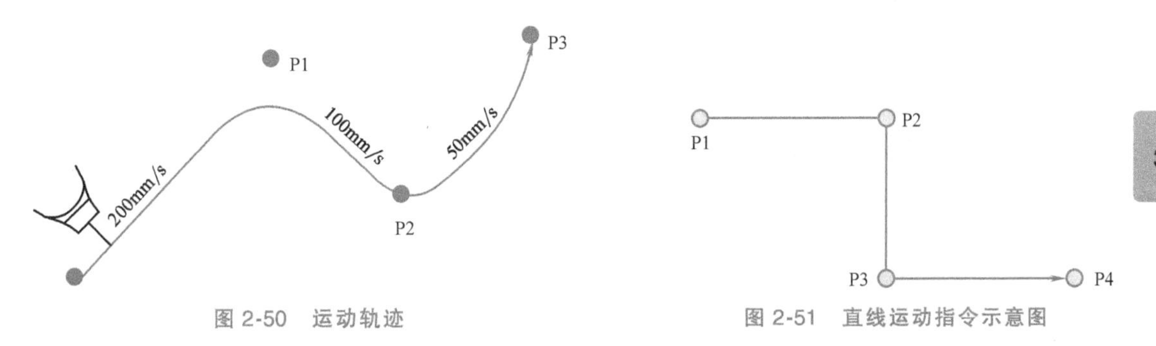

图 2-50　运动轨迹　　　　图 2-51　直线运动指令示意图

(1) 指令格式

MOVL　VL = 100

MOVL　P1　V = 100　CP = 1　ACC 100

(2) 指令格式说明

1) MOVL：机器人关节运动。

2) VL/V：机器人直线运动运行速度符号。

3) 100：速度数据 (100mm/s)。

4) P1：位置变量。

5) CP = 1：连续轨迹 CP 为 1 时，代表连续轨迹开启；CP 为 0 时，代表连续轨迹关闭。

6) ACC 100：加速度数据。

(3) 应用　机器人以线性方式运动至目标点，当前点与目标点两点决定一条直线，机器人运动状态可控，运动路径保持唯一，可能出现奇异点，常用于机器人在工作状态时的移动。

7. 圆弧运动指令

圆弧运动是指机器人 TCP 在 3 个点上进行圆弧动作的一种移动方式，需要对经过点和目标点进行示教。圆弧动作如图 2-52 所示。

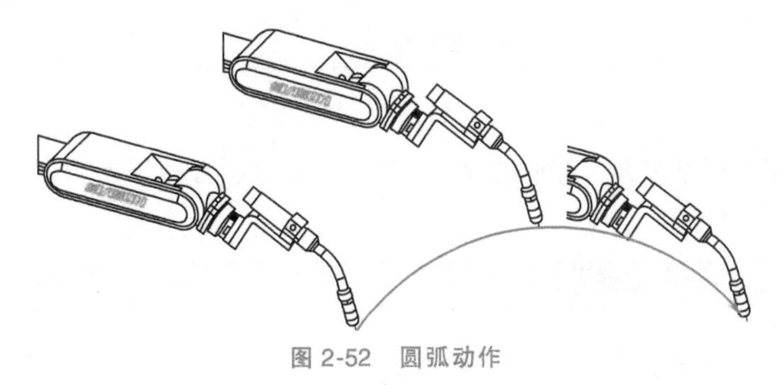

图 2-52　圆弧动作

(1) 指令格式

MOVC　VC = 50

MOVC　P1　V=50　CP=0　ACC 100

（2）指令格式说明

1）MOVC：机器人圆弧运动。

2）VC/V：圆弧运动运行速度符号。

3）50：速度数据（50mm/s）。

4）P1：位置变量。

5）CP=0：连续轨迹CP为1时，代表连续轨迹开启；CP为0时，代表连续轨迹关闭。

6）ACC 100：加速度数据。

（3）应用　机器人通过中心点以圆弧移动方式运动至目标点，当前点、中间点与目标点三点决定一段圆弧，机器人运动状态可控，运动路径保持唯一，常用于机器人在工作状态时的移动。

8. 其他控制指令

其他控制指令格式及示例：

OUT　OT#33 = 1	置位数字量输出信号OUT33上升沿有效
PULSE　OT#33 = 1　T = 1	将OUT33置1，并保持1s后复位为0
WAIT　IN#33 = 1　T =-1	条件等待，一直等待，直到IN33置1
DELAY　T = 1	延时1s
CALL　test	调用程序名为test的子程序

其他控制指令还有IF语句、WHILE条件指令、LABEL标签指令、GOTO跳转指令和RET返回指令等指令。

【任务评测】

1. 自我评价

由学生根据学习任务完成情况进行自我评价，记录得分值于表2-5中。

表2-5　自我评价

评价内容	配分	评分标准	得分
操作机器人	90	1. 掌握机器人工具坐标系的建立方法 2. 掌握机器人工件坐标系的建立方法 3. 掌握机器人的基本指令	
安全意识	10	遵守安全操作规范要求	

2. 小组评价

由同实训小组的同学结合自评的情况进行互评，记录得分值于表2-6中。

表2-6　小组评价

项目内容	配分	得分
1. 实训记录与自我评价情况	30	
2. 工业机器人作业前准备工作流程	30	
3. 相互帮助与协作能力	20	
4. 安全、质量意识与责任心	20	

3. 指导人员评价

由指导人员结合自评与互评的结果进行综合评价，并给出评价意见与得分值。

【任务评测】

1）试列出新松机器人新建工件坐标系的几种方法。

2）编写一个机器人走正方形轨迹的程序。

项目3 编写工业机器人工艺单元程序

任务 3.1 编写工业机器人码垛工艺单元程序（初级）

【任务目标】

1）认识码垛工艺单元的基本结构及工作原理。
2）熟悉码垛工艺单元的指令及操作。
3）掌握码垛工艺单元的编程方法。

【知识准备】

随着科技的进步以及现代化物流技术的加速发展，人们对搬运速度的要求越来越高，传统的人工码垛只能应用在物料轻便、尺寸和形状变化大、吞吐量小的场合，这已经远远不能满足现代工业的需求，而由机器人进行码垛则成为这一问题的最好解决方法。

日常工作中，大型物料的搬运过程十分耗费时间与人力，图 3-1 所示为采用工业机器人进行搬运码垛来解决铝合金锭搬运烦琐的问题。

图 3-1　工业机器人搬运铝合金锭

图 3-2 所示为工业机器人在成品打包入库码垛中的应用。

本任务将日常生产中出现的码垛工作融入码垛工艺单元中，用不同颜色和不同种类的物料来模拟日常码垛中的物料，用吸盘来模拟日常码垛中的码垛夹具，尽可能真实地达到模拟现实工程的目的。

【任务分析】

针对码垛工艺单元的编程任务，对本任务实施方案做如下分析：

1. 了解码垛工艺单元的组成

码垛工艺单元如图 3-3 所示，包括 8 个金属正方形物料、8 个黑色长方形物料、1 个正方形物料料仓和 1 个长方形物料料仓。

图 3-2 工业机器人在成品打包入库码垛中的应用

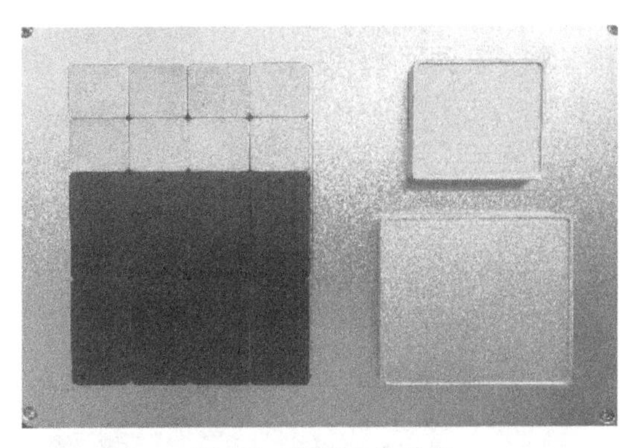

图 3-3 码垛工艺单元

2. 了解码垛工艺单元所用的夹具

码垛工艺单元所用的夹具为吸盘，如图 3-4 所示，该夹具由机器人信号控制进行物料的夹取。

3. 掌握本次码垛工艺单元编程中用到的机器人指令

MOVL 线性运动指令：MOVL 指令用于将工具中心点（TCP）沿直线移动至给定目标点。当 TCP 保持固定时，该指令也可用于调整工具方位。

MOVJ 关节运动指令：当关节运动无须位于直线中时，MOVJ 指令用于将机械臂迅速从一点移动至另一点，机械臂和外轴沿非线性路径运动至目标位置，所有轴均同时达到目标位置。

SHIFTON/SHIFTOFF：用于机器人使用偏移时，机器人将对两条指令之间的所有运动指令按设置的偏移方向和偏移量进行偏移。

OUT OT#3 = 1/0：用于置位和复位机器人专用 I/O 信号。

CALL：机器人作业调用指令。

DELAY：延时指令，可等待时间。

CLEAR：清零指令，将变量清零。

WaitTime：延时指令，可等待时间。

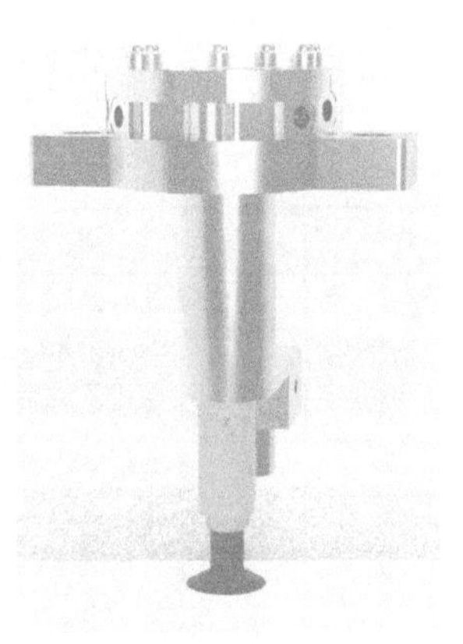

图 3-4 吸盘

【任务实施】

步骤一、码垛工艺单元的物料放置。码垛工艺单元的物料分为黑色长方形物料和金属正方形物料，两种物料可以根据具体实训要求进行摆放。根据摆放方式的不同，编程难度也会有不同的变化。本任务以图 3-3 所示的摆放为例进行接下来的实训。

步骤二、吸盘的安装。将码垛工艺单元的吸盘安装至工业机器人六轴处，吸盘的安装信号为工业机器人的 OUT3：当 OUT3 信号为 1 时，吸盘会被安装到工业机器人的六轴上；当 OUT3 信号为 0 时，拆卸吸盘。

步骤三、吸取信号的测试。吸盘安装完成后需要进行吸盘的吸取信号测试，吸盘吸气的信号为工业机器人的 OUT4 信号：当 OUT4 信号为 1 时，吸盘会进行吸气，吸取物料；当 OUT4 信号为 0 时停止吸取物料。

步骤四、码垛工艺单元的路径规划。前期准备条件完成后就可以进行码垛工艺单元的路径规划，在物料按图 3-3 摆放的前提下，对各个物料最终摆放的位置进行联想及确认。本任务以图 3-5 所示作为码垛工艺单元物料的最终摆放位置。

步骤五、流程确定完毕后进行机器人程序的编写。码垛程序编写步骤见表 3-1。

图 3-5　码垛工艺单元物料的最终摆放位置

表 3-1　码垛程序编写步骤

序号	操作步骤
1	复位吸盘电磁阀
2	插入轴运动指令，操作机器人到安全位置，并且对该轴运动指令进行位置示教
3	插入轴运动指令，调整机器人姿态，并且对该轴运动指令进行位置示教
4	插入直线运动指令，操作机器人到金属正方形物料吸取位置上方，并且对该直线运动指令进行位置示教
5	插入直线运动指令，操作机器人到金属正方形物料吸取位置，并且对该直线运动指令进行位置示教
6	插入延时指令，确保稳定吸取
7	置位吸盘电磁阀
8	复制序号 4 位置点，使得机器人吸取完成后进行上升动作
9	插入直线运动指令，操作机器人到金属正方形物料放置位置上方，并且对该直线运动指令进行位置示教
10	插入直线运动指令，操作机器人到金属正方形物料放置位置，并且对该直线运动指令进行位置示教
11	插入延时指令，确保稳定放置
12	复位吸盘电磁阀
13	复制序号 9 位置点，使得机器人放置完成后进行上升动作
14	重复序号 4~13 的动作流程，建立新的点来进行吸取与放置
15	8 个金属正方形物料码垛完成
16	插入直线运动指令，操作机器人到黑色长方形物料吸取位置上方，并且对该直线运动指令进行位置示教
17	插入直线运动指令，操作机器人到黑色长方形物料吸取位置，并且对该直线运动指令进行位置示教
18	插入延时指令，确保稳定吸取
19	置位吸盘电磁阀
20	复制序号 16 位置点，使得机器人吸取完成后进行上升动作
21	插入直线运动指令，操作机器人到黑色长方形物料放置位置上方，并且对该直线运动指令进行位置示教

（续）

序号	操作步骤
22	插入直线运动指令，操作机器人到黑色长方形物料放置位置，并且对该直线运动指令进行位置示教
23	插入延时指令，确保稳定放置
24	复位吸盘电磁阀
25	复制序号21位置点，使得机器人放置完成后进行上升动作
26	重复序号16~25的动作流程，建立新的点来进行吸取与放置
27	8个黑色长方形物料码垛完成
28	插入轴运动指令，操作机器人到初始位置，并且对该轴运动指令进行位置示教
29	码垛工艺单元编程完成

【任务评测】

1. 自我评价

由学生根据学习任务完成情况进行自我评价，记录得分值于表3-2中。

表3-2 自我评价

评价内容	配分	评分标准	得分
码垛前初始化	15	1. 作业开始前，机器人在初始位置 2. 作业开始前，末端工具锁紧装置处于锁紧状态 3. 作业开始前末端吸盘处于不工作状态	
码垛过程	60	1. 能自动换取末端工具 2. 码垛物料初始位置摆放正确整齐 3. 码垛过程末端工具控制合理 4. 码垛过程机器人速度运行平稳，有物料时慢，无物料时快 5. 码放物料时不碰撞其他物料 6. 物料摆放整齐	
码垛完成	15	1. 码放完成后，机器人能自动卸取末端工具 2. 码放完成后，末端工具锁紧装置处于锁紧状态 3. 码放完成后，末端吸盘处于不工作状态	
安全意识	10	遵守安全操作规范要求	

2. 小组评价

由同实训小组的同学结合自评的情况进行互评，记录得分值于表3-3中。

表3-3 小组评价

项目内容	配分	得分
1. 实训记录与自我评价情况	30	
2. 工业机器人作业前准备工作流程	30	
3. 相互帮助与协作能力	20	
4. 安全、质量意识与责任心	20	

3. 指导人员评价

由指导人员结合自评与互评的结果进行综合评价，并给出评价意见与得分值。

【任务评测】

1）在表 3-1 序号 5 的指令中，如何降低该指令的移动速度？
2）在表 3-1 序号 6 的延时指令中，如何设置 1s 的延时？
3）吸盘电磁阀由哪个信号控制？

任务 3.2　编写工业机器人供料工艺单元程序（初级）

【任务目标】

1）认识供料工艺单元的应用与结构组成。
2）熟悉供料工艺单元的操作及控制原理。
3）掌握机器人与供料工艺单元间的信息交互方式。
4）掌握供料工艺单元的编程方法。

【知识准备】

一、自动送料机

自动送料机指能自动地按规定要求和既定程序进行运作，人只需要确定控制的要求和程序，不用直接操作的送料机构，即把物品从一个位置送到另一个位置，期间过程不需人为干预即可自动、准确地完成送料的机构。自动送料机一般具有检测装置、送料装置等。自动送料机主要用于各种材料和工业成品半成品的输送，也能配合下道工序实现生产自动化，如图 3-6 所示。

图 3-6　自动送料机

自动送料机可以配合压力机、连续模具、注塑机和机械手等设备一同使用。

这里，自动送料机采用西门子 PLC 和西门子触摸屏控制，采用进口伺服电动机控制进给送料。自动送料机具有操作简单、方便和精度高的特点。操作时，只要在触摸屏上设置好进给量，伺服系统将自动按照提前设定好的数值确定每次的进给长度，操作者只需要查看机器是否正常工作，而无须每次调整。

PLC 系统控制自动送料动作、自动夹紧动作和自动裁切动作。采用自动送料机可以大大减轻操作者的劳动强度，提高生产率。

二、供料工艺单元

供料工艺单元是以自动送料机为模型设计的一种可集中自动供料的通用设备，一般与带输送工艺单元配合使用，其基本功能是按照需要将放置在料仓中待加工的工件自动送到物料台上，以便带输送工艺单元将其送往其他工艺单元。供料工艺单元由料仓、推料气缸、出料台、电磁阀、待加工工件、工件有无传感器和磁性开关等组成，如图 3-7 所示。

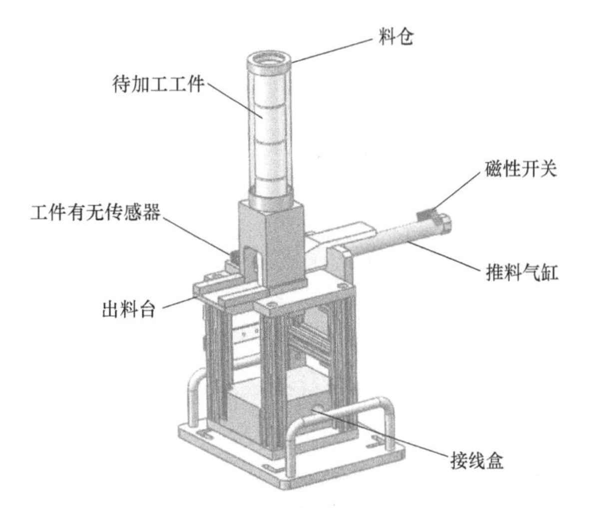

图 3-7 供料工艺单元

供料工艺单元通过传感器的检测判断，控制推料气缸将待加工工件从料仓推出至出料台。

操作说明：

1）工件有无传感器检测料仓内是否有待加工工件。

2）磁性开关检测推料气缸是否推出。

3）当检测到的情况与表 3-4 中检测情况 2、3、4 中任何一种相符时，不进行任何动作。

4）当检测到的情况与表 3-4 中检测情况 1 相符时，推料气缸将待加工工件推到出料台，等待后续工作。

供料工艺单元检测情况见表 3-4。

表 3-4 供料工艺单元检测情况

情况	工件有无检测信号	磁性开关检测信号	是否工作
1	有	有	工作
2	有	无	不工作
3	无	有	不工作
4	无	无	不工作

三、光电传感器

光电传感器为非接触式测量装置，主要用于环境较好、无粉尘污染的场合测物的有无，其外形如图 3-8 所示。光电传感器具有精度高、反应快、可进行非接触式测量等优点，而且可测参数多，传感器的结构简单、形式灵活多样、应用广泛。

光电传感器是通过把光强度的变化转换成电信号的变化来实现控制的。

一般情况下，光电传感器由发送器、接收器和检测电路三部分构成。

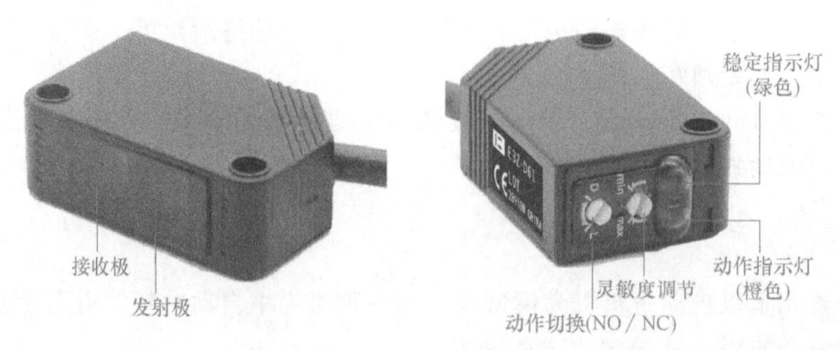

图 3-8　光电传感器的外形

1）发送器对准目标发射光束，发射的光束一般来源于半导体光源，如发光二极管、激光二极管及红外发射二极管。光束不间断地发射，或者改变脉冲宽度。

2）接收器由光电二极管、光电晶体管和光电池组成。

3）在接收器的前面，装有光学元件，如透镜和光圈等；在其后面装有检测电路，能滤出有效信号并应用该信号。

四、磁性开关

磁性开关是一种通过磁场信号实现控制的线路开关器件，也称磁控开关，由永久磁铁和干簧管两部分组成。干簧管又称舌簧管，其构造是在充满惰性气体的密封玻璃管内封装两个或两个以上的金属簧片。根据舌簧触点的构造不同，舌簧管可分为常开、常闭和转换三种类型。磁性开关具有结构简单、体积小、动作灵敏、寿命长、便于控制等优点。磁性开关的外形如图 3-9 所示。

图 3-9　磁性开关的外形

磁性开关的主要作用就是检查气缸活塞的运作情况。

当气缸的磁环移动，慢慢靠近磁性开关时，磁性开关的磁簧片就会被感应而获得磁性，从而使得触点关闭，产生信号；当气缸的磁环离开感应开关的工作区域时，磁簧片失去感应的磁性，从而使得触点断开，不会产生信号；从而通过检查气缸活塞的位置移动情况，控制相应的电磁阀动作。

【任务分析】

针对供料工艺单元，对本任务实施方案做如下分析：

1）上电检查供料工艺单元各个部分是否正常。

2）了解供料工艺单元的工作流程及原理。

3）通过机器人对供料工艺单元进行编程。

【任务实施】

步骤一、将供料工艺单元安装于标准实训台空间较大处。

步骤二、选择合适的 I/O 口，将其与机器人通过连接线进行连接，如图 3-10 所示。

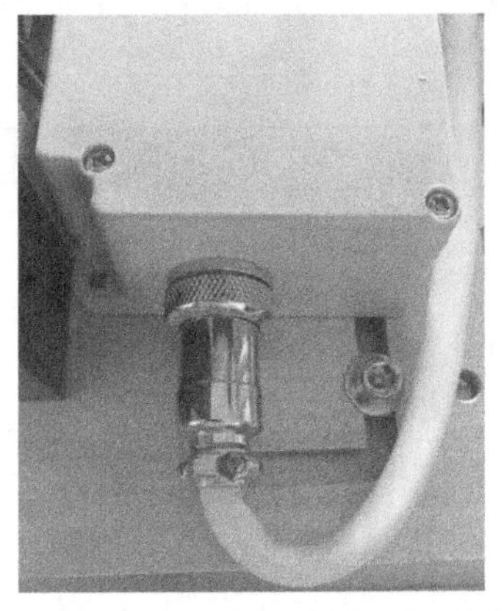
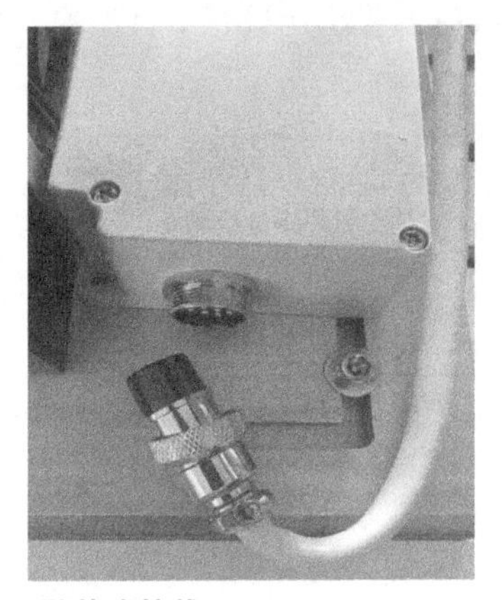

图 3-10 I/O 口及其连接线

步骤三、将设备上电，确保将推料气缸缩回到位，并被磁性开关检测到，如图 3-11 所示。

步骤四、将待加工工件放于料仓内，如图 3-12 所示。

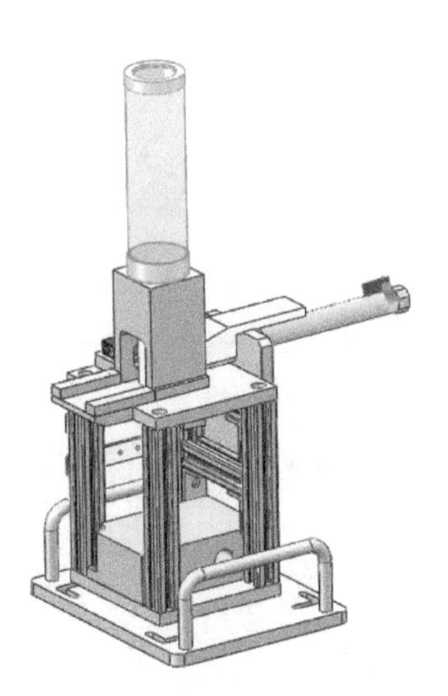

图 3-11 推料气缸缩回到位

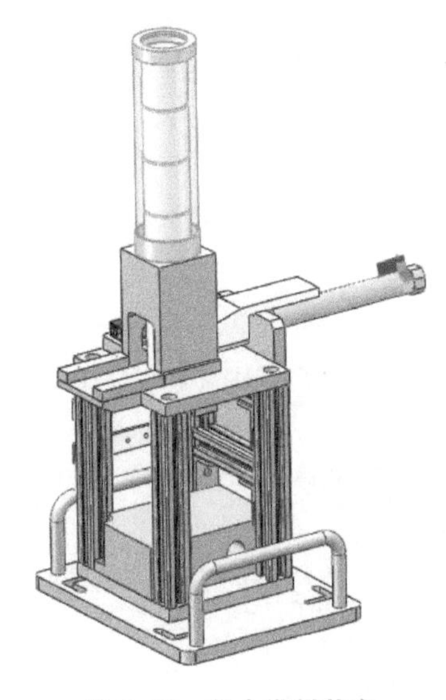

图 3-12 料仓满料状态

步骤五、观察传感器状态，使用传感器对物料进行检测，查看传感器输出信号的变化状况。

步骤六、调节传感器的灵敏度，通过调节传感器的检测距离来对料仓内有无物料进行区分，如图 3-13 和图 3-14 所示。

图 3-13 传感器检测到物体时的状态

图 3-14 传感器未检测到物体时的状态

步骤七、对供料工艺单元进行编程实操。供料工艺单元编程操作步骤见表 3-5。

表 3-5　供料工艺单元编程操作步骤

序号	操作步骤
1	工件有无传感器检测料仓内是否有待加工工件
2	为了确定料仓内是否有待加工工件,等待 1s
3	若料仓内没有待加工工件,则推料气缸不能动作
4	程序跳回第一步继续检测料仓内是否有待加工工件
5	若料仓内有待加工工件,则推料气缸可以动作
6	机器人将控制推料气缸动作的输出信号置 1(推料气缸将待加工工件推出),如下图所示 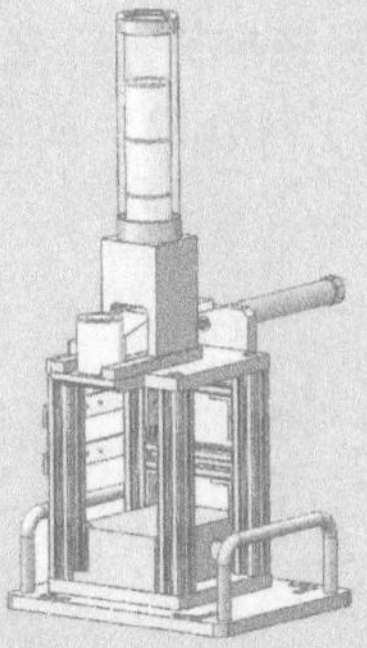
7	为了确保将待加工物料推出到位,等待 1s
8	机器人将控制推料气缸动作的输出信号清 0(推料气缸缩回到位),如下图所示 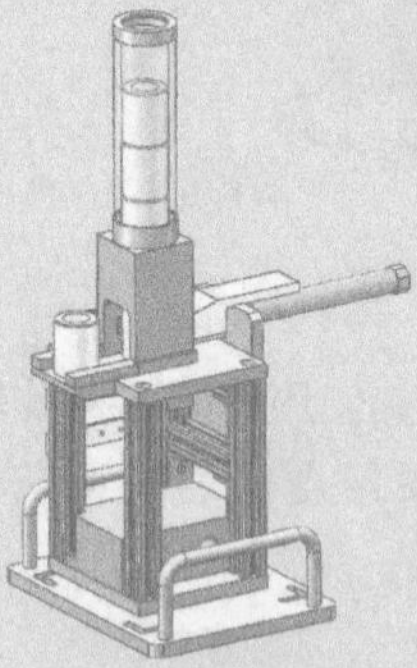
9	结束运行

【任务评测】

1. 自我评价

由学生根据学习任务完成情况进行自我评价，记录得分值于表 3-6 中。

表 3-6 自我评价

评价内容	配分	评分标准	得分
掌握供料工艺单元的结构和工作原理	20	1. 能调整供料工艺单元的结构 2. 能调节供料工艺单元的气路气压大小	
供料工艺单元的信号处理	20	1. 能掌握供料工艺单元传感器信号的含义 2. 能掌握供料工艺单元气缸电磁阀控制信号的含义	
编写供料工艺单元的程序	50	1. 能合理使用机器人输入、输出指令 2. 能使用程序有条不紊地控制供料工艺单元	
安全意识	10	遵守安全操作规范要求	

2. 小组评价

由同实训小组的同学结合自评的情况进行互评，记录得分值于表 3-7 中。

表 3-7 小组评价

项目内容	配分	得分
1. 实训记录与自我评价情况	30	
2. 工业机器人作业前准备工作流程	30	
3. 相互帮助与协作能力	20	
4. 安全、质量意识与责任心	20	

3. 指导人员评价

由指导人员结合自评与互评的结果进行综合评价，并给出评价意见与得分值。

【任务评测】

1）传感器 NO/NC 开关切换后，其检测状态发生了哪些变化？
2）供料工艺单元检测的步骤能否被省去？为什么？
3）能否在推料气缸处于未缩回到位的状态下运行程序？为什么？

任务 3.3 编写工业机器人带输送工艺单元程序（初级）

【任务目标】

1）认识带输送工艺单元的基本功能与硬件组成。
2）熟悉带输送工艺单元的工作原理。
3）掌握机器人与带输送工艺单元间的信息交互方式。
4）掌握带输送工艺单元的编程方法。

【知识准备】

一、带式输送机

随着国民经济的不断发展，工作进度加快推进，输送设备的质量是一个很重要的环节。

带式输送机在农业、工矿企业和交通运输业中广泛用于输送各种块状固体、粉状物料或成件物品。带式输送机具有输送距离长、输送能力大、工作阻力小、便于安装、耗电量低以及磨损较小等优点。带式输送机的外形如图 3-15 所示。

图 3-15　带式输送机的外形

带式输送机的结构形式多样，按结构分类有槽形带式输送机、平行带式输送机、爬坡带式输送机和转弯带式输送机等多种形式。

1. 槽形带式输送机

槽形带式输送机广泛应用在电力、钢铁、采矿、港口、考古挖掘以及水泥、粮食、饲料加工业，可以输送煤炭、矿石、泥土、化工原料和谷物等密度较大的散料，适用于比较恶劣的生产环境，具有耐脏、耐磨及防灰尘等功能，其应用如图 3-16 所示。

2. 平行带式输送机

平行带式输送机广泛应用于工业生产中，很多企业都或多或少地涉及智能化流水线生产，如图 3-17 所示，它可以有效地降低时间成本和人力成本。在物料输送中，平行带式输送机输送物料方便又快捷。

图 3-16　槽形带式输送机的应用

图 3-17　平行带式输送机的应用

3. 爬坡带式输送机

爬坡带式输送机广泛运用于有高度差的工作场合，可完成连续输送，能平滑地与滚筒输送机或链板输送机接驳，其应用如图 3-18 所示。在制作爬坡带式输送机时通常要在带式输送机两侧腰边增加防护栏或在输送带的侧边增加裙边，以防止物体在输送过程中掉落。

4. 转弯带式输送机

转弯带式输送机广泛应用在食品、饮料、电子和烟草等行业，适用于各种流水作业的生产企业中小型物品的物流输送，动力系统采用变频调速系统，性能稳定、安全可靠、操作简单。转弯带式输送机一般可分为90°转弯带式输送机、180°转弯带式输送机、30°转弯带式输送机和45°转弯带式输送机，其应用如图 3-19 所示。

图 3-18 爬坡带式输送机的应用

二、带输送工艺单元

带输送工艺单元是以带式输送机为模型设计的一种可连续输送的通用设备，它同样具有长距离、大运量、可连续输送的特点，并且运行可靠，易于实现自动化和集中控制。带输送工艺单元由调速器、输送带、电动机、滚筒和传感器等组成，如图 3-20 所示。

图 3-19 转弯带式输送机的应用

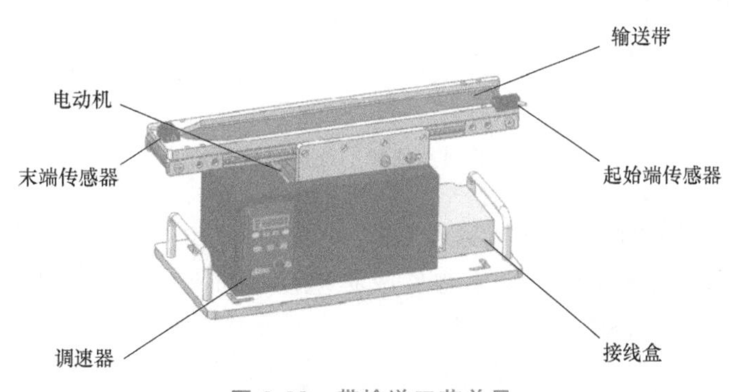

图 3-20 带输送工艺单元

带输送工艺单元通过传感器的检测判断，控制电动机带动输送带运动，从而带动物料运动。

操作说明：

1）带输送工艺单元起始端传感器检测到物料。黑白物料如图 3-21 所示。

2）电动机根据调速器设定的速度控制输送带往设定的方向运动，物料开始输送。

3）物料到达带输送工艺单元末端，末端传感器检测到物料。

4）电动机停止转动，输送带停止输送物料。

5）物料停在带输送工艺单元末端等待下一步操作。

图 3-21　黑白物料

三、调速器

调速器是一种自动调节装置，已经在工业直流电动机调速、工业输送带调速、灯光照明调解、计算机电源散热、直流电扇等领域得到了广泛应用。根据工作原理的不同，调速器可分为机械式、气动式、液压式、机械气动复合式、机械液压复合式和电子式等多种形式。下面以图 3-22 所示的 SF 系列面板数显调速器为例进行介绍。

图 3-22　SF 系列面板数显调速器

SF 系列面板数显调速器具有以下特点：

1）采用 MCU（微控制单元）数字控制技术，功能丰富，性能优异。

2）采用数显菜单式选项，修改设定方便快捷。

3）可根据用户显示需要设定显示倍率，自动换算显示目标值。

4）可实现缓慢加速、缓慢减速。

5）可面板操作，也可外接开关控制。

6）面板旋钮自动匹配最高转速，调速控制方便、安全等。

SF 系列面板数显调速器菜单修改界面如图 3-23 所示。

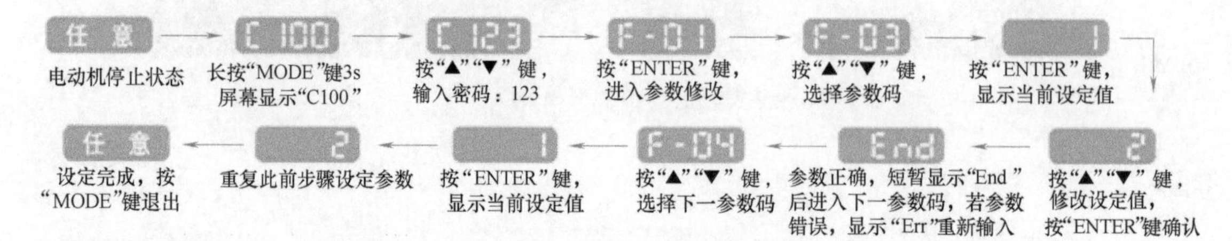

图 3-23　SF 系列面板数显调速器菜单修改界面

SF 系列面板数显调速器菜单清单见表 3-8。

注意：为保证安全，F-05、F-29 参数修改必须在电动机处于停止状态下进行，否则无法设置，屏幕显示报错（Err）。

表 3-8　SF 系列面板数显调速器菜单清单

参数码	参数功能	设定范围	功能说明	出厂设定
F-01	显示内容	1. 电动机转速设定值 2. 倍率转速设定值	倍率转速设定值＝电动机转速设定值÷倍率	1
F-02	倍率设定	1.0~999.9	根据显示直观性需要设定，显示目标值	1.0

（续）

参数码	参数功能	设定范围	功能说明	出厂设定
F-03	运转控制方式	1. 操作面板按钮控制,无记忆 2. 外接开关控制,面板 STOP 键无效 3. 外接开关控制,面板 STOP 键有效 4. 操作面板按钮控制,有记忆	选择“1”由面板按钮控制电动机,关闭调速器电源后再次打开电源,调速器不记忆断电前的运行状态,重新上电后电动机为停止状态 选择“4”,调速器记忆断电前的运行状态,重新上电后电动机为上次断电前的状态。选择此功能应注意安全 选择外接开关控制时,由 FWM、REV 外接开关 K1、K2 控制电动机	1
F-04	旋转方式	1. 允许正反转 2. 允许正转,禁止反转 3. 允许反转,禁止正转	限制电动机旋转方向,防止设备故障或事故	1
F-05	旋转方向	1. 不取反 2. 取反	无须改变电动机接线,轻而易举地改变电动机旋转方向,使之与习惯或要求一致	1
F-06	速度调整方式	1. 面板▲▼按钮 2. 面板旋钮	按▲▼按钮,在最低至最高转速范围内调整电动机转速,面板旋钮自动匹配 0~最高转速	1
F-07	最高转速	500~3000r/min	限制电动机最高转速,可防止超速,发生损坏或事故。50Hz 电源最高转速 1400r/min,60Hz 电源最高转速 1600r/min。若最高转速超过以上值,电动机将发热、振动	1400r/min
F-08	最低转速	90~1000r/min	限制电动机最低转速,可防止电动机由于运行于低速导致速度不稳定,过热,过载	90r/min
F-09	正转起动加速时间	0.1~10.0s	时间长,电动机起动平缓,起动时间长;时间短,电动机起动快猛,起动时间短	1.0s
F-10	正转停止方式	1. 自由减速停止 2. 缓慢减速停止	当选择自由减速停止时,若电动机停止较快,可选择缓慢减速停止,改变 F-11 设定值,可改变缓慢减速停止的快慢	1
F-11	正转停止时缓慢减速时间	0.1~10.0s	F-10 选择 2 时,菜单有效	1.0s
F-12	反转起动加速时间	0.1~10.0s	时间长,电动机起动平缓,起动时间长;时间短,电动机起动快猛,起动时间短	1.0s
F-13	反转停止方式	1. 自由减速停止 2. 缓慢减速停止	当选择自由减速停止时,若电动机停止较快,可选择缓慢减速停止,改变 F-14 设定值,可改变缓慢减速停止的快慢	1
F-14	反转停止时缓慢减速时间	0.1~10.0s	F-13 选择 2 时,菜单有效	1.0s
F-29	恢复出厂设置	1. 不恢复 2. 恢复出厂设置		1
F-30	程序版本	代码+版本		01.××

【任务分析】

针对带输送工艺单元，对本任务实施方案做如下分析：

1. 了解调速器的参数调节

1）通过修改参数直接调节。

2）通过外部设备调节。

2. 了解带输送工艺单元的编程操作

1）上电检查工艺单元各个部分是否正常。

2）通过机器人对带输送工艺单元进行编程。

【任务实施】

步骤一、将带输送工艺单元安装于标准实训台空间较大处。

步骤二、选择合适的 I/O 口，将其与机器人通过连接线进行连接，如图 3-24 所示。

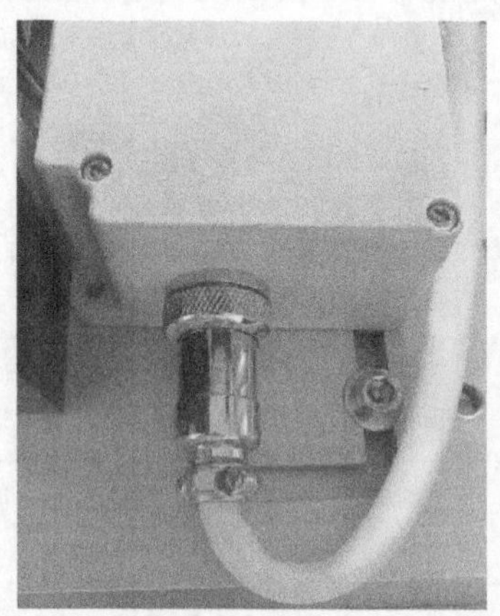

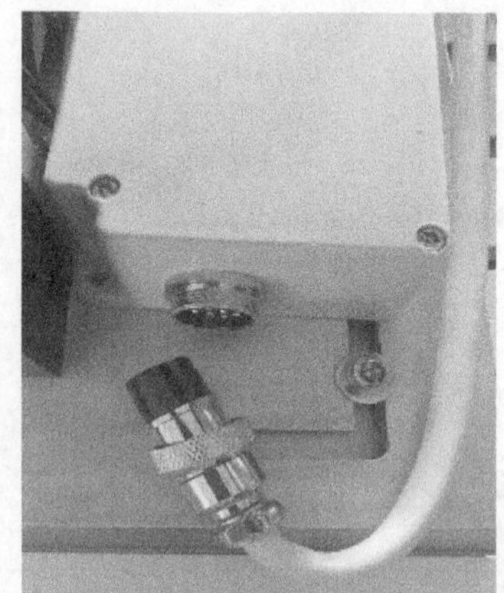

图 3-24　I/O 口及其连接线

步骤三、将设备上电，电动机供电电压为 220V。

步骤四、对调速器各参数进行调节，观察输送带在不同参数设置下的运动状态，详细参数功能参照表 3-8。

步骤五、观察传感器状态，使用传感器对物料进行检测，查看传感器输出信号点变化状况，如图 3-25、图 3-26 所示。

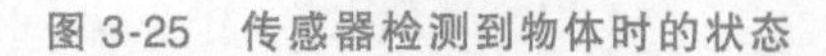

图 3-25　传感器检测到物体时的状态

图 3-26　传感器未检测到物体时的状态

步骤六、调节传感器灵敏度，通过控制传感器的检测距离来调节物料在带输送工艺单元上的末端停止位置。

步骤七、带输送工艺单元编程实操。带输送工艺单元编程操作步骤见表 3-9。

表 3-9 带输送工艺单元编程操作步骤

序号	操作步骤
1	带输送工艺单元起始端传感器检测到物料信号,如下图所示 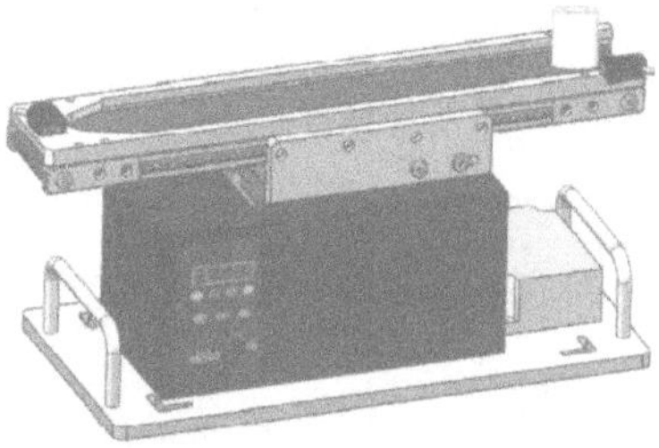
2	为了确保物料已平稳放置于起始端,延时 1s
3	机器人将控制电动机转动的输出信号置 1(输送带开始带动物料往末端输送)
4	带输送工艺单元末端传感器检测到物料信号,如下图所示 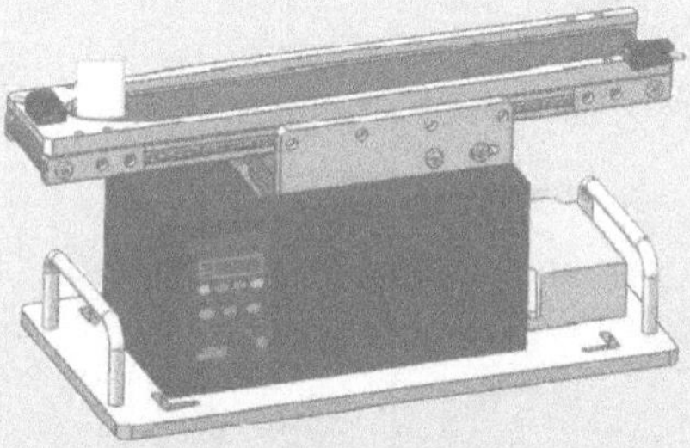
5	机器人将控制电动机转动的输出信号清 0(输送带停止,物料输送至末端)
6	结束运行

【任务评测】

1. 自我评价

由学生根据学习任务完成情况进行自我评价，记录得分值于表 3-10 中。

表 3-10 自我评价

评价内容	配分	评分标准	得分
掌握带输送工艺单元的结构原理	20	1. 能调整带输送工艺单元的结构 2. 能调节带输送工艺单元的电动机转速	
带输送工艺单元的信号处理	20	1. 能掌握带输送工艺单元传感器信号的含义 2. 能掌握带输送工艺单元电动机控制信号的含义	
编写带输送工艺单元的程序	50	1. 能合理使用机器人输入、输出指令 2. 能使用程序有条不紊地控制电动机	
安全意识	10	遵守安全操作规范要求	

2. 小组评价

由同实训小组的同学结合自评的情况进行互评，记录得分值于表 3-11 中。

表 3-11　小组评价

项目内容	配分	得分
1. 实训记录与自我评价情况	30	
2. 工业机器人作业前准备工作流程	30	
3. 相互帮助与协作能力	20	
4. 安全、质量意识与责任心	20	

3. 指导人员评价

由指导人员结合自评与互评的结果进行综合评价，并给出评价意见与得分值。

【任务评测】

1）带式输送机按结构分有哪些种类？

2）试述调速器如何实现电动机正转加速 1s 至匀速的参数设定及操作。

3）编程时若不添加延时，可能会发生什么？

4）若输送带输送过程中物料不慎掉落，会出现什么情况？

任务 3.4　编写工业机器人快换夹具工艺单元程序（中级）

【任务目标】

1）了解快换夹具的种类。

2）熟悉快换夹具的工作原理及使用方法。

3）掌握快换夹具工艺单元的编程方法。

【知识准备】

在自动化大潮下，制造业都在寻找更优质的解决方案，而夹持和抓取系统在构建无人化、柔性化、全自动化生产线中越来越具有举足轻重的作用。

图 3-27 所示的生产线通过快换能够实现不同装配工具的快速切换，并保证装配工具所需的能源动力（如电力、压缩空气）和检测信号等稳定可靠地传递。这样不仅缩短了装配物流距离，也优化了装配流程。

图 3-27　生产线通过快换实现不同装配工具的快速切换

图 3-28 所示为汽车全景天窗组装线，使用快换工业机器人实现物料的搬运。

【任务分析】

不同品种的工件对应的夹具不同，因此夹具一般被设计成子、母板结构，由统一的夹具母板和多个夹具子板对应不同品种的工件。同时夹具两侧安装定位销，工业机器人母板一侧采用定位销套。连接时，夹具两侧的定位销插入销套定位。这种快换结构简便可靠，定位重复性效果好，本任务中的夹具就使用了这种结构。

针对快换夹具工艺单元的编程，对本任务实施方案做如下分析。

1. 了解快换夹具工艺单元中夹具的种类

打磨物料夹具（图3-29）由快换夹具子盘、气动手指以及相应机械件组成，用于待打磨物料的夹取与放置。

图3-28　汽车全景天窗组装线

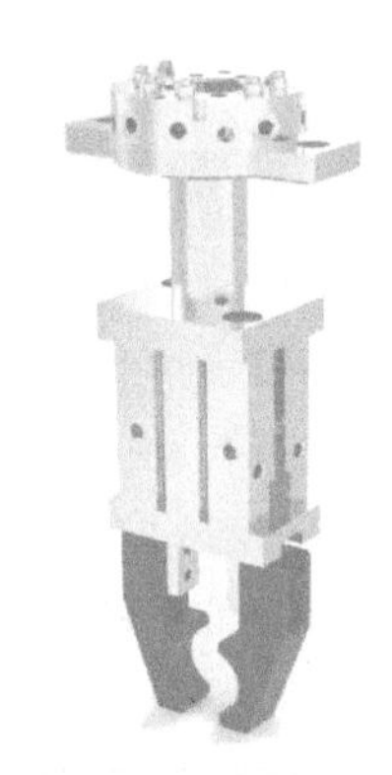

图3-29　打磨物料夹具

打磨笔夹具（图3-30）由快换夹具子盘、打磨笔以及相应机械件组成，用于待打磨物料的打磨加工工作。

吸盘（图3-31）由快换夹具子盘、真空吸盘、真空发生器以及相应机械件组成，用于物料的吸取与放置。

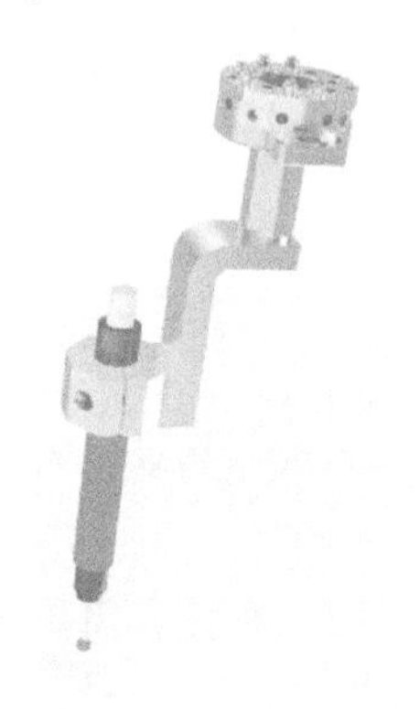

图3-30　打磨笔夹具

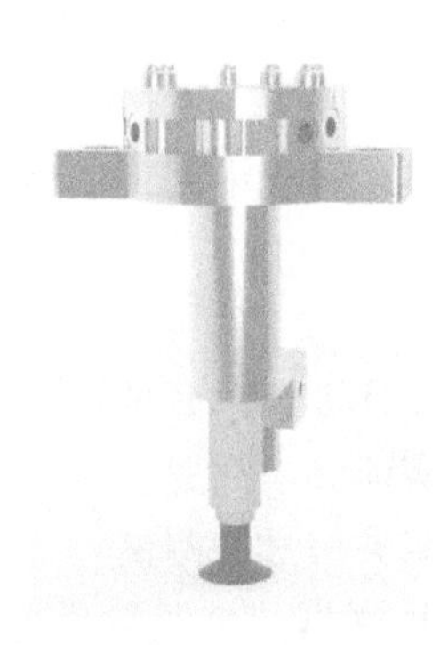

图3-31　吸盘

小型物料夹具（图3-32）由快换夹具子盘、气动手指以及相应机械件组成，与机器人TCP垂直的设计可以帮助机器人运动到不易到达的点位，用于小型物料的吸取与放置。

圆柱形物料夹具（图3-33）由快换夹具子盘、气动手指以及相应机械件组成，与机器人 TCP 垂直的设计可以帮助机器人运动到不易到达的点位，用于圆柱形物料的吸取与放置工作。

图 3-32　小型物料夹具

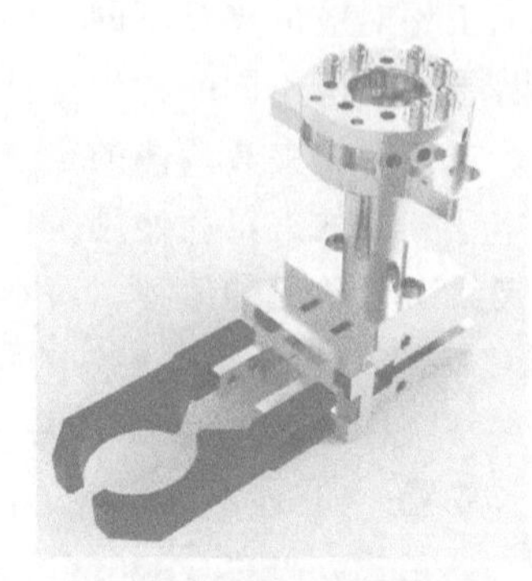

图 3-33　圆柱形物料夹具

2. 熟悉快换夹具的工作原理

快换夹具母头处带有锁紧机构，该机构与本任务所用设备中的电磁阀气路相连，对应的信号发出后，电磁阀会控制气路松开锁紧机构，在这期间将解除锁紧装置的母头与子头进行连接。在连接过程中，注意定位销与对应面的位置，匹配完成后打开锁紧装置，快换的子头与母头就会进行自动安装。

3. 熟悉各夹具对应的机器人信号

各夹具对应的机器人信号见表 3-12。

表 3-12　各夹具对应的机器人信号

夹具名称	快换装置信号	夹爪/吸盘/打磨笔信号
打磨物料夹具	OUT3	OUT4
打磨笔夹具	OUT3	OUT4
吸盘	OUT3	OUT4
小型物料夹具	OUT3	OUT4
圆柱形物料夹具	OUT3	OUT4

4. 掌握快换夹具工艺单元编程中用到的机器人指令

快换夹具工艺单元编程中用到的机器人指令见任务 3.1 中的任务分析部分。

【任务实施】

步骤一、快换夹具工艺单元的夹具放置。快换夹具工艺单元的夹具有五种，各种夹具的摆放可以根据具体实训要求放置。

步骤二、夹具相关信号的测试。这里以夹爪类夹具为例，本任务需要进行夹爪类夹具的安装信号及夹爪信号测试，夹具安装信号为工业机器人的 OUT3 信号，当 OUT3 信号为 1 时，快换夹具母头锁紧装置关闭，手动将母头与子头相连，当 OUT3 信号为 0 时，夹具进行安装。安装无误后测试夹爪信号，OUT4 信号为 1 时夹爪松开，OUT4 信号为 0 时夹爪闭合。

步骤三、快换夹具工艺单元的路径规划。在前期准备条件完成后就可以进行快换夹具工艺单元的路径规划。快换夹具放置于快换夹具台处，其本身带有定位的销钉，所以在安装完夹具后需要进行一定高度的上升，以帮助夹具离开夹具台，这样也可以防止机器人与夹具台发生干涉。

步骤四、流程确定完毕后进行机器人程序的编写。快换夹具工艺单元程序编写操作步骤见表 3-13。

表 3-13 快换夹具工艺单元程序编写操作步骤

序号	操作步骤
1	复位夹具安装电磁阀，复位夹具工作电磁阀
2	插入轴运动指令，操作机器人到安全位置，并且对该轴运动指令进行位置示教
3	插入轴运动指令，调整机器人姿态，并且对该轴运动指令进行位置示教
4	插入直线运动指令，操作机器人到夹具安装位置上方，并且对该直线运动指令进行位置示教
5	插入直线运动指令，操作机器人到夹具安装位置，并且对该直线运动指令进行位置示教，速度要进行适度的降低，防止发生干涉
6	插入延时指令，确保稳定吸取
7	置位夹具安装电磁阀
8	插入直线运动指令，操作机器人缓慢上升，直到夹具定位销离开夹具台，并且对该直线运动指令进行位置示教
9	插入轴运动指令，操作机器人到安全位置，并且对该轴运动指令进行位置示教
10	置位夹具工作电磁阀，测试夹具安装的正确性
11	插入延时指令
12	复位夹具工作电磁阀
13	插入轴运动指令，为了稍后的夹具入库调整机器人姿态，并且对该轴运动指令进行位置示教
14	插入直线运动指令，操作机器人到夹具放置位置右上方，并且对该直线运动指令进行位置示教(夹具放置回夹具台时需要从侧面放入)
15	插入直线运动指令，操作机器人到夹具放置位置上方，并且对该直线运动指令进行位置示教
16	插入直线运动指令，操作机器人到夹具放置位置，对准定位销位置，并且对该直线运动指令进行位置示教，速度要进行适度的降低，防止碰撞
17	插入延时指令，确保稳定吸取
18	复位夹具安装电磁阀
19	复制序号 15 位置点，使得机器人放置完成后进行上升动作
20	插入轴运动指令，操作机器人到初始位置

【任务评测】

1. 自我评价

由学生根据学习任务完成情况进行自我评价，记录得分值于表 3-14 中。

2. 小组评价

由同实训小组的同学结合自评的情况进行互评，记录得分值于表 3-15 中。

表 3-14　自我评价

评价内容	配分	评分标准	得分
掌握快换夹具工艺单元的结构原理	20	1. 能调整快换夹具工艺单元的结构 2. 能调节快换夹具工艺单元夹具间的间隙	
快换夹具工艺单元的信号处理	20	能掌握快换夹具工艺单元传感器信号的含义	
编写快换夹具工艺单元的程序	50	1. 能合理使用机器人输入指令和运动指令 2. 能使用程序有条不紊地控制机器人自动更换夹具	
安全意识	10	遵守安全操作规范要求	

表 3-15　小组评价

项目内容	配分	得分
1. 实训记录与自我评价情况	30	
2. 工业机器人作业前准备工作流程	30	
3. 相互帮助与协作能力	20	
4. 安全、质量意识与责任心	20	

3. 指导人员评价

由指导人员结合自评与互评的结果进行综合评价，并给出评价意见与得分值。

【任务评测】

1）安装快换夹具时，如何编制表 3-13 中序号 4 和 5 的程序？
2）夹具安装电磁阀的信号是什么？
3）表 3-13 中序号 8 的程序如何编制？

任务 3.5　编写工业机器人装配工艺单元程序（高级）

【任务目标】

1）认识装配工艺单元的基本结构及工作原理。
2）熟悉装配工艺单元的指令及操作。
3）掌握装配工艺单元的编程方法。

【知识准备】

工业机器人装配生产线是实现智能自动化生产的核心要素。近年来对工业机器人装配的研究已经取得了相当大的突破与创新。工业机器人在生产领域的应用正在逐步扩大，形成了工业机器人自动装配生产线，并向无人数字化车间不断迈进。

图 3-34 所示为工业机器人在汽车装配生产线上的应用。使用工业机器人进行装配，确

保了生产线所需要的高精度，并且具有极高的重复定位精度，提高了生产率，使人们避免了单一繁重的体力劳动。

图 3-34　工业机器人在汽车装配生产线上的应用

图 3-35 所示为工业机器人在机械零件装配中的应用。

图 3-35　工业机器人在机械零件装配中的应用

本任务将日常生产中出现的装配工程融入装配工艺单元，用不同形状、相互组合的物料来模拟日常装配，同时使用真实生产线中的快换装置来进行夹具的更换，尽可能真实地达到模拟现实工程的目的。

【任务分析】

针对装配工艺单元的编程，对本任务实施方案做如下分析。

1. 了解装配工艺单元的组成

装配工艺单元由固定物料的夹料台、物料及物料夹具组成。物料可以与物料夹具进行组合，实现装配的目的。

2. 了解装配工艺单元所用的夹具

装配工艺单元所用的夹具有两种，分别为圆柱形物料夹具和小型物料夹具，两种夹具均由机器人信号控制。

3. 掌握装配工艺单元编程中用到的机器人指令

装配工艺单元编程中用到的机器人指令见任务 3.1 中的任务分析部分。

【任务实施】

步骤一、装配工艺单元的物料放置。装配工艺单元的物料分为圆柱形物料与小型物料，两种物料的摆放可以根据具体实训要求放置。

步骤二、装配工艺单元夹具的安装。装配工艺单元的夹具有两种，分别为圆柱形物料夹具以及小型物料夹具，两者均安装至工业机器人六轴处，夹具的安装信号为工业机器人的 OUT3，当 OUT3 信号为 1 时，夹具会被安装到工业机器人的六轴上，当 OUT3 信号为 0 时拆卸夹具。

步骤三、夹爪信号的测试。夹具安装完成后需要进行夹具的夹爪信号测试，夹具的夹爪信号为 OUT4 信号，当 OUT4 信号为 1 时夹爪夹紧，当 OUT4 信号为 0 时夹爪松开。

步骤四、装配工艺单元的路径与程序规划。在前期准备条件完成后就可以进行装配工艺单元的路径规划，在物料摆放完毕的前提下，对物料的装配顺序以及夹具的吸取与拆卸时间做出路径与程序规划。

步骤五、流程确定完毕后进行机器人程序的编写。装配工艺单元程序编写操作步骤见表 3-16。

表 3-16　装配工艺单元程序编写操作步骤

序号	操作步骤
1	复位快换装置电磁阀与夹爪电磁阀
2	插入轴运动指令，操作机器人到安全位置，并且对该轴运动指令进行位置示教
3	插入轴运动指令，调整机器人姿态，并且对该轴运动指令进行位置示教
4	插入直线运动指令，操作机器人到圆柱形物料夹具安装位置上方，并且对该直线运动指令进行位置示教
5	插入直线运动指令，操作机器人到圆柱形物料夹具安装位置，并且对该直线运动指令进行位置示教，速度要进行适度的降低，防止发生干涉
6	插入延时指令，确保稳定吸取
7	置位夹具安装电磁阀
8	插入直线运动指令，操作机器人缓慢上升，直到夹具定位销离开夹具台，并且对该直线运动指令进行位置示教
9	插入轴运动指令，操作机器人到安全位置，并且对该轴运动指令进行位置示教
10	插入直线运动指令，操作机器人到圆柱形物料放置位置上方，并且对该直线运动指令进行位置示教
11	插入直线运动指令，操作机器人到圆柱形物料放置位置，并且对该直线运动指令进行位置示教
12	插入延时指令，确保稳定夹取
13	置位夹爪电磁阀
14	复制序号 10 位置点，使得机器人吸取完成后进行上升动作
15	插入直线运动指令，操作机器人到圆柱形物料放置位置上方，并且对该直线运动指令进行位置示教
16	插入直线运动指令，操作机器人到圆柱形物料放置位置，并且对该直线运动指令进行位置示教
17	插入延时指令，确保稳定放置
18	复位夹爪电磁阀

（续）

序号	操作步骤
19	复制序号15位置点，使得机器人放置完成后进行上升动作
20	插入轴运动指令，为了稍后的圆柱形物料夹具入库调整机器人姿态，并且对该轴运动指令进行位置示教
21	插入直线运动指令，操作机器人到圆柱形物料夹具放置位置右上方，并且对该直线运动指令进行位置示教（夹具放置回夹具台时需要从侧面放入）
22	插入直线运动指令，操作机器人到圆柱形物料夹具放置位置上方，并且对该直线运动指令进行位置示教
23	插入直线运动指令，操作机器人到圆柱形物料夹具放置位置，对准定位销位置，并且对该直线运动指令进行位置示教，速度要进行适度的降低，防止发生干涉
24	插入延时指令，确保稳定吸取
25	复位夹具安装电磁阀
26	复制序号22位置点，使得机器人放置完成后进行上升动作
27	插入直线运动指令，操作机器人到小型物料夹具安装位置上方，并且对该直线运动指令进行位置示教
28	插入直线运动指令，操作机器人到小型物料夹具安装位置，并且对该直线运动指令进行位置示教，速度要进行适度的降低，防止发生干涉
29	插入延时指令，确保稳定夹取
30	置位夹具安装电磁阀
31	插入直线运动指令，操作机器人缓慢上升，直到夹具定位销离开夹具台，并且对该直线运动指令进行位置示教
32	插入轴运动指令，操作机器人到安全位置，并且对该轴运动指令进行位置示教
33	插入直线运动指令，操作机器人到小型物料放置位置上方，并且对该直线运动指令进行位置示教
34	插入直线运动指令，操作机器人到小型物料放置位置，并且对该直线运动指令进行位置示教
35	插入延时指令，确保稳定夹取
36	置位夹爪电磁阀
37	复制序号33位置点，使得机器人吸取完成后进行上升动作
38	插入直线运动指令，操作机器人到小型物料放置位置上方，并且对该直线运动指令进行位置示教
39	插入直线运动指令，操作机器人到小型物料放置位置，并且对该直线运动指令进行位置示教
40	插入延时指令，确保稳定放置
41	复位夹爪电磁阀
42	复制序号38位置点，使得机器人放置完成后进行上升动作
43	插入轴运动指令，为了稍后的小型物料夹具入库调整机器人姿态，并且对该轴运动指令进行位置示教
44	插入直线运动指令，操作机器人到小型物料夹具放置位置右上方，并且对该直线运动指令进行位置示教（夹具放置回夹具台时需要从侧面放入）
45	插入直线运动指令，操作机器人到小型物料夹具放置位置上方，并且对该直线运动指令进行位置示教
46	插入直线运动指令，操作机器人到小型物料夹具放置位置，对准定位销位置，并且对该直线运动指令进行位置示教，速度要进行适度的降低，防止发生干涉
47	插入延时指令，确保稳定吸取
48	复位夹具安装电磁阀
49	复制序号45位置点，使得机器人放置完成后进行上升动作
50	插入轴运动指令，操作机器人到初始位置

【任务评测】

1. 自我评价

由学生根据学习任务完成情况进行自我评价，记录得分值于表3-17中。

表3-17 自我评价

评价内容	配分	评分标准	得分
掌握装配工艺单元的结构原理	20	1. 能调整装配工艺单元的结构 2. 能调节装配工艺单元气缸的夹紧力度	
装配工艺单元的信号处理	20	1. 能掌握装配工艺单元信号的含义 2. 能掌握装配工艺单元反馈信号的含义	
编写装配工艺单元的程序	50	1. 能合理使用机器人输入、输出指令 2. 能使用程序有条不紊地控制装配工艺单元	
安全意识	10	遵守安全操作规范要求	

2. 小组评价

由同实训小组的同学结合自评的情况进行互评，记录得分值于表3-18中。

表3-18 小组评价

项目内容	配分	得分
1. 实训记录与自我评价情况	30	
2. 工业机器人作业前准备工作流程	30	
3. 相互帮助与协作能力	20	
4. 安全、质量意识与责任心	20	

3. 指导人员评价

由指导人员结合自评与互评的结果进行综合评价，并给出评价意见与得分值。

【任务评测】

1）机器人回到初始位置需要插入哪条指令？

2）当OUT3信号为1时，夹具的动作是什么？

3）夹爪电磁阀由哪个信号控制？

任务3.6 编写工业机器人打磨工艺单元程序（高级）

【任务目标】

1）认识打磨工艺单元的组成与基本功能。

2）了解打磨工艺单元的工作原理。

3）了解打磨工艺单元的运动指令及操作。

4）掌握打磨工艺单元的编程与联动操作方法。

【知识准备】

一、打磨机器人

打磨机器人是从事打磨工作的工业机器人，智能化代替人工打磨，可提高工作效率、保证产品优品率。现在，越来越多的打磨机器人运用于工业生产，一般从事的是棱角去毛刺、焊缝打磨以及内腔去毛刺等工作。图 3-36 所示为打磨机器人的应用。

1. 工具型打磨机器人

工具型打磨机器人通过末端执行器夹持打磨工具，主动接触工件进行打磨，工件相对固定。这种机器人通常应用在待加工工件质量和体积均较大的场合。

2. 工件型打磨机器人

工件型打磨机器人通过末端执行器夹持工件，并将工件贴近、接触打磨工具进行打磨，打磨工具相对固定。这种机器人通常应用在待加工工件体积小、对打磨精度要求较高的场合。目前，工件型打磨机器人广泛应用于3C 行业以及五金家具、医疗器材、汽车零部件和小家电等许多行业。

二、打磨工艺单元

打磨工艺单元是以工具型打磨机器人打磨工件为模型设计的一种打磨装置，将工件固定后，机器人换取打磨工具对工件进行打磨。打磨工艺单元由打磨夹爪、待打磨工件存放处、待打磨工件和电磁阀等组成，如图 3-37 所示。

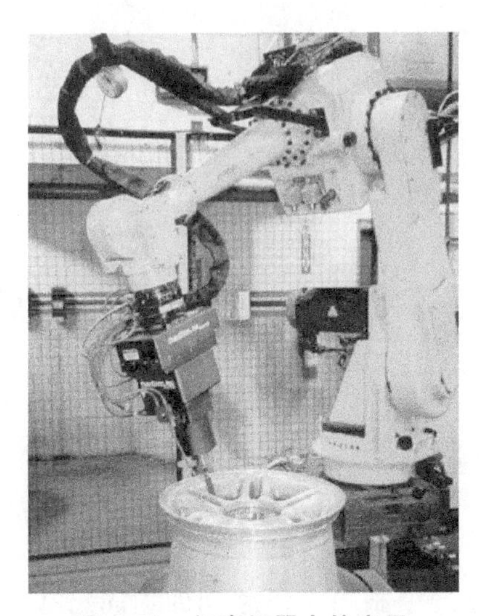

图 3-36 打磨机器人的应用

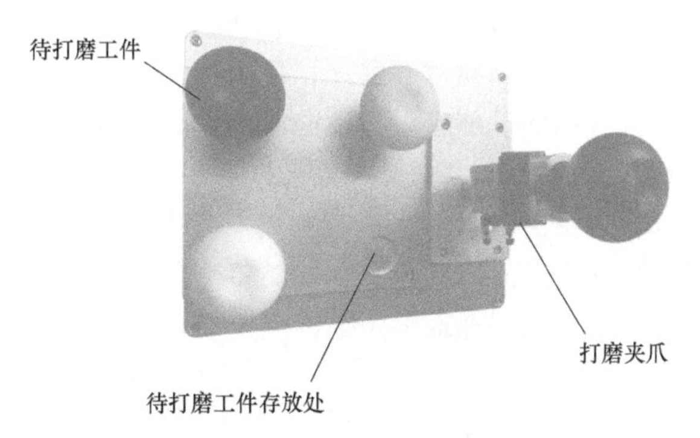

图 3-37 打磨工艺单元

打磨工艺单元用打磨夹爪固定待打磨工件，机器人装上打磨工具后靠近待打磨工件进行打磨。

操作说明：

1）打磨工件固定于打磨夹爪处。

2）机器人换取对应打磨工具。

3）打磨工具对待打磨工件按需求进行打磨。

打磨工艺单元所用打磨夹爪和打磨工具分别如图 3-38 和图 3-39 所示。

图 3-38　打磨夹爪

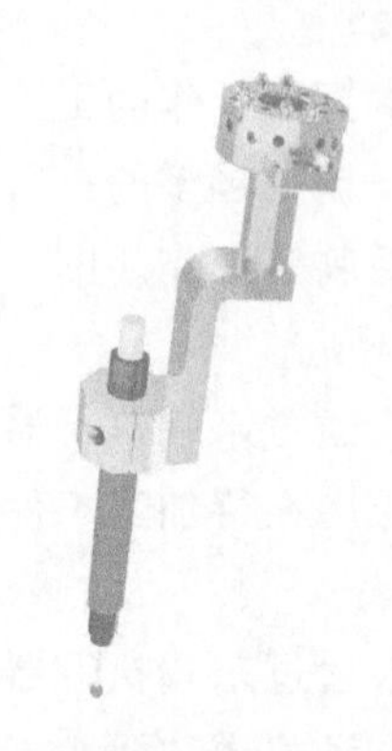

图 3-39　打磨工具

三、气动夹爪

气动夹爪是以压缩空气为动力，用来夹取或抓取工件的执行装置，如图 3-40 所示。根据夹爪的样式通常可分为 Y 形夹爪、平行夹爪、旋转夹爪和三点夹爪，气缸直径有 16mm、20mm、25mm、32mm 和 40mm 几种。气动夹爪的主要作用是代替人抓取工件，可有效地提高生产率及工作的安全性。

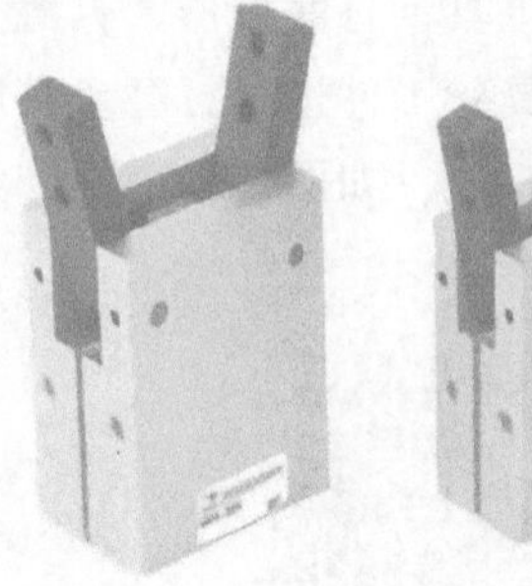

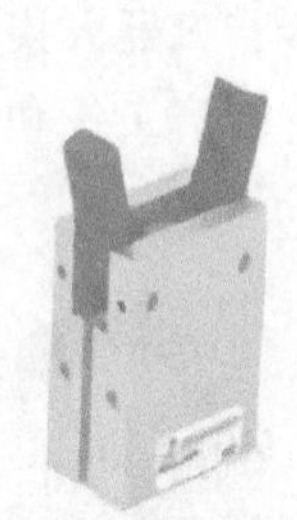

图 3-40　气动夹爪

1. 平行夹爪

平行夹爪的手指是通过两个活塞动作的。每个活塞由一个滚轮和一个双曲柄与气动夹爪相连，形成一个特殊的驱动单元。气动夹爪总是做轴向对心移动，每个夹爪是不能单独移动的。如果手指反向移动，则先前受压的活塞处于排气状态，而另一个活塞处于受压状态。

2. Y 形夹爪（摆动夹爪）

Y 形夹爪的活塞杆上有一个环槽，由于夹爪耳轴与环槽相连，因而夹爪可同时移动且自动对中，并确保抓取力矩始终恒定。

3. 旋转夹爪

旋转夹爪的动作是按照齿条的啮合原理工作的。活塞与一根可上下移动的轴固定在一起。轴的末端有三个环形槽，这些槽与两个驱动轮啮合。因而旋转夹爪可同时移动并自动对中，齿轮齿条工作原理确保了抓取力矩始终恒定。

4. 三点夹爪

三点夹爪的活塞上有一个环形槽，每一个曲柄与一个气动夹爪相连，活塞运动能驱动三个曲柄动作，因而可控制三个手指同时打开和闭合。

【任务分析】

针对打磨工艺单元，对本任务实施方案做如下分析：

1）上电检查工艺单元各个部分是否正常。

2）确定待打磨工件的打磨要求。

3）通过编程控制机器人对待打磨工件进行打磨。

【任务实施】

步骤一、将打磨工艺单元安装于标准实训台空间较大处。

步骤二、选择合适的I/O口，将其与机器人通过连接线进行连接，如图3-41所示。

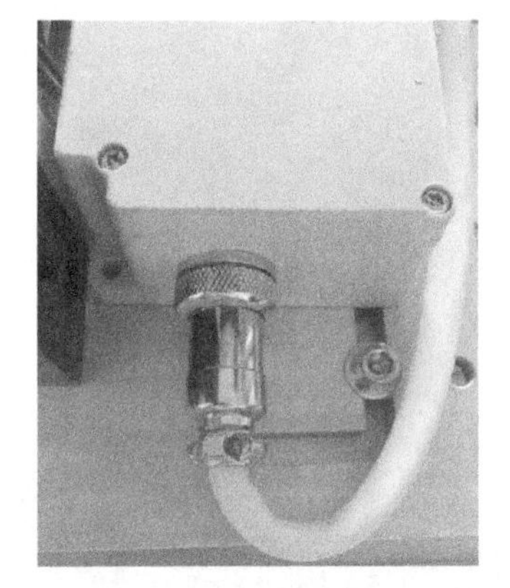
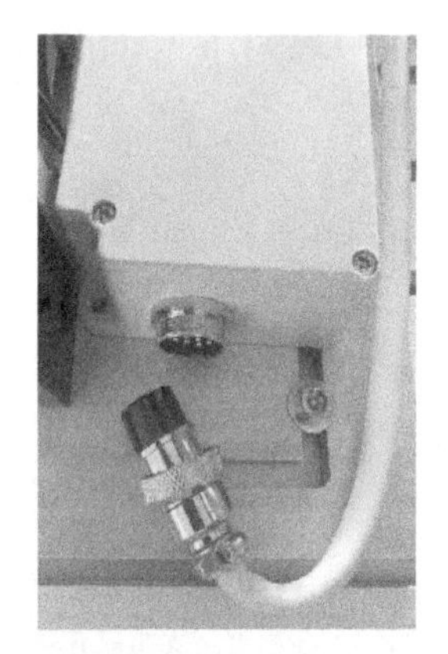

图3-41　I/O口及其连接线

步骤三、将设备通电，确保打磨夹爪处于打开状态。

步骤四、将待打磨工件放于工件存放处，如图3-42所示。

图3-42　工件摆放

步骤五、流程确定完毕后进行机器人程序的编写。打磨工艺单元编程操作步骤见表3-19。

表 3-19　打磨工艺单元编程操作步骤

序号	操作步骤
1	机器人装上打磨夹爪
2	机器人前往待打磨工件存放处取待打磨工件
3	机器人控制打磨夹爪夹紧待打磨工件，如下图所示 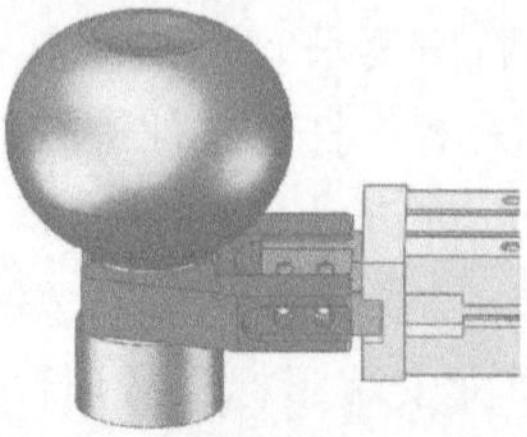
4	为了确保打磨夹爪夹紧待打磨工件，等待 1s
5	机器人将待打磨工件夹起并移动至打磨夹爪处
6	机器人控制打磨夹爪夹紧待打磨工件，如下图所示 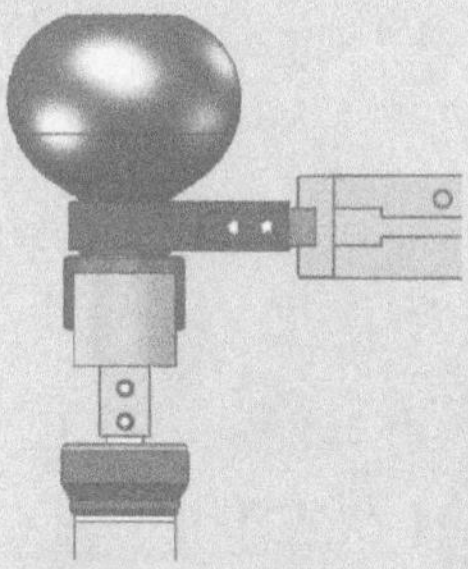
7	为了确保打磨夹爪夹紧待打磨工件，等待 1s
8	机器人控制打磨夹爪松开，把待打磨工件固定于打磨夹爪处
9	机器人到达打磨工艺单元上方安全位置
10	将机器人上的打磨夹爪取下，换上打磨工具
11	机器人慢慢靠近待打磨工件需要打磨处
12	机器人控制打磨工具转动，对待打磨工件进行打磨，如下图所示 
13	打磨完成后，机器人控制打磨工具到达打磨工艺单元上方安全位置
14	将机器人上的打磨工具取下
15	机器人装上打磨夹爪
16	机器人前往打磨夹爪处抓取已打磨工件
17	机器人控制打磨夹爪夹紧已打磨工件
18	为了确保打磨夹爪夹紧已打磨工件，等待 1s
19	机器人控制打磨夹爪松开
20	机器人控制已打磨工件到达其他工艺单元进行后续工作
21	结束运行

【任务评测】

1. 自我评价

由学生根据学习任务完成情况进行自我评价，记录得分值于表 3-20 中。

表 3-20 自我评价

评价内容	配分	评分标准	得分
掌握打磨工艺单元的结构原理	20	1. 能调整打磨工艺单元的结构 2. 能调节打磨工艺单元气缸的夹紧力度	
打磨工艺单元的信号处理	20	1. 能掌握打磨工艺单元信号的含义 2. 能掌握打磨工艺单元反馈信号的含义	
编写打磨工艺单元的程序	50	1. 能合理使用机器人输入、输出指令 2. 能使用程序有条不紊地控制打磨工艺单元	
安全意识	10	遵守安全操作规范要求	

2. 小组评价

由同实训小组的同学结合自评的情况进行互评，记录得分值于表 3-21 中。

表 3-21 小组评价

项目内容	配分	得分
1. 实训记录与自我评价情况	30	
2. 工业机器人作业前准备工作流程	30	
3. 相互帮助与协作能力	20	
4. 安全、质量意识与责任心	20	

3. 指导人员评价

由指导人员结合自评与互评的结果进行综合评价，并给出评价意见与得分值。

【任务评测】

1）打磨机器人按工作方式分为哪几种类型？它们各有什么区别？
2）按功能分类，夹爪有哪几种类型？
3）机器人不能直接在待打磨工件存放处进行打磨操作的原因是什么？

任务 3.7 认知与应用机器视觉系统（中级）

【任务目标】

1）认识机器视觉系统。
2）了解机器视觉系统的组成。
3）掌握机器视觉系统的使用。

【知识准备】

一、机器视觉系统的分类

机器视觉系统分为2D机器视觉系统（图3-43）和3D机器视觉系统（图3-44），它们的功能和能够检测的范围有所不同。

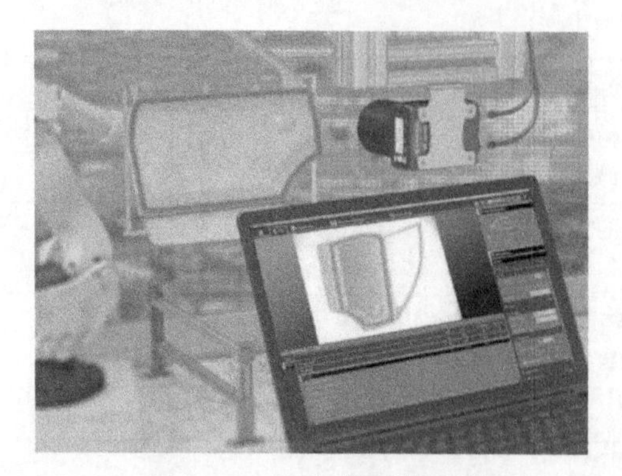

图 3-43　2D 机器视觉系统

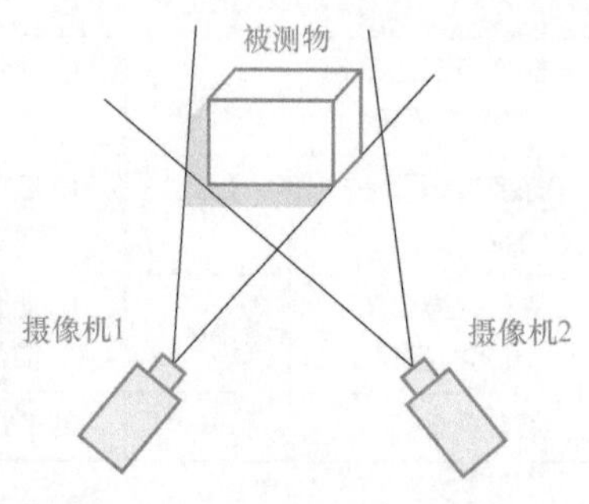

图 3-44　3D 机器视觉系统

2D机器视觉系统的优点如下：

1）识别速度快，识别速度上限取决于拍照速度和计算机中央处理器的处理能力。

2）通过灰度或彩色图像的对比度的特征就可提供识别结果。

3）2D机器视觉系统适用于缺失/存在检测、离散对象分析、图案对齐、条形码和光学字符识别（OCR）以及基于边缘检测的各种二维几何分析，用于拟合线条、弧形、圆形及其关系（距离、角度和交叉点等）。

2D机器视觉系统也有其不能完成的一些任务，比如对于工件的表面平整度、体积等特征都无法通过2D机器视觉系统完成。

二、机器视觉系统的组成

机器视觉系统是指通过机器视觉产品（图像采集装置）获取图像，然后将获得的图像传送至处理单元，通过数字化图像处理进行目标尺寸、形状和颜色等的判别，进而根据判别结果控制现场设备。一个典型的机器视觉系统涉及多个领域的技术交叉与融合，包括光源照明技术、光学成像技术、传感器技术、数字图像处理技术、模拟与数字视频技术、机械工程技术、控制技术、计算机软硬件技术以及人机接口技术等。机器视觉系统的硬件组成如图3-45所示。

机器视觉系统由获取图像信息的图像测量子系统、决策分类或跟踪对象的控制子系统组成。图像测量子系统又可分为图像获取和图像处理两部分。图像测量子系统包括照相机、摄像系统和光源设备等，例如观测微小细胞的显微图像摄像系统，考察地球表面的卫星多光谱扫描成像系统，在工业生产流水线上的工业机器人监控视觉系统以及医学层析成像系统等。图像测量子系统使用的光波段可以是可见光、红外线、X射线、微波和超声波等。从图像测量子系统获取的图像可以是静止图像，如文字、照片等；也可以是动态图像，如视频图像等；可以是二维图像，也可以是三维图像。图像处理就是利用计算机或其他高速、大规模集

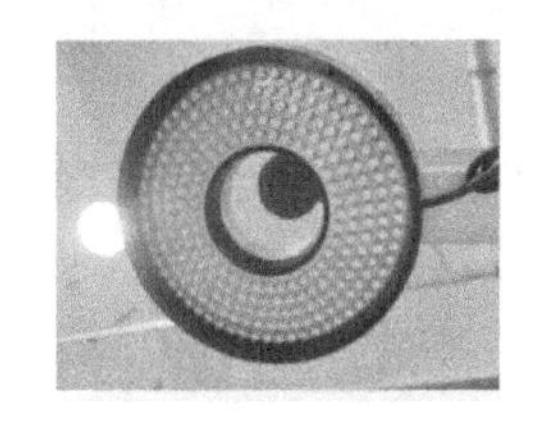

控制器　　照相机　　镜头　　环形光源

图 3-45　机器视觉系统的硬件组成

成数字硬件设备，对从图像测量子系统获取的信息进行数学运算和处理，进而得到人们想要的结果的过程。决策分类或跟踪对象的控制子系统主要由对象驱动机构和执行机构组成，它根据对图像信息处理的结果实施决策控制，例如在线视觉测控系统对产品质量判定分类的去向控制、对自动跟踪目标动态视觉测量系统的实时跟踪控制，以及对工业机器人视觉的模式控制等。

【任务分析】

认识机器视觉系统的组成、结构，掌握机器视觉系统的操作方法，了解 2D 机器视觉系统和 3D 机器视觉系统的区别。

【任务实施】

1. 光源的调节

打开光源调节软件 VisionController。如图 3-46 所示，选择控制器光源对应的串口，并打开串口，设置光源的亮度值，即拖动右下角“光源亮度”下方的进度条调节光源亮度，单击“应用”按钮即可使光源以特定亮度打开并保持。

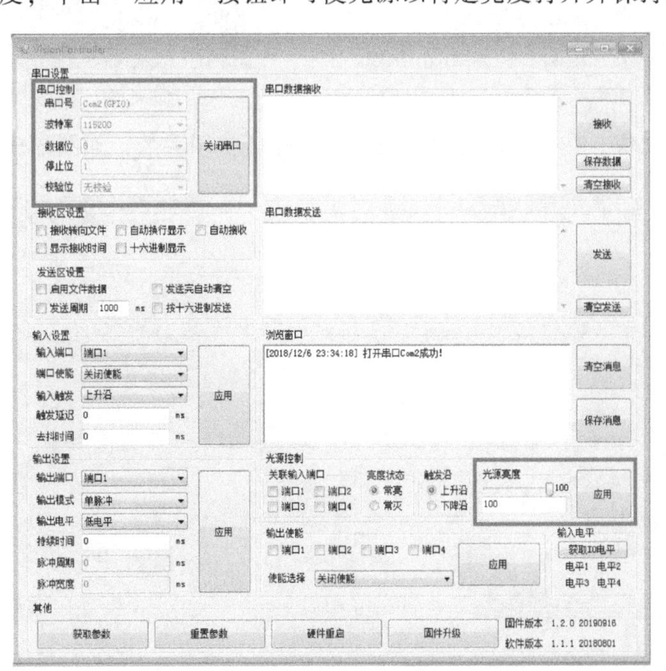

图 3-46　光源调节软件设置界面

2. 创建相机颜色检测流程作用

打开海康威视视觉作业编程软件 VisionMaster，单击“文件”→“新建方案”，创建新的工作界面，保存当前方案（图 3-47）。

相机图像：可通过相机对物料进行拍摄后成像，并以图片形式反馈。

颜色测量：可对相机成像后的图进行颜色的检测。

条件检测：可通过颜色测量对不同的物料进行分类。

发送数据：对检测到的数据以特定的形式发送出去。

注意，各个程序块之间需有指向性连接才可被下一个程序块所识别并传输信号（连接线可通过选择程序块，将光标移至程序块下方，待光标变为“十”字后下拉至下一程序块即可）。

图 3-47　整体方案

（1）添加相机图像模块　单击左侧菜单栏中的相机图像图标，选择“相机图像”，将程序块放置于操作区合适位置，如图 3-48 所示。

在图 3-49 中，可选择当前使用的相机型号和更改像素格式（RGB24 为彩色，MONO8 为黑白），其中色彩可通过“颜色处理”中的颜色转换模块进行转换。

图 3-48　添加相机图像模块

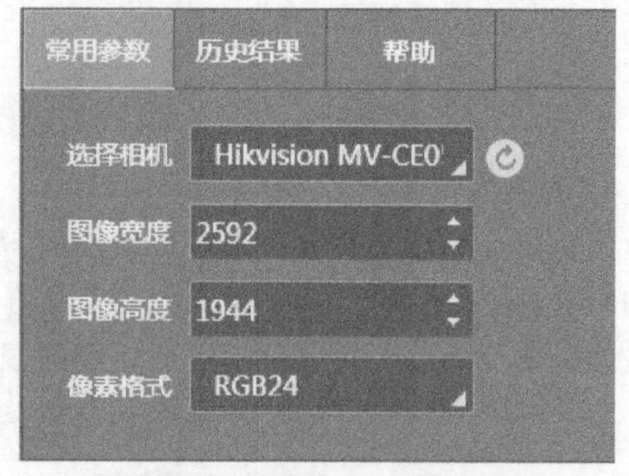

图 3-49　选择相机型号界面

双击相机图像模块，在弹出的界面中可修改其更多常用参数，如图 3-50 和图 3-51 所示。

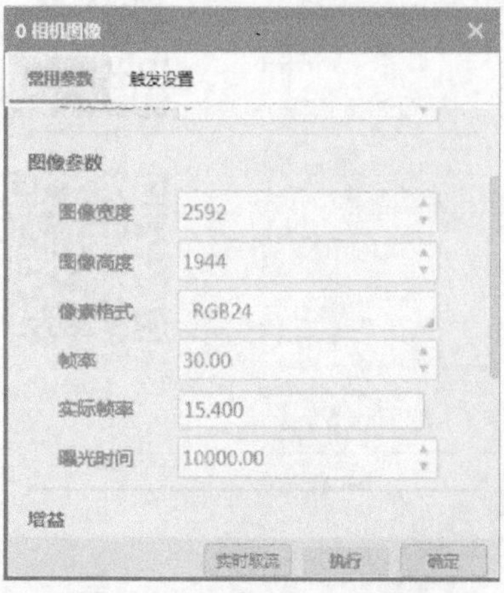

图 3-50　相机图像常用参数界面

图 3-51　相机图像触发设置界面

1）图像宽度、图像高度：可以查看并设置当前被连接相机的图像宽度和图像高度。

2）帧率：可以设置当前被连接相机的帧率，帧率影响采集图像的快慢。

3）实际帧率：当前相机的实时采集帧率。

4）曝光时间：当前打开的相机的曝光时间，曝光时间影响图像的亮度。

5）像素格式：像素格式有两种，分别是 MONO8 和 RGB24。

6）触发源：触发源可有多种，分别是 LINE0 和 SOFTWARE。其中，LINE0 为外部触发，SOFTWARE 为本地触发。

7）触发延时：设置所需延时时间，相机将在得到触发信号后延时指定时间再拍摄。

设置完成后依次单击“执行”和“确定”按钮。

（2）添加颜色测量模块　如图 3-52 所示，单击左侧菜单栏中颜色测量图标，选择“颜色测量”，将程序块放置于操作区合适的位置，与上方程序块建立连接。

图 3-52　添加颜色测量模块

双击颜色测量模块，弹出颜色测量基本参数界面，选择输入源为“相机图像”，选择“绘制”ROI 区域，根据物料形状不同在图像中框选出所需检测颜色的区域，依次单击“执行”和“确定”按钮完成设置，如图 3-53 所示。

对不同颜色的物料进行多次检测。将不同物料检测到的各通道值进行对比。选择差距较大的一组数据对物料进行测量分类，在结果判断（图 3-54）中打开对应通道并输入两组数据间的值，将两种物料进行区分，测量结果如图 3-55 所示。

图 3-53　颜色测量基本参数界面

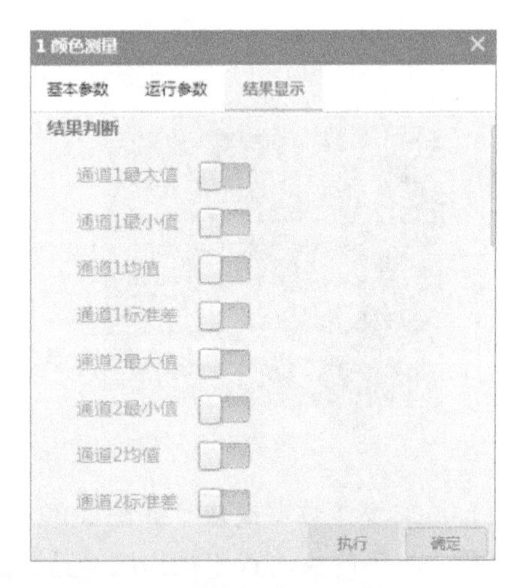

图 3-54　颜色测量结果显示界面

图 3-55　颜色测量通道结果界面

分别将不同颜色的物料放置到相机镜头下方进行识别，观察当前结果，即当前物料颜色的 RGB 值。白色物料和黑色物料的颜色通道值分别如图 3-56 和图 3-57 所示。

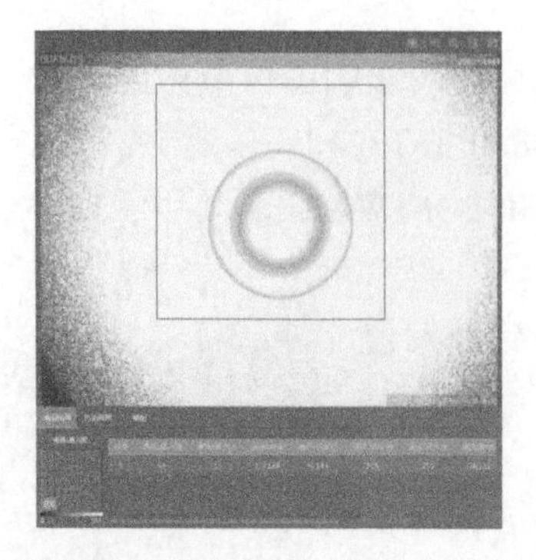
图 3-56　白色物料的颜色通道值

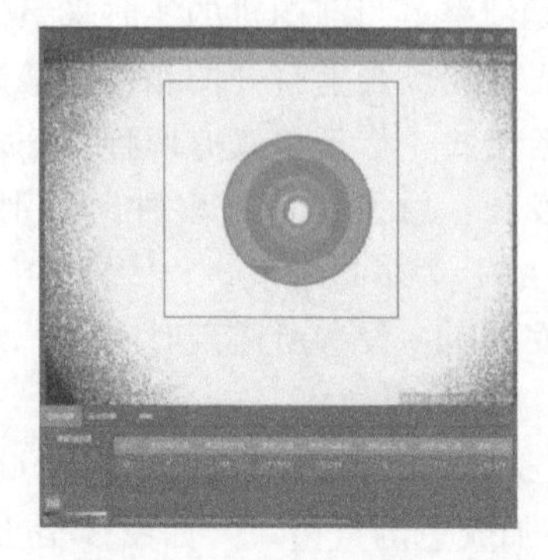
图 3-57　黑色物料的颜色通道值

（3）添加条件检测模块　如图 3-58 所示，单击左侧菜单栏中逻辑工具图标，选择“条件检测”，将程序块放置于操作区合适的位置，与上方程序块建立连接。

双击条件检测模块，弹出图 3-59 所示的条件检测基本参数界面，单击条件下方“+”按钮添加条件，单击上方的新增条件，在下拉列表框中选择上一程序块的输出信号，调整有效值范围，依次单击“执行”和“确定”按钮。

图 3-58　添加条件检测模块

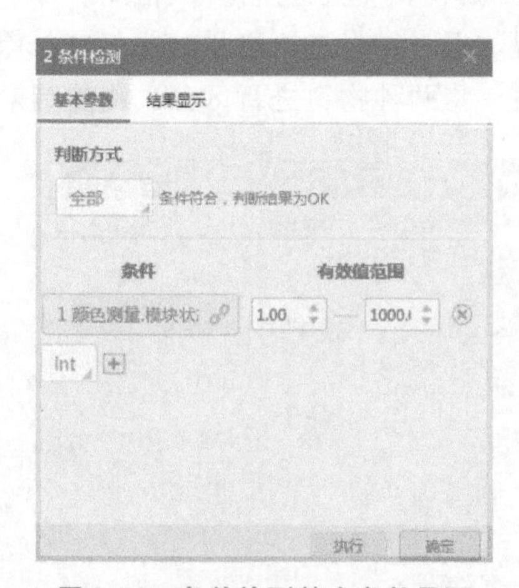

图 3-59　条件检测基本参数界面

（4）添加发送数据模块　如图 3-60 所示，单击左侧菜单栏中通信图标，选择“发送数据”打开，将程序块放置于操作区合适的位置，与上方程序块建立连接。

双击发送数据模块，弹出图 3-61 所示的发送数据基本参数界面，单击“通信设备”，修改通信设备为通信管理中设置的 IO0，控制器型号选择为 VB2000，确定输出数据，在对应 IO 输出条件处选择上一程序块的输出信号输出。

【任务评测】

1. 自我评价

由学生根据学习任务完成情况进行自我评价，记录得分值于表 3-22 中。

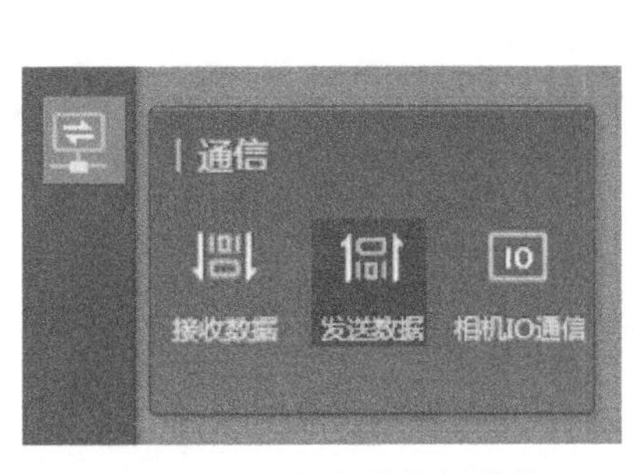

图 3-60　添加发送数据模块

图 3-61　发送数据基本参数界面

表 3-22　自我评价

评价内容	配分	评分标准	得分
掌握机器视觉系统的结构原理	20	1. 能调整机器视觉系统的结构 2. 能调节机器视觉系统的相机高度	
机器视觉系统的信号处理	20	1. 能掌握机器视觉系统输入、输出信号的含义 2. 能掌握机器视觉系统相机拍照控制信号的含义	
编写机器视觉系统的程序	50	1. 能合理使用机器人输入、输出指令 2. 能使用程序有条不紊地控制机器视觉系统和接收视觉判断信号	
安全意识	10	遵守安全操作规范要求	

2. 小组评价

由同实训小组的同学结合自评的情况进行互评，记录得分值于表 3-23 中。

表 3-23　小组评价

项目内容	配分	得分
1. 实训记录与自我评价情况	30	
2. 工业机器人作业前准备工作流程	30	
3. 相互帮助与协作能力	20	
4. 安全、质量意识与责任心	20	

3. 指导人员评价

由指导人员结合自评与互评的结果进行综合评价，并给出评价意见与得分值。

【任务评测】

相机除了可以检测颜色并进行区分外，是否还可以对物料的形状进行识别？

项目4 工业机器人工作站集成应用

任务4.1 编写外部轴程序（高级）

【任务目标】

1）了解伺服电动机的工作原理。
2）熟悉 PLC 运动控制工艺对象编程。
3）熟悉滚珠丝杠的传动原理。

【知识准备】

一、外部轴在工业上的应用

机器人时代的到来，带动了机器人辅助行走机构的发展。机器人辅助行走机构可移动机器人到不同的工位，扩展了机器人的作业范围，在焊接、喷涂、搬动和上下料等工位应用很合适，在汽车、仪表、数码 3C、电器、陶瓷和家具加工等行业应用很广泛。机器人辅助行走机构的应用可以实现高强度、高精度、全方位的作业，不但可以将人力从这些繁重的作业中解放出来，还能提高生产率，实现工业生产的自动化。

机器人辅助行走机构的具体形式又包括地轨、第七轴和外部行走轴（简称外部轴）。机器人外部轴可按指定路线移动机器人，扩大了机器人的作业半径，大大扩展了机器人的使用范围，可进一步提高机器人的使用效率，降低机器人的使用成本，实现全面自动化生产。作为一种行走系统，机器人外部轴主要由整体固定底座、动力机构、动力传递机构、导向机构、机器人安装滑台、防护机构、限位机构及其行走附件等构成，可适配各大品牌机器人不同应用场景和各种特殊环境的需要。工业机器人外部轴的应用如图 4-1 所示。

图 4-1 工业机器人外部轴应用图

机器人外部轴是通过其控制系统来控制机器人移动的，机器人安装在外部轴的滑座上，通过控制系统可按指定路线实现移动。机器人的移动就是外部轴上机械手移动小车在直线方向上的移动。

二、伺服驱动器

简单地说，伺服驱动器是用来控制伺服电动机的一种控制器，其作用类似于变频器作用于普通交流电动机，属于伺服系统的一部分，主要应用于高精度的定位系统。伺服驱动器一般通过位置、速度和转矩三种控制方式对伺服电动机进行控制，实现高精度的传动系统定位，目前是传动技术的高端产品。

伺服驱动器均采用数字信号处理器（DSP）作为控制核心，可以实现比较复杂的控制算法，实现数字化、网络化和智能化；功率器件普遍采用以智能功率模块（IPM）为核心设计的驱动电路，IPM 内部集成了驱动电路，同时具有过电压、过电流、过热、欠电压等故障检测保护电路，在主回路中还加入了软启动电路，以减小启动过程对驱动器的冲击。伺服驱动器的工作原理如图 4-2 所示。

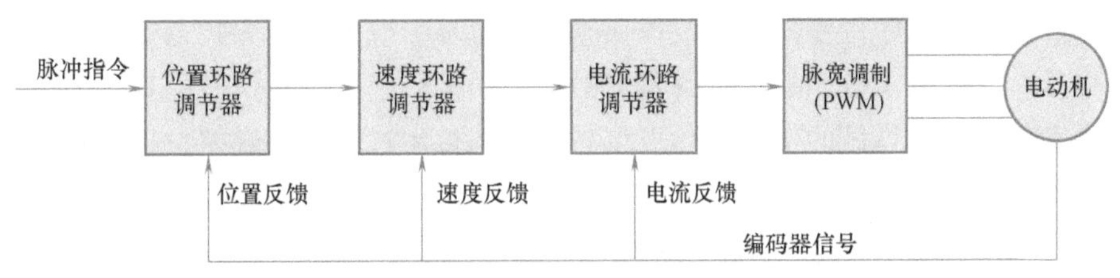

图 4-2　伺服驱动器的工作原理

速度控制和转矩控制都是用模拟量来控制的，位置控制是通过发脉冲来控制的。具体采用何种控制方式要根据用户的要求，以及满足何种运动功能来选择。

如果用户对电动机的速度、位置都没有严格要求，只要输出一个恒转矩，当然可以采用转矩控制方式。如果用户对位置和速度有一定的精度要求，而对实时转矩不是很关心，采用转矩控制方式并不合适，此时应采用速度控制方式或位置控制方式。如果上位控制器有比较好的死循环控制功能，采用速度控制方式效果会更好。如果控制器本身要求不是很高，或者基本没有实时性的要求，用位置控制方式对上位控制器没有很高的要求。从伺服驱动器的响应速度来看，转矩控制方式运算量最小，驱动器对控制信号的响应最快；位置控制方式运算量最大，驱动器对控制信号的响应最慢。

对运动中的动态性能有比较高的要求时，需要实时对电动机进行调整。此时，如果控制器本身的运算速度很慢（比如使用 PLC 或低端运动控制器），应采用位置控制方式；如果控制器运算速度比较快，可以采用速度控制方式，把位置环从驱动器移到控制器上，减少驱动器的工作量，提高效率（比如大部分中高端运动控制器）；如果有更好的上位控制器，还可以用转矩控制方式，把速度环也从驱动器上移开，这一般只适用于高端专用控制器，此时完全不需要使用伺服电动机。

1. 转矩控制方式

转矩控制方式通过外部模拟量的输入或直接地址赋值来设定电动机轴输出转矩的大小，例如，如果 10V 对应 5N · m，当外部模拟量设定为 5V 时，电动机轴输出转矩为 2.5N · m，即如果电动机轴负载低于2.5N·m时电动机正转，负载等于2.5N·m时电动机不转，负载大于2.5N·m时电动机反转（通常在有重力负载情况下产生）。可以通过实时地改变模拟量的设定来改变设定的转矩大小，也可通过通信方式改变对应地址的数值来实现。转矩控制方式主要应用在对材质的受力有严格要求的缠绕和放卷的装置中，例如绕线装置或拉光纤设备，转矩的设定要根据缠绕的半径的变化随时更改，以确保材质的受力不会随着缠绕半径的变化而改变。

2. 位置控制方式

位置控制方式一般通过外部输入的脉冲的频率来确定转动速度的大小，通过脉冲的个数来确定转动的角度，也有些伺服系统可以通过通信方式直接对速度和位移进行赋值，由于位置控制方式可以对速度和位置都有很严格的控制，因此一般应用于定位装置。其应用领域有数控机床、印刷机械等。

3. 速度控制方式

速度控制方式通过模拟量的输入或脉冲频率都可以进行转动速度的控制。在有上位控制装置的外环比例积分微分（PID）控制时，速度控制方式也可以进行定位，但必须把电动机的位置信号或直接负载的位置信号给上位回馈用于运算。位置控制方式也支持直接负载外环检测位置信号，此时电动机轴端的编码器只检测电动机转速，位置信号由直接的最终负载端的检测装置来提供，这样做的优点是：可以减少中间传动过程中的误差，提高整个系统的定位精度。

三、检测装置与机械传动装置

检测装置是运动控制系统不可缺少的组成部分，其核心是传感器。检测装置通过传感器获取运动控制系统中的几何量和物理量的信息，并将这些信息提供给运动控制器和操作人员，同时也可以在闭环控制系统中形成反馈回路，将指定的输出量反馈给运动控制器。

滚珠丝杠的传动原理是：工作时，螺母与需做直线往复运动的零部件相连，丝杠旋转带动螺母做直线往复运动，从而带动零部件做直线往复运动。在丝杠、螺母和端盖（滚珠循环装置）上都制有螺旋槽，由这些槽对合起来形成滚珠循环通道，滚珠在通道内循环滚动。为了防止滚珠从螺母中掉出，螺母螺旋槽的两端应封住。当滚珠丝杠作为主动件时，螺母就会随丝杠的转动角度按照对应规格的螺距转化成直线运动，被动件可以通过螺母座与螺母连接，从而实现对应的直线运动。

本任务涉及的外部轴模块中的丝杠螺距为10mm，即伺服电动机转动1圈，丝杠行走10mm。

四、S7-1200系列运动控制器

1. 定义

运动控制一般是指在比较复杂的条件下，将设定的控制目标转变为期望的机械运动。运动控制系统可使被控制的机械运动实现精准的位置控制、速度控制和加速度控制。

运动控制系统主要由运动控制器、电气伺服机构、机械装置以及检测装置等组成。运动控制系统的组成框图如图4-3所示。

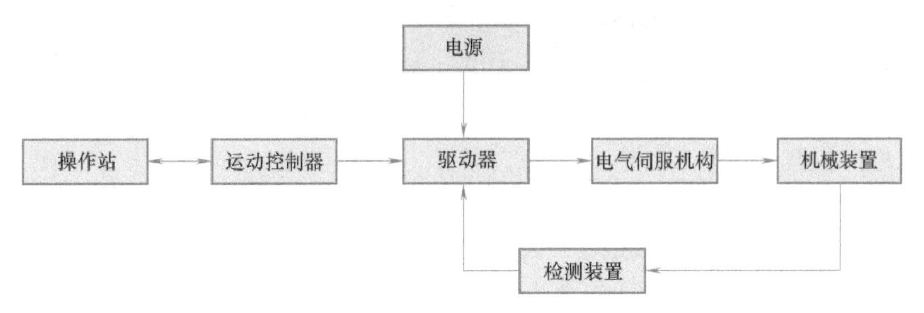

图 4-3 运动控制系统的组成框图

2. 运动控制硬件控制器

TIA Portal 软件结合 CPU S7-1200 的运动控制功能，可帮助用户实现通过脉冲接口控制步进电动机和伺服电动机。

在 TIA Portal 软件中可以组态“轴”和“命令表”工艺对象。CPU S7-1200 可以使用这些工艺对象控制用于控制驱动器的脉冲和方向输出。

在用户程序中，通过运动控制指令来控制轴，启动驱动器的运动任务。图 4-4 所示为 CPU S7-1200 进行运动控制的基本硬件配置。

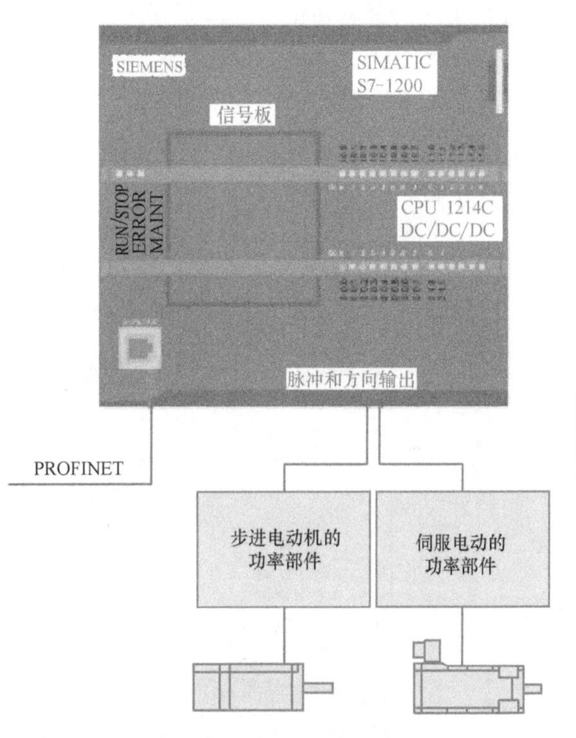

图 4-4 CPU S7-1200 进行运动控制的基本硬件配置

CPU S7-1200 兼具可编程控制器的功能和通过脉冲接口控制步进电动机、伺服电动机的运动控制功能，运动控制功能负责对驱动器进行监控。

DC/DC/DC 型 CPU S7-1200 上配备有用于直接控制驱动器的板载输出，继电器型 CPU 需要使用信号板控制驱动器。使用 DC/DC/DC 型 CPU S7-1200 控制器输出脉冲最大数目为 4 个。

3. TIA Portal 运动控制指令

轴运动之前必须先使能。MC Power 指令块的 Enable 端变为高电平后，CPU 按照轴中组态好的方式使能外部轴驱动。当 Enable 端变为低电平后，轴将按照 Stop Mode 中定义的模式停车。当 Stop Mode 端值为 0 时按照组态好的方式急停，当 Stop Mode 端值为 1 时将立即终止输出。

MC Halt 指令块如果存在一个需要确认的错误，可通过上升沿激活 MC Reset 指令块的 Execute 端，进行错误复位。MC Halt 指令块用于停止轴运动，每个被激活的运动指令都可以由此指令块停止，上升沿使能 Execute 后，轴会立即按照组态好的减速曲线停车。

MC Move Relative 指令块启动相对于起始位置的定位运动。通过指定参数 Position 和 Velocity 可到达机械限位内的任意一点，当上升沿使能 Execute 选项后，系统会自动计算当前位置和目标位置之间的脉冲数，并加速到指定速度，在到达目标位置时减速到启动/停止速度。

MC Home 指令用于定义参考点位置，上升沿使能 Execute 端，指令按照 Mode 中定义好的值执行定义参考点的功能，回参考点过程执行完毕，工艺对象数据块中 Homing Done 位被置 1。

MC Move Absolute 指令块需要在定义好参考点、建立起坐标系后才能使用，通过指定参数 Position 和 Velocity 可到达机械限位内的任意一点，当上升沿使能 Execute 选项后，系统会自动计算当前位置和目标位置之间的脉冲数，并加速到指定速度，在到达目标位置时减速到启动/停止速度。

MC Move Jog 指令块用于设置轴的点动模式，Velocity 端输入轴的点动速度，然后置位 Jog Forward（向前点动）或 Jog Backward（向后点动）端，轴即可以点动。当 Jog Forward（向前点动）或 Jog Backward（向后点动）端复位时，点动停止。

【任务分析】

1）了解伺服电动机的工作原理。

2）熟悉 PLC 运动控制工艺组态和指令。

3）熟悉外部轴的结构及应用。外部轴实物图如图 4-5 所示。

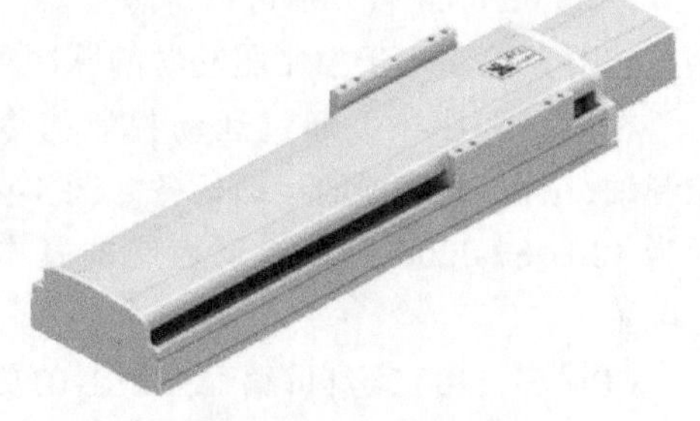

图 4-5　外部轴实物图

【任务实施】

将伺服电动机电子齿轮比设置为 2000 脉冲/圈。

步骤一、按图 4-6 所示新建项目，将 CPU 模块添加到 1 号。

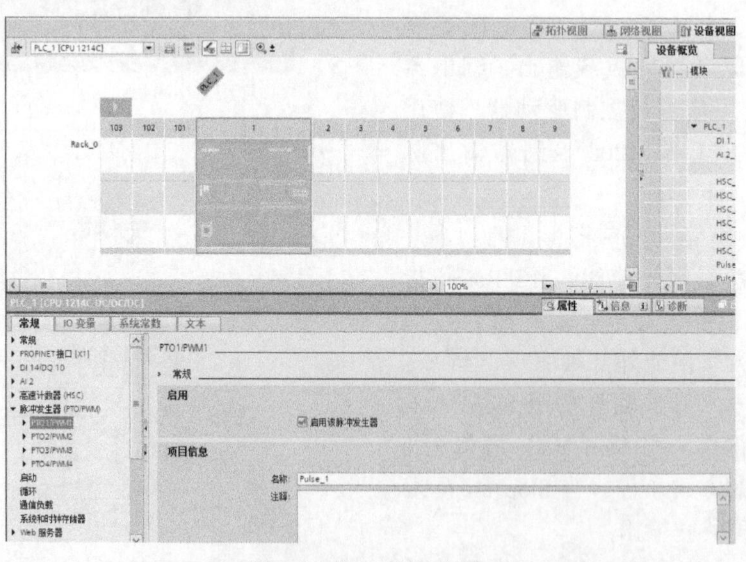

图 4-6　添加 CPU 模块

步骤二、在左侧项目树中新增一个对象，命名为轴-1，如图 4-7 所示。

步骤三、如图 4-8 所示，在基本参数的常规选项中重新命名对象，命名为行走轴，将驱动器设置为 PTO 类型，位置单位为 mm。

图 4-7　新建运动控制轴

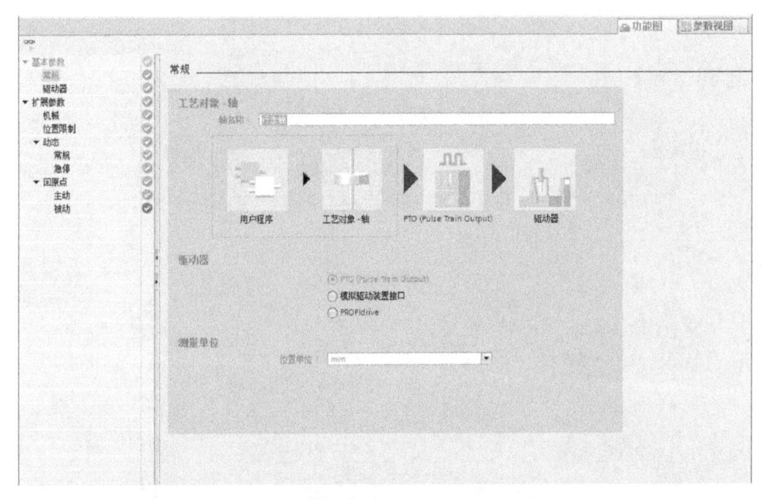

图 4-8　运动工艺控制基本参数的常规选项设置

步骤四、在基本参数的驱动器选项中将脉冲发生器选为 Pulse_1，其他参数设置如图 4-9 所示。

步骤五、在扩展参数的机械选项中按图 4-10 所示设置参数，其中 2000 为伺服电动机转一圈需要 2000 个脉冲，伺服电动机转一圈，对应丝杠行走 10mm。

步骤六、在扩展参数的位置限制选项中关联行走轴检测装置传感器（按图 4-11 设置），防止行走轴负载脱轴。

步骤七、在动态的常规选项中设置最大速度、启动/停止速度、加速度等，如图 4-12 所示。

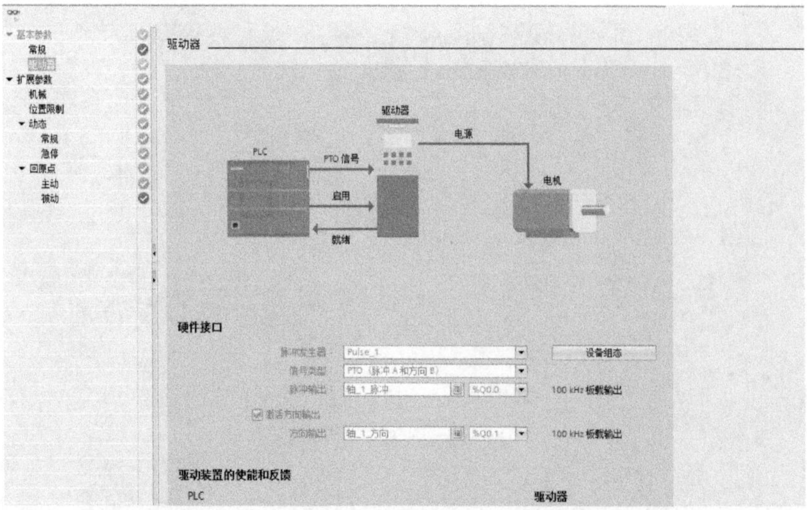

图 4-9　运动工艺控制基本参数的驱动器选项设置

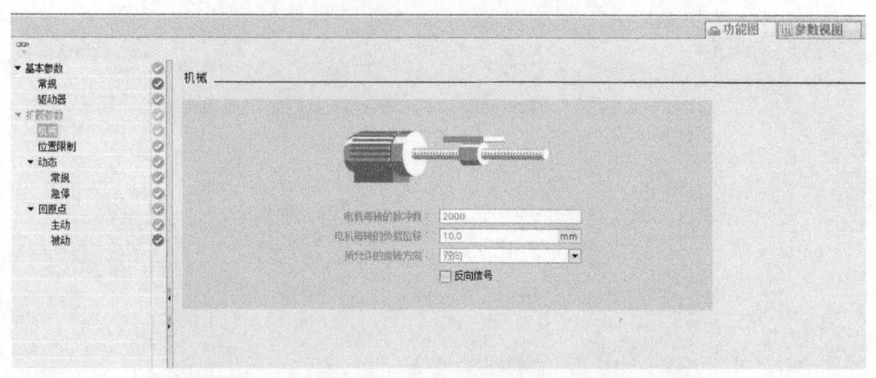

图 4-10　运动工艺控制扩展参数的机械选项设置

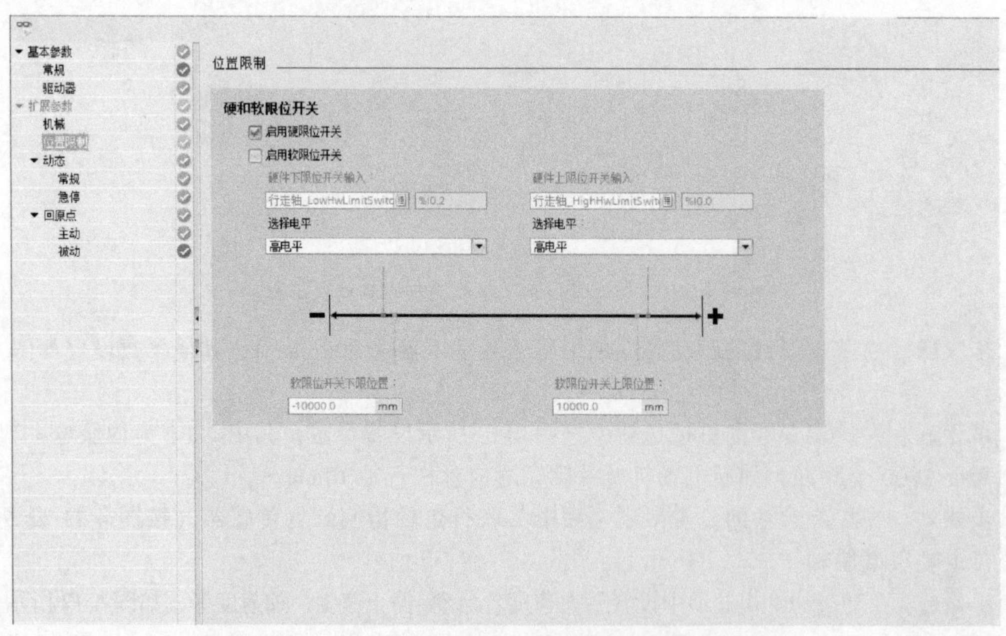

图 4-11　运动工艺控制扩展参数的位置限制选项设置

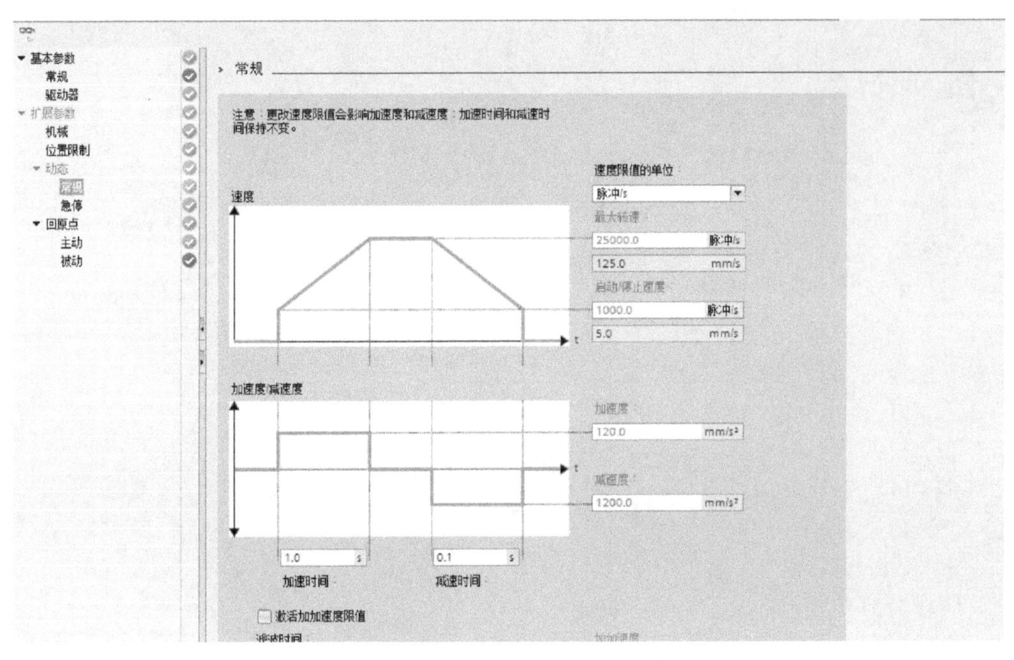

图 4-12 运动工艺控制动态的常规选项设置

步骤八、如图 4-13 所示，在动态的急停选项中设置急停时的减速度，急停需配合相关指令使用。

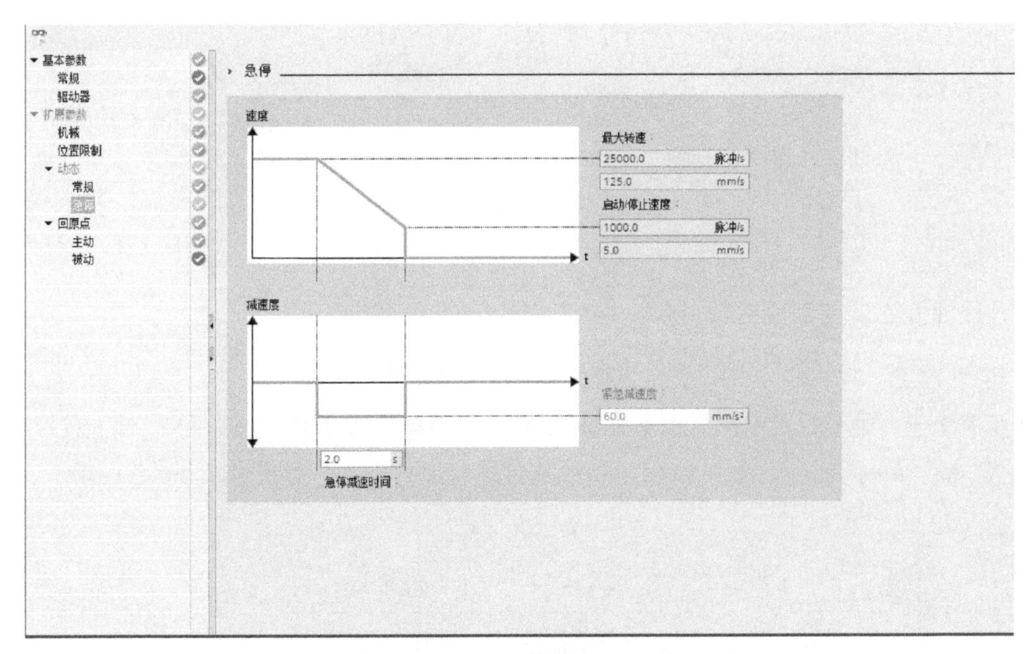

图 4-13 运动工艺控制动态的急停选项设置

步骤九、如图 4-14 所示，在回原点的主动选项中建立原点检测装置传感器，并设置回原点速度和逼近速度，以及回原点方向。注意：回原点时速度不能太快。

步骤十、编写伺服电动机外部使能和急停程序，如图 4-15 所示，外部急停触发信号，

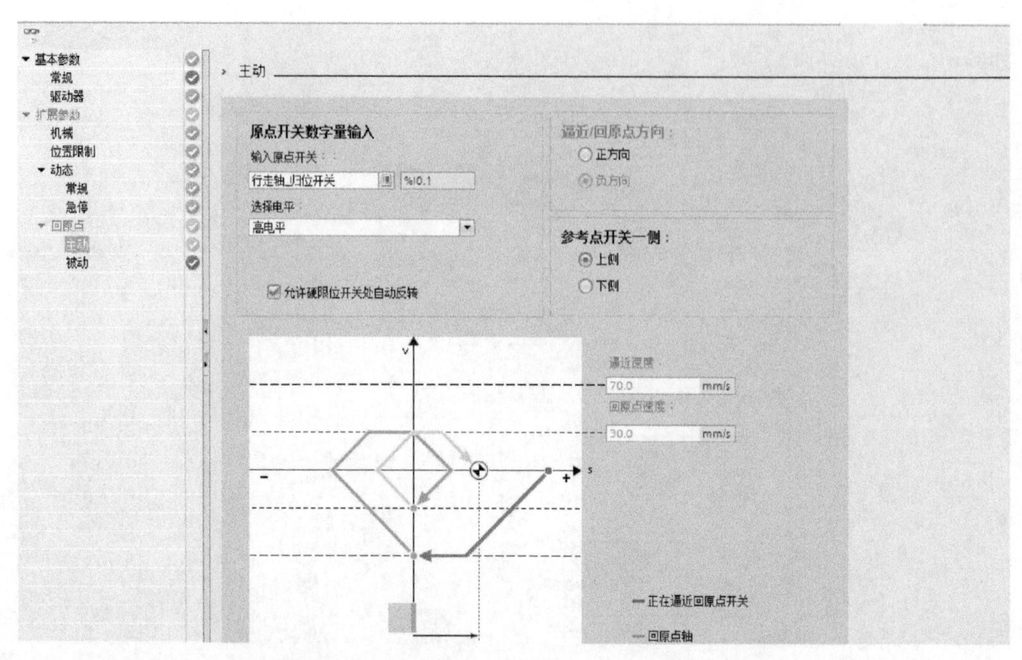

图 4-14　运动工艺控制回原点的主动选项设置

外部报警清除信号，高电平有效。

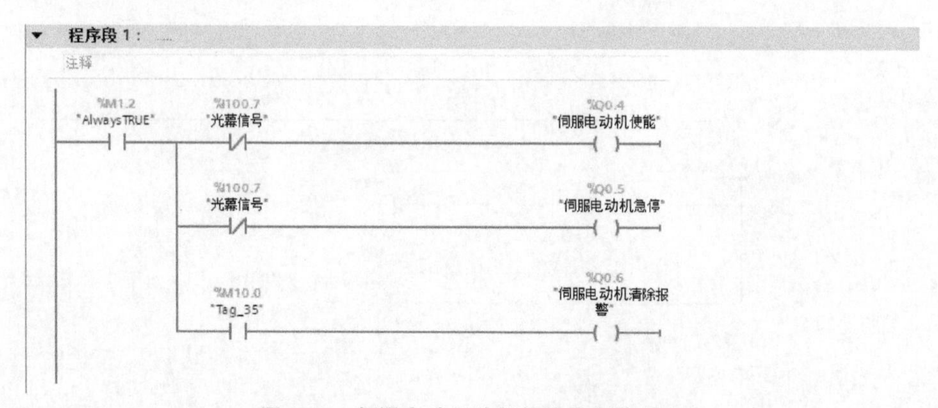

图 4-15　伺服电动机外部使能和急停程序

步骤十一、编写行走轴使能指令块 MC_Power，如图 4-16 所示。

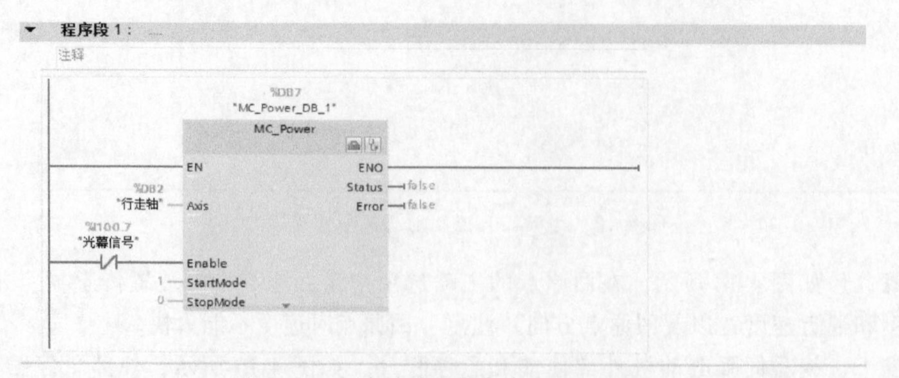

图 4-16　行走轴使能指令块 MC_Power

步骤十二、编写外部轴回原点程序，如图 4-17 所示，Execute 端触发信号为上升沿有效，Done 为回零完成脉冲信号。Mode 选项 3 为主动回原点。

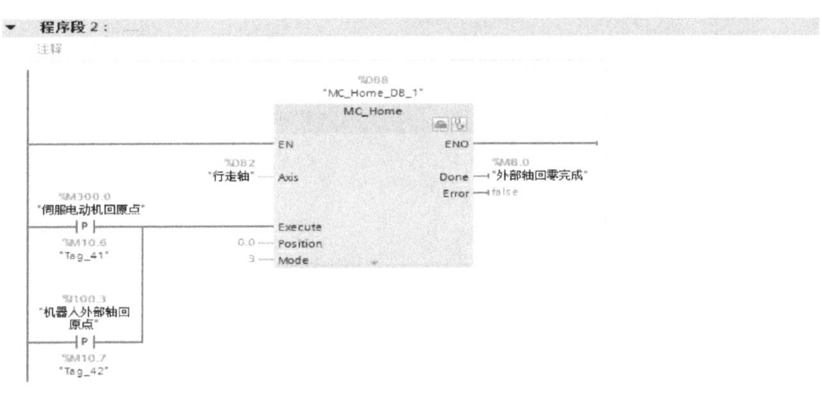

图 4-17 外部轴回原点指令块 MC_Home

步骤十三、编写绝对位置指令块回中间位置程序，如图 4-18 所示。

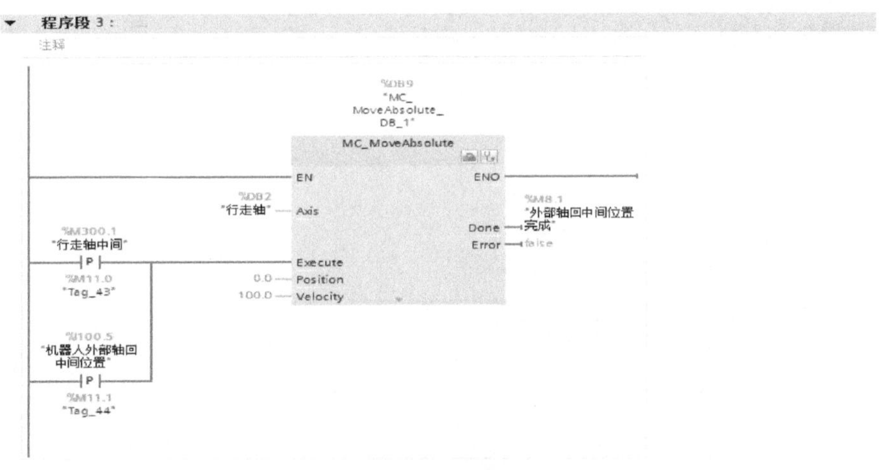

图 4-18 外部轴绝对定位指令块回中间位置程序

步骤十四、编写外部轴绝对定位指令块到左侧位置程序，如图 4-19 所示。

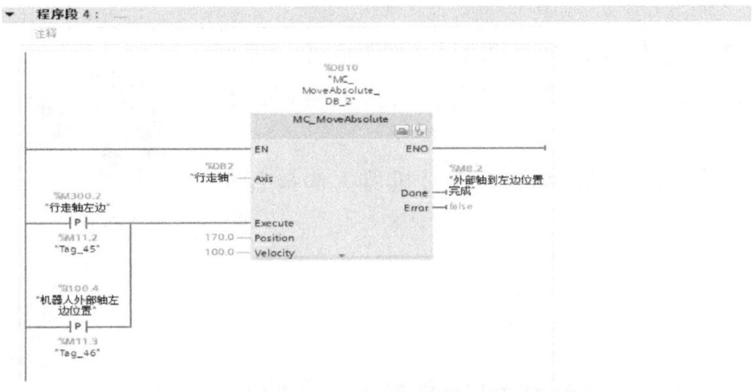

图 4-19 外部轴绝对定位指令块到左侧位置程序

步骤十五、编写外部轴绝对定位指令块到右侧位置程序，如图 4-20 所示。

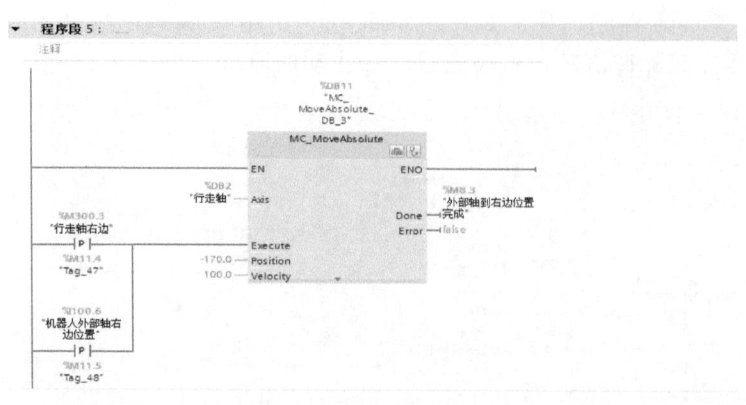

图 4-20　外部轴绝对定位指令块到右侧位置程序

步骤十六、程序编写完成后，下载程序。下载完成后，启动相关联指令块 Execute 选项的机器人信号，外部轴将进行相关动作。下载程序选项如图 4-21 所示。

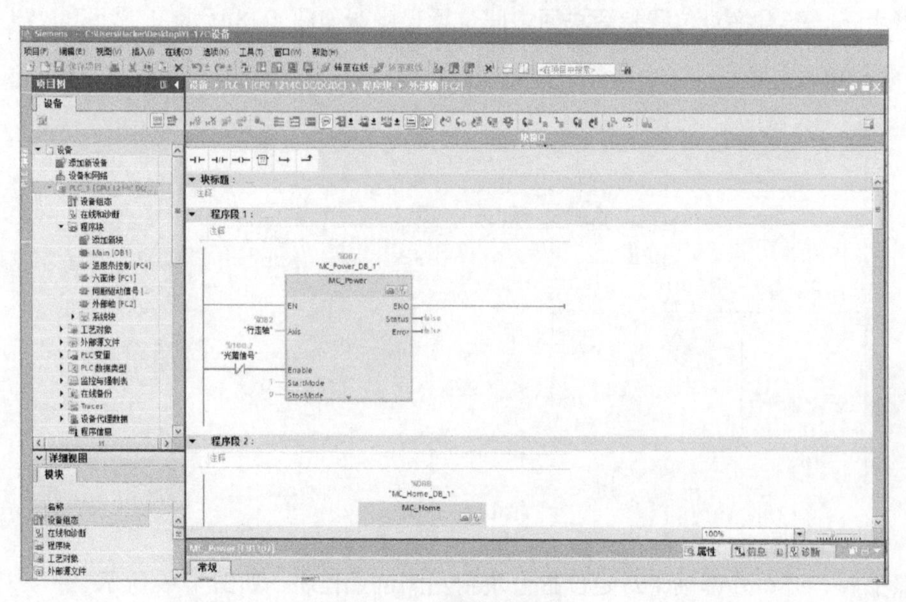

图 4-21　下载程序选项

步骤十七、控制机器人和 PLC 关联的 I/O 信号，观察外部轴（行走轴）是否正确运行。注意：初次上电需进行回原点操作。

新松机器人本体如图 4-22 所示。新松机器人与外部轴关联控制信号见表 4-1。

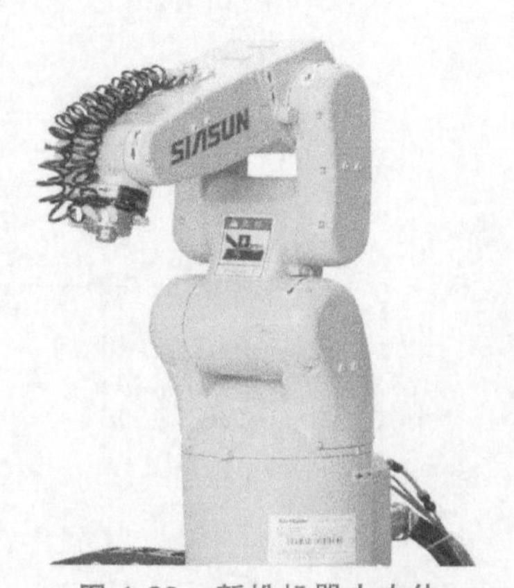

图 4-22　新松机器人本体

【任务评测】

1. 自我评价

由学生根据学习任务完成情况进行自我评价，记录得分值于表 4-2 中。

表 4-1 新松机器人与外部轴关联控制信号

机器人 I/O 信号	功能
OUT36	外部轴回原点
OUT37	外部轴到左侧位置
OUT38	外部轴回中间位置
OUT39	外部轴到右侧位置
IN36	外部轴回原点完成
IN37	外部轴到左侧位置完成
IN38	外部轴回中间位置完成
IN39	外部轴到右侧位置完成

表 4-2 自我评价

评价内容	配分	评分标准	得分
掌握外部轴部件的接线原理	30	1. 能熟练画出运动控制电路原理图 2. 能熟练完成运动控制接线 3. 能熟练掌握外部轴部件的工作原理	
掌握 PLC 运动控制指令	30	1. 能熟练运用西门子 PLC 编程软件 2. 能熟练运用西门子运动控制指令 3. 能熟练掌握伺服电动机的参数设定	
掌握机器人与 PLC 的通信原理	30	1. 掌握机器人的通信输入、输出指令 2. 掌握机器人与 PLC 的通信原理和通信参数设定	
安全意识	10	遵守安全操作规范要求	

2. 小组评价

由同实训小组的同学结合自评的情况进行互评，记录得分值于表 4-3 中。

表 4-3 小组评价

项目内容	配分	得分
1. 实训记录与自我评价情况	30	
2. 工业机器人作业前准备工作流程	30	
3. 相互帮助与协作能力	20	
4. 安全、质量意识与责任心	20	

3. 指导人员评价

由指导人员结合自评与互评的结果进行综合评价，并给出评价意见与得分值。

【任务评测】

1）CPU S7-1200 本体有哪几组高速脉冲发生器？

2）CPU S7-1200 AC/DC/Relay 型本体可以直接发脉冲给伺服驱动器吗？为什么？

3）MC Move Absolute 指令是相对运动指令吗？

任务4.2　编写读码器分拣程序（高级）

【任务目标】

1）了解读码器的工作原理。
2）了解读码器的通信方式。
3）熟悉 PLC 编程和通信协议。
4）掌握读码器和工业机器人的分拣应用。

【知识准备】

一、固定安装式读码器在工业上的应用

随着智能制造相关技术的发展，企业车间生产线更加智能化，有效提高了企业的生产效率。生产线上固定安装读码器，目的是识读出生产线传送来的产品上的条码，实现生产线自动化。读码器在自动化生产线上的应用如图 4-23 所示。

因条码打印清晰度和工厂扫描环境等不确定因素，既要能固定安装和多角度扫描产品条码，又能批量快速识读输送带输送来的产品条码，所以条码扫描枪必须有高灵敏度的识别能力，支持自动扫描和命令控制等工作模式，避免出现条码扫描枪扫描不稳定的状况。

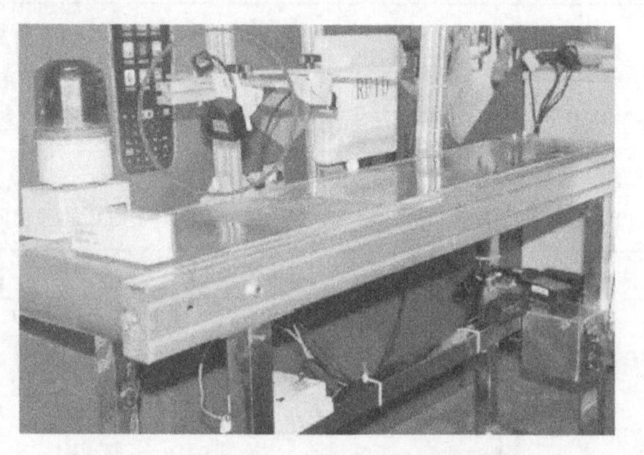

图 4-23　读码器在自动化生产线上的应用

在自动化装配生产线和各加工过程中，在主要零部件上打上条码标签，通过条码扫描器采集并译码后，条码信息输入计算机服务器的数据库里，每个产品和主要部件都会有一个唯一的条码，方便进行自动分拣，不管产品发往何处，都会有记录。如果发生质量问题，只需读入保修卡上的条码，就可在数据库里调出该产品的相关资料，方便产品的质量追踪和售后服务。

二、了解读码器

1. 读码器的定义

读码器是一种读取条码信息的机器。它利用发射出的红外线光源扫描条码，然后利用芯片对反射的结果进行译码，最后返回条码所代表的正确字符。

2. 读码器的工作原理

二维码又称二维条码。二维条码/二维码（2-dimensional bar code）是用某种特定的几何图形按一定规律在平面（二维方向上）分布的黑白相间的图案记录数据符号信息的；在代码编制上巧妙地利用构成计算机内部逻辑基础的“0”“1”比流的概念，使用若干个与二进

制相对应的几何形体来表示文字数值信息，通过图像输入设备或光电扫描设备的自动识读实现信息自动处理。它具有条码技术的一些共性：每种码制有其特定的字符集；每个字符占有一定的宽度，具有一定的校验功能等。同时它还具有对不同行的信息自动识别功能及处理图形旋转变化等特点。二维条码/二维码能够在横向和纵向两个方位同时表达信息，因此能在很小的面积内表达大量的信息。

读码器借助黑色与白色对红外线反射程度的不同来判断二维码的宽度、形态等。读码器内有感应器，会根据反射光线强度的不同产生高低不同的电压，进而产生逻辑数据，读码器接收到的逻辑信号，可以根据编码规则来产生数字数据。

图 4-24 读码器外观

3. 读码器的通信原理

YL-17 系列配置的读码器采用 RS232 物理通信接口，与其他智能设备进行自由口协议通信，RS232 接口采用串口交叉通信接法。读码器外观如图 4-24 所示。读码器接线信号见表 4-4。

表 4-4 读码器接线信号

接线颜色	信号	说明	输入(IN)/输出(OUT)
红(red)	DC+5V	DC5V 电源	IN
蓝紫(violet)	GND	DC0V 电源/接地	IN
黑(black)	SW OUT	开关量输出	OUT
橙(orange)	SW IN	开关量输入	IN
白(white)	RS232 R×D	串行接口	IN
绿(green)	RS232 T×D	串行接口	OUT

三、S7-1200 系列串口通信

1. 通信硬件

S7-1200 系列最多可以添加 3 个 RS485 或者 RS232 模块，可以使用 ASCII 通信协议、USS 驱动协议、Modbus RTU 主站和从站协议及点对点自由协议等，对通信的组态和编程采用扩展通讯指令。

2. 串行通信的定义

串行通信是以二进制为单位的数据传输方式，每次只传输一位，串行通信使用的信号线少，最少只需要两根双绞线。传输线既作为数据线，又作为通信联络控制线，数据按位进行传输，例如 RS232 等。

RS232 采用负逻辑，用-15～-5V 表示逻辑状态“1”，用 5～15V 表示逻辑状态“0”。RS232 最大通信距离为 15m，最高传输速率为 20kbit/s，只能进行一对一的通信。RS232 可以使用 9 针或 25 针的 D 型连接器。PLC 一般使用 9 针的连接器，若距离较近只需要 3 根线。串行通信交叉接线图如图 4-25 所示。

3. PLC 通信模块及协议

CPU 支持基于字符点对点（PTP）通信，用户程序可以定义和实现选择的协议。PTP

图 4-25　串行通信交叉接线图

通信具有很大的自由度和灵活性。

PTP 通信可以将信息直接发送给外部设备（例如打印机），以及接收外部设备（例如条码读码器）的信息。

PTP 通信需要使用 RS232 或者 RS485 通信模块（CM）。YL-17 系列配置的读码器采用 RS232 通信接口。博途的程序库提供了用于点对点通信的指令。

CM1241 是 RS232 模块。CPU 模块的左边最多可以安装 3 块通信模块。RS232 通信模块具有以下属性：

1）绝缘的接口。

2）支持点对点协议。

3）通过扩展指令和库功能编程。

4）用 LED 显示发送和接收被激活，有诊断 LED。

5）电源由 CPU 提供，不需要外接的电源。

4. 通信模块的组态

打开设备视图，将右边硬件目录中的通信模块拖放到 CPU 左边 101 号槽。选中该模块后，选中下面监视窗口的属性选项卡左边窗口中的“接口组态”，可以在右边的窗口中设置通信接口的参数，例如传输速率、奇偶检验、数据位的位数、停止位的位数和控制流，仅用于 RS232 和等待时间等。

选中左边窗口“组态传送信息”和“组态所接收的消息”，可以组态发送报文和接收报文的属性。

可以在用户程序中调用 PORT_CFG 来组态接口，但是 PORT_CFG 指令设置的参数没有断电保持功能。

博途软件的 PTP 通信指令在右边扩展指令窗口通信指令的通信处理器文件夹中，这些指令可以分为用于组态的指令和用于通信的指令。

5. 用于组态的串行通信指令

在 PTP 通信之前，应组态通信接口和发送数据、接收数据的参数，可以用博途组态，也可以用下列指令组态：PORT_CFG 指令用于组态通信接口，SEND_CFG 指令用于组态发送数据的属性，RCV_CFG 指令用于组态接收数据的属性。

6. 用于通信的指令

SEND_PTP 指令用于发送报文，RCV_PTP 指令用于接收报文。所有 PTP 操作都是异步的，用户程序可以使用轮询方式确认发送和接收状态，这两条指令可以同时执行，通信模块发送和接收报文的缓冲区最大为 1024B。

7. 其他指令

RCV_RST 指令用于清除接收缓冲区，SGN_GET 指令用于读取 RS232 通信信号当前状态，SGN_SET 指令用于设置 RS232 通信信号的状态。

【任务分析】

1）了解读码器的工作方式、通信物理接口的类型和通信协议。

2）熟悉 PLC 通信模块的参数设置，以及通信程序的编写方法。

3）熟悉工业机器人分拣应用，熟悉读码器、PLC 和工业机器人三者联机应用。

【任务实施】

步骤一、如图 4-26 所示新建项目，将 CPU 模块添加到 1 号。

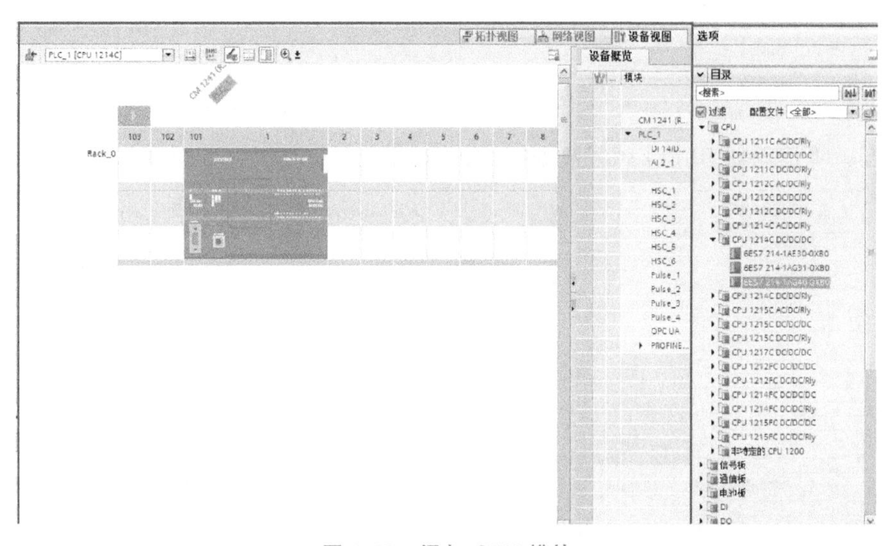

图 4-26　添加 CPU 模块

步骤二、将 RS232 模块（CM1241）插入 101 号槽，如图 4-27 所示。

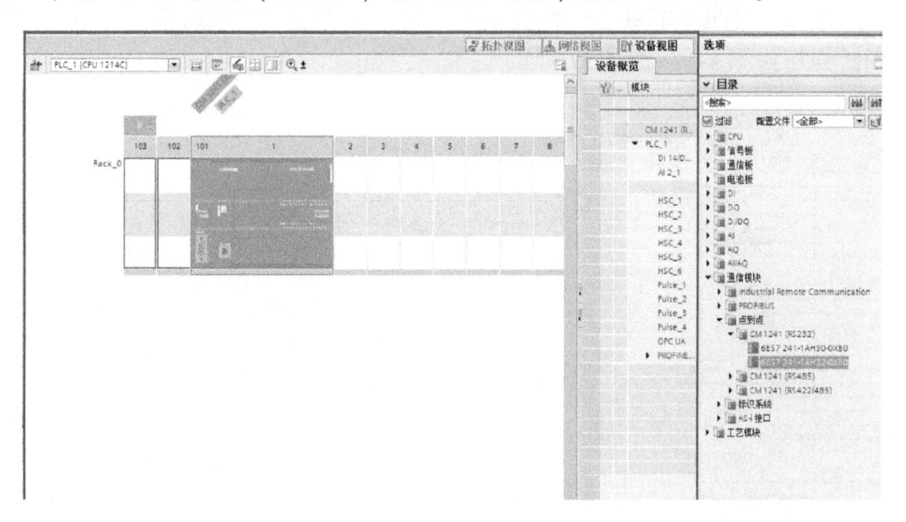

图 4-27　添加 RS232 通信模块

步骤三、将 RS232 模块通信协议设置为自由协议，并组态通信模块参数。

步骤四、编写读码器执行读码程序，如图 4-28 所示。

程序段 1：....

注释

%I100.0
"开始读取"

%Q0.7
"执行读码"
S

程序段 2：....

注释

%I0.7
"读取完成"

%Q0.7
"执行读码"
R

图 4-28　读码器执行读码程序

步骤五、将读码器 BUFFER 区数据报文读取到 PLC 缓存区内，程序如图 4-29 所示。

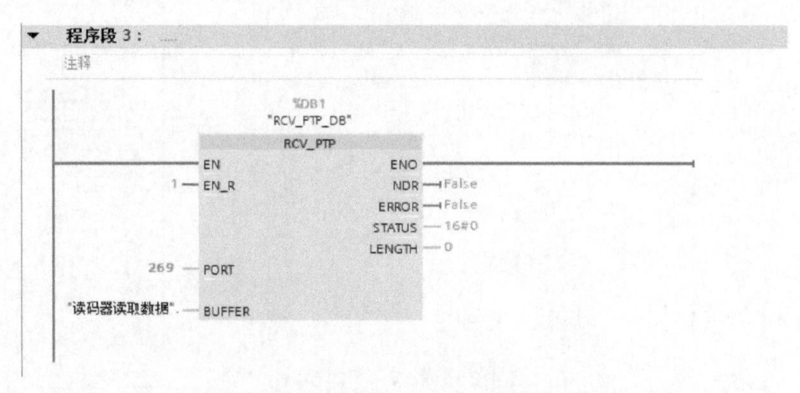

图 4-29　RCV_PTP 指令读取报文程序

步骤六、将读取的报文结果进行数据分析判断，并通过以太网通信 Profinet 协议发送至机器人，判断程序如图 4-30～图 4-33 所示。

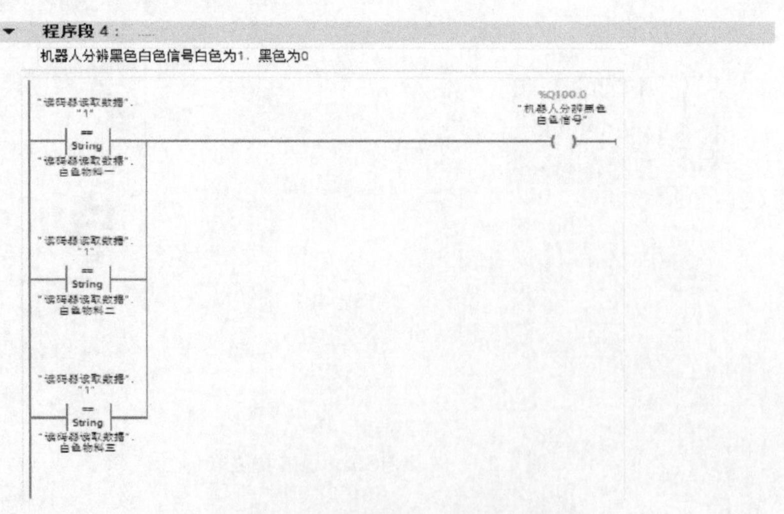

图 4-30　判断物料二维码颜色程序

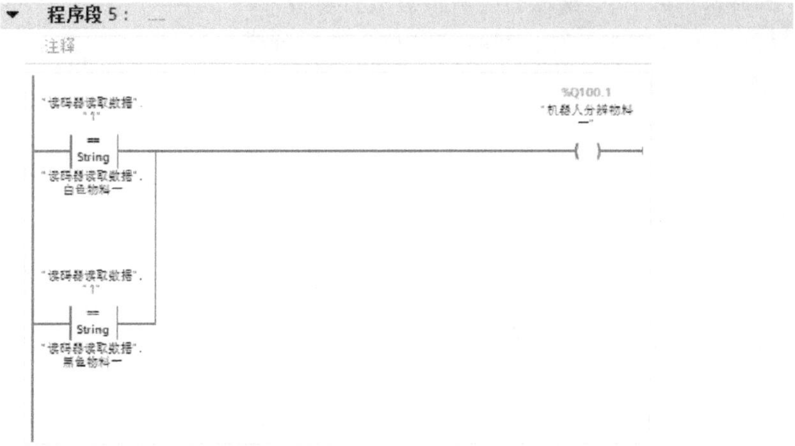

程序段 5：……

注释

"读码器读取数据".
"1"
==
String
"读码器读取数据".
白色物料一

"读码器读取数据".
"1"
==
String
"读码器读取数据".
黑色物料一

%Q100.1
"机器人分辨物料一"

图 4-31　判断物料二维码物料一程序

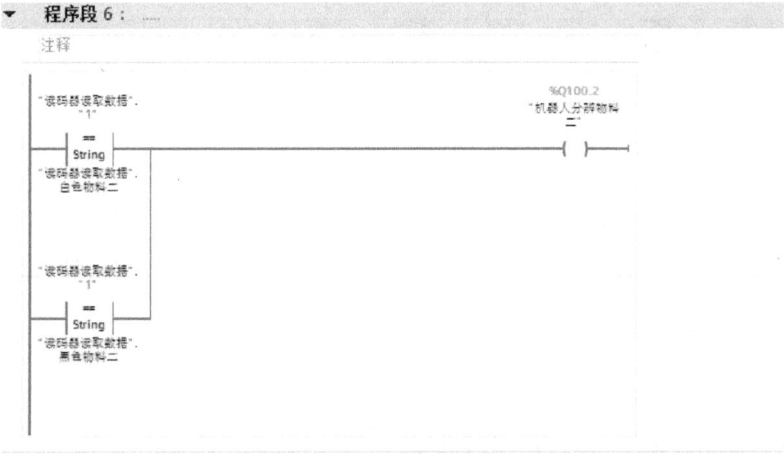

程序段 6：……

注释

"读码器读取数据".
"1"
==
String
"读码器读取数据".
白色物料二

"读码器读取数据".
"1"
==
String
"读码器读取数据".
黑色物料二

%Q100.2
"机器人分辨物料二"

图 4-32　判断物料二维码物料二程序

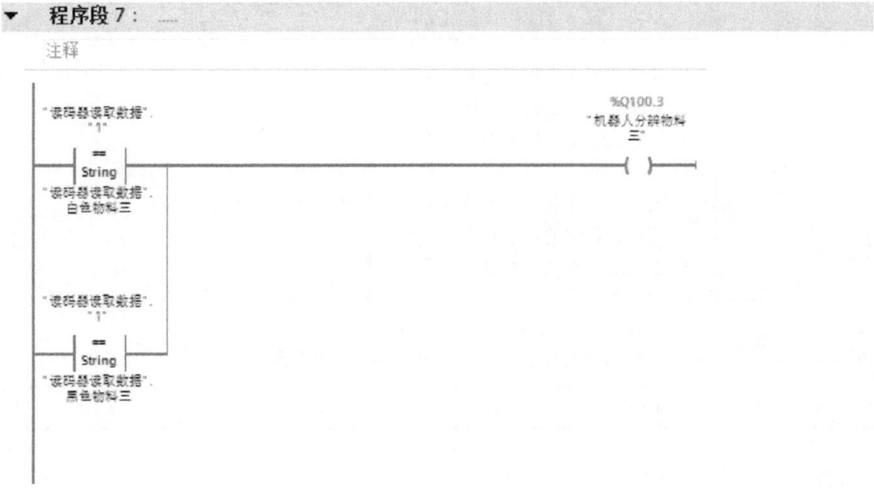

程序段 7：……

注释

"读码器读取数据".
"1"
==
String
"读码器读取数据".
白色物料三

"读码器读取数据".
"1"
==
String
"读码器读取数据".
黑色物料三

%Q100.3
"机器人分辨物料三"

图 4-33　判断物料二维码物料三程序

步骤七、机器人根据 PLC 发送的物料信息进行对号入库。

1）分辨黑色白色信号为 1 时，判断为白色，根据分辨物料编号信号将物料摆放至仓库模块，第一层从左到右为一、二、三依次摆放。

2）分辨黑色白色信号为 0 时，判断为黑色，根据分辨物料编号信号将物料摆放至仓库模块，第二层从左到右为一、二、三依次摆放。

仓储模块实物如图 4-34 所示。

图 4-34　仓储模块实物

步骤八、控制机器人和 PLC 关联的 I/O 信号，观察外部轴是否正确运行。注意：初次上电需进行回原点操作。

新松机器人本体如图 4-22 所示。新松机器人与读码器关联控制信号见表 4-5。

表 4-5　新松机器人与读码器关联控制信号

机器人 I/O 信号	功能
OUT33	读码器执行读码
IN33	读码器判断物料信号 1
IN34	读码器判断物料信号 2
IN35	读码器判断物料信号 3
IN36	读码器判断物料信号 4

【任务评测】

1. 自我评价

由学生根据学习任务完成情况进行自我评价，记录得分值于表 4-6 中。

表 4-6　自我评价

评价内容	配分	评分标准	得分
掌握读码器的接线原理	30	1. 能熟练画出读码器电路原理图 2. 能熟练完成读码器的接线 3. 能熟练掌握读码器部件的工作原理	
掌握 PLC 运动控制指令	30	1. 能熟练运用西门子 PLC 编程软件 2. 能熟练运用西门子自由通信指令 3. 能熟练掌握读码器通信指令的参数设定方法	
掌握机器人与 PLC 的通信原理	30	1. 掌握机器人的通信输入、输出指令 2. 掌握机器人与 PLC 的通信原理和通信参数设定	
安全意识	10	遵守安全操作规范要求	

2. 小组评价

由同实训小组的同学结合自评的情况进行互评，记录得分值于表 4-7 中。

表 4-7 小组评价

项目内容	配分	得分
1. 实训记录与自我评价情况	30	
2. 工业机器人作业前准备工作流程	30	
3. 相互帮助与协作能力	20	
4. 安全、质量意识与责任心	20	

3. 指导人员评价

由指导人员结合自评与互评的结果进行综合评价，并给出评价意见与评分值。

【任务评测】

1）读码器与 PLC 的通信采用了哪种通信协议？

2）PLC 用 SEND_PTP 和 RCV_PTP 中的哪一个指令读取读码器发送的报文？

3）PLC 是通过何种通信协议发送物料分拣信号给机器人的？

任务 4.3 编写六面体供料程序（高级）

【任务目标】

1）了解步进电动机的工作原理。

2）熟悉 PLC 运动控制工艺对象编程。

3）熟悉六面体供料机械齿轮传动原理。

【知识准备】

一、旋转供料在工业上的应用

目前，工业机器人开始逐步地进入机械加工制造企业，工业机器人已经标准化，在生产中可作为一个标准的单元。单独的工业机器人是无法工作的，必须配合周边设备，组合成为具有特定功能的工作站系统才能工作。在机械加工型制造企业中，大批零件的生产依靠机床，机床上零件的装夹依靠人工完成。要取代人工实现机床自动上下料，可使用工业机器人与机器人周边设备组成的工作站与机床配套来实现。

在机床自动上下料工作站中，除了工业机器人，最重要的周边设备是自动料仓。自动料仓的主要作用是将无序摆放的工件有序整齐地排列，根据机器人的抓取需要，精确地将工件逐个分离，并送到自动加工位置。图 4-35 所示为工业旋转式供料盘的应用。

二、步进电动机

1. 定义

步进电动机是一种感应电动机，其工作原理是利用电子电路，将直流电变成分时供电的、多相时序控制电流，只有用这种电流为步进电动机供电，步进电动机才能正常工作。驱

图 4-35　工业旋转式供料盘的应用

动器就是为步进电动机分时供电的、多相时序控制器

虽然步进电动机已被广泛应用，但步进电动机并不能像普通的直流电动机和交流电动机那样在常规情况下使用，它必须由双环形脉冲信号、功率驱动电路等组成控制系统方可使用。因此用好步进电动机却非易事，它涉及机械、电机、电子及计算机等许多专业知识。

步进电动机作为执行元件，是机电一体化的关键产品之一，广泛应用在各种自动化控制系统中。随着微电子和计算机技术的发展，步进电动机的需求量与日俱增，在各个国民经济领域都有应用。

步进电动机是一种将电脉冲转化为角位移的执行机构。通俗地讲，当步进驱动器接收到一个脉冲信号，它就驱动步进电动机按设定的方向转动一个固定的角度（即步距角）。用户可以通过控制脉冲个数来控制角位移量，从而达到准确定位的目的；同时用户还可以通过控制脉冲频率来控制电动机转动的速度和加速度，从而达到调速的目的。

2. 分类

步进电动机分为三种：永磁式（PM）、反应式（VR）和混合式（HB）。永磁式步进电动机一般为两相，转矩和体积较小，步距角一般为 7.5°或 15°；反应式步进电动机一般为三相，可实现大转矩输出，步距角一般为 1.5°，但噪声和振动都很大，在欧美等发达国家于 20 世纪 80 年代已被淘汰；混合式步进电动机是指混合了永磁式和反应式的优点，分为两相和五相，两相步距角一般为 1.8°，而五相步距角一般为 0.72°，这种步进电动机的应用最为广泛。

3. 工作原理

通常电动机的转子为永磁体，当电流流过定子绕组时，定子绕组产生一个矢量磁场。该磁场会带动转子旋转一角度，使得转子的一对磁场方向与定子的磁场方向一致。当定子的矢量磁场旋转一个角度，转子也随着该磁场转一个角度。每输入一个电脉冲，电动机转动一个角度前进一步。它输出的角位移与输入的脉冲数成正比，转速与脉冲频率成正比。改变绕组通电的顺序，电动机就会反转。因此，可用控制脉冲数量、频率及电动机各相绕组的通电顺序来控制步进电动机的转动。四相步进电动机的工作原理如图 4-36 所示。

定子上有四组相对的磁极，每对磁极缠有同一绕组，形成一相。定子和转子上分布着大小、间距相同的多个小齿。当步进电动机某一相通电形成磁场后，在电磁力的作用下，转子被强行推动到最大磁导率（或最小磁阻）的位置。

若开始时，开关 S_B 接通电源，S_A、S_C、S_D 断开，B 相磁极与转子 0、3 号齿对齐，同

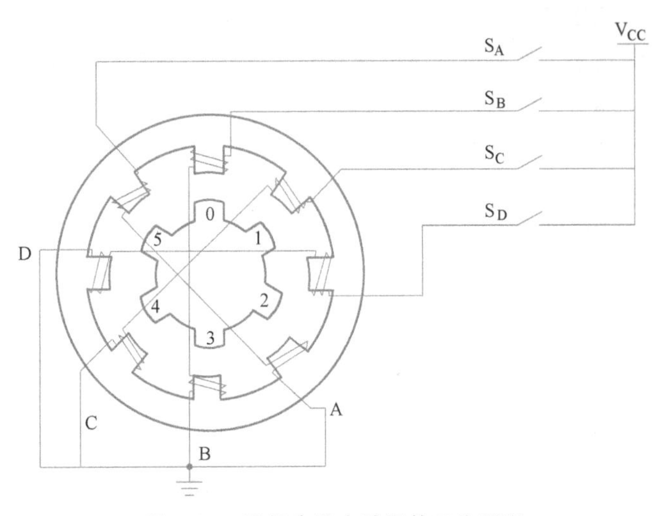

图 4-36 四相步进电动机的工作原理

时，转子的 1、4 号齿与 C、D 相绕组磁极产生错齿，2、5 号齿就与 D、A 相绕组磁极产生错齿。当开关 S_C 接通电源，S_B、S_A、S_D 断开时，C 相绕组的磁力线和 1、4 号齿之间磁力线的作用使转子转动，1、4 号齿与 C 相绕组的磁极对齐。而 0、3 号齿与 A、B 相绕组产生错齿，2、5 号齿与 A、D 相绕组磁极产生错齿。依次类推，A、B、C、D 四相绕组轮流供电，则转子会沿着 A、B、C、D 方向转动。

4. 静态指标及术语

1）相数：产生不同对极 N、S 磁场的励磁线圈对数，常用 m 表示。

2）拍数：完成一个磁场周期性变化所需的脉冲数或导电状态，用 n 表示，或指电动机转过一个步距角所需脉冲数。以四相电动机为例，有四相四拍运行方式，即 AB→BC→CD→DA→AB；四相八拍运行方式，即 A→AB→B→BC→C→CD→D→DA→A。

3）步距角：对应一个脉冲信号，电动机转子转过的角位移，用 θ 表示。$\theta=360°/$(转子齿数×运行拍数)，以常规二、四相，转子齿为 50 齿的电动机为例，四拍运行时步距角 $\theta=360°/(50×4)=1.8°$（俗称整步），八拍运行时步距角 $\theta=360°/(50×8)=0.9°$（俗称半步）。

4）定位转矩：电动机在不通电状态下，电动机转子自身的锁定力矩（由磁场齿形的谐波以及机械误差造成的）。

5）静转矩：电动机在额定静态电作用下，电动机不做旋转运动时，电动机转轴的锁定力矩。此力矩是衡量电动机体积的标准，与驱动电压及驱动电源等无关。虽然静转矩与电磁励磁安匝数成正比，与定齿转子间的气隙有关，但过分采用减小气隙、增加励磁安匝数来提高静力矩是不可取的，这样会造成电动机的发热及机械噪声。

5. 动态指标及术语

1）步距角精度：步进电动机每转过一个步距角的实际值与理论值的吻合程度。用百分比表示：误差/步距角×100%。不同运行拍数其值不同，四拍运行时应在 5%之内，八拍运行时应在 15%以内。

2）失步：电动机运转时运转的步数不等于理论上的步数。

3）失调角：转子齿轴线偏移定子齿轴线的角度。电动机运转必存在失调角，由失调角产生的误差，采用细分驱动是不能解决的。

4）最大空载起动频率：电动机在某种驱动形式、电压及额定电流下，在不加负载的情况下，能够直接起动的最大频率。

5）最大空载运行频率：电动机在某种驱动形式、电压及额定电流下，不带负载的最高转速频率。

6）运行矩频特性。电动机在某种测试条件下测得运行中输出力矩与频率的关系曲线，称为运行矩频特性，这是电动机诸多动态曲线中最重要的，也是选择电动机的根本依据，如图 4-37 所示。其他特性还有惯频特性、起动频率特性等。电动机一旦选定，电动机的静力矩便确定了，但动态力矩却不然，电动机的动态力矩取决于电动机运行时的平均电流（而非静态电流），平均电流越大，电动机的输出力矩越大，即电动机的频率特性越硬，如图 4-38 所示。其中，曲线 3 电流最大或电压最高；曲线 1 电流最小或电压最低，曲线与负载的交点为负载的最大速度点。要使平均电流大，应尽可能提高驱动电压，采用小电感、大电流的电动机。

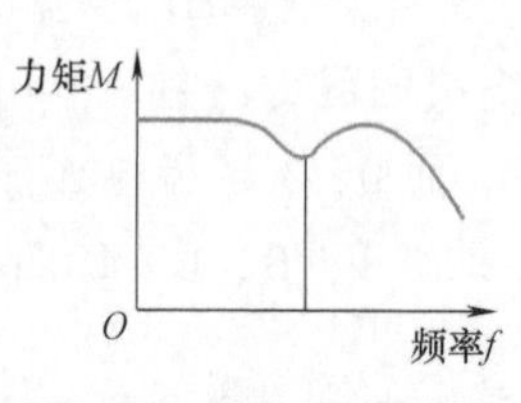

图 4-37　运行矩频特性

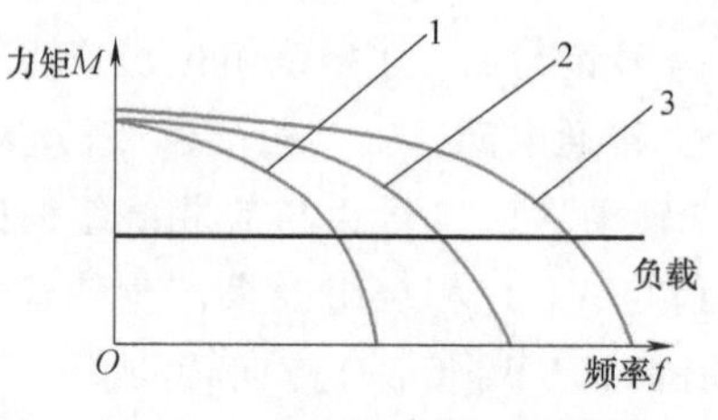

图 4-38　电动机的频率特性

7）共振点。步进电动机均有固定的共振区域，二、四相感应子式的共振区一般在 180~250 脉冲/s 之间（步距角为 1.8°）或在 400 脉冲/s 左右（步距角为 0.9°），电动机驱动电压越高，电动机电流越大，负载越小，电动机体积越小，则共振区越向上偏移，反之亦然。为使电动机输出力矩大、不失步和整个系统的噪声降低，一般工作点均应偏移共振区较多。

8）正反转控制。当电动机绕组通电时序为 AB→BC→CD→DA 时为正转，通电时序为 DA→CD→BC→AB 时为反转。

三、检测装置与齿轮减速器

检测装置是运动控制系统不可缺少的组成部分，其核心是传感器。检测装置通过传感器获取运动控制系统中的几何量和物理量的信息，并将这些信息提供给运动控制器和操作人员，同时也可以在闭环控制系统中形成反馈回路，将指定的输出量反馈给运动控制器。

齿轮减速器是利用各级齿轮传动来达到降速的目的，减速器是由各级齿轮副组成的，比如用小齿轮带动大齿轮能达到一定的减速目的，采用多级这样的结构，可以大大降低转速。整个工作过程是直流电动机输出高转速（转矩小），连接齿轮减速器，由齿轮减速器各级齿轮啮合传动，将电动机输出的高转速降低，同时提升转矩，达到合理的传动输出效果。当电动机的输出转速从主动轴输入后，带动小齿轮转动，而小齿轮带动大齿轮运动，而大齿轮的齿数比小齿轮多，大齿轮的转速比小齿轮慢，再由大齿轮的轴（输出轴）输出，从而起到减速的作用。齿轮减速器作为一种动力传递机构，是利用齿轮的速度转换器，将电动机的转速减小到所要的转速，并得到较大转矩的机构。在目前的机械行业中，用来传递动力与运动的机构中，齿轮减速器是应用最广泛的一种。

本任务涉及的六面体供料模块采用 1∶360 的传动比，即步进电动机转动 360 圈，六面体转动 360°。

【任务分析】

1）了解步进电动机的工作原理。

2）熟悉 PLC 运动控制工艺组态和指令。

3）熟悉六面体供料模块的结构及应用。六面体供料模块实物如图 4-39 所示。

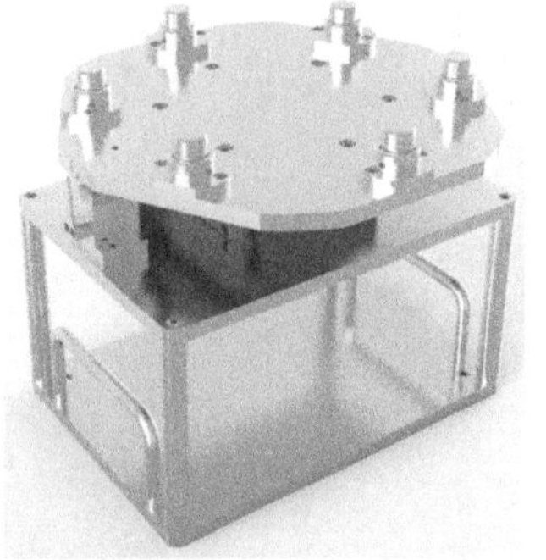

图 4-39 六面体供料模块实物图

【任务实施】

将步进电动机驱动器细分设置为 3200 脉冲/圈。

步骤一、按图 4-40 所示新建项目，将 CPU 模块添加到 1 号。

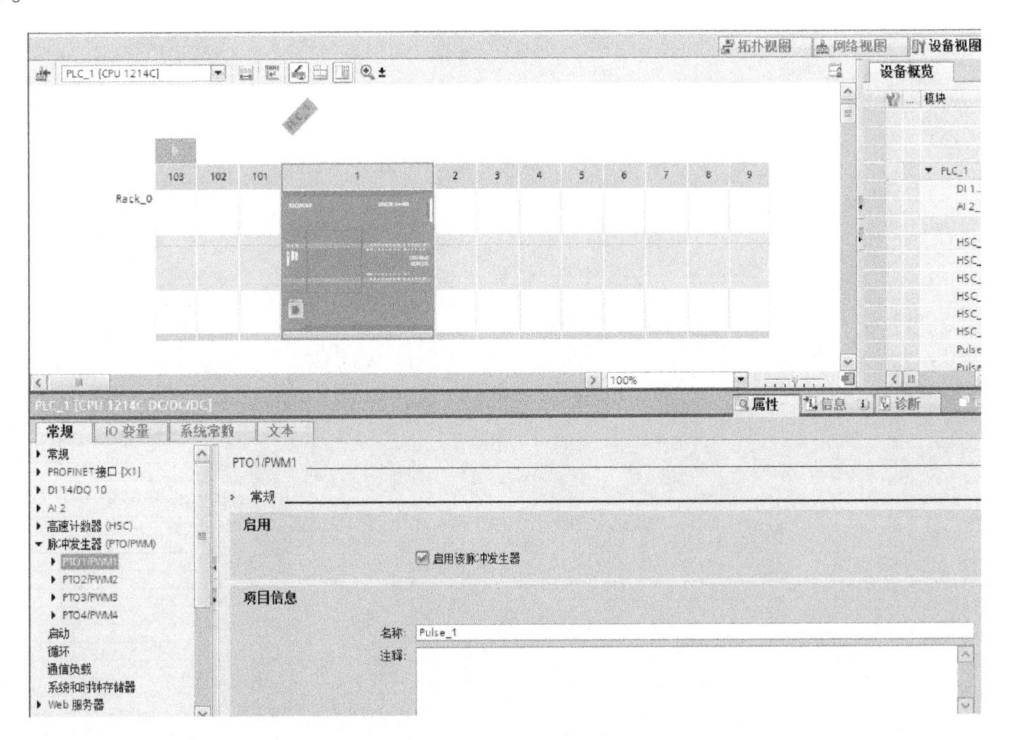

图 4-40 添加 CPU 模块

步骤二、在左侧项目树中新增一个对象，命名为外部轴-1，如图 4-41 所示。

步骤三、如图 4-42 所示，在基本参数的常规选项中重新命名对象，命名为六面体，将驱动器设置为 PTO 类型，位置单位为（°）。

步骤四、在基本参数的驱动器选项中将脉冲发生器选为 Pulse_2，其他参数设置如图 4-43 所示。

步骤五、在扩展参数的机械选项中按图 4-44 所示设置参数，其中 3200 为步进电动机转一圈需要 3200 个脉冲，步进电动机转 1 圈，对应转盘转动 1°。

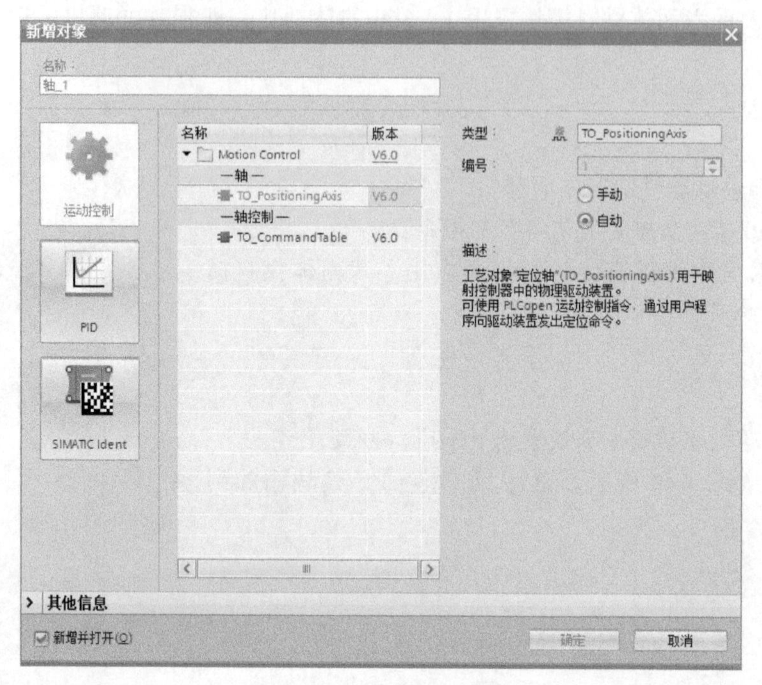

图 4-41　新建运动控制轴

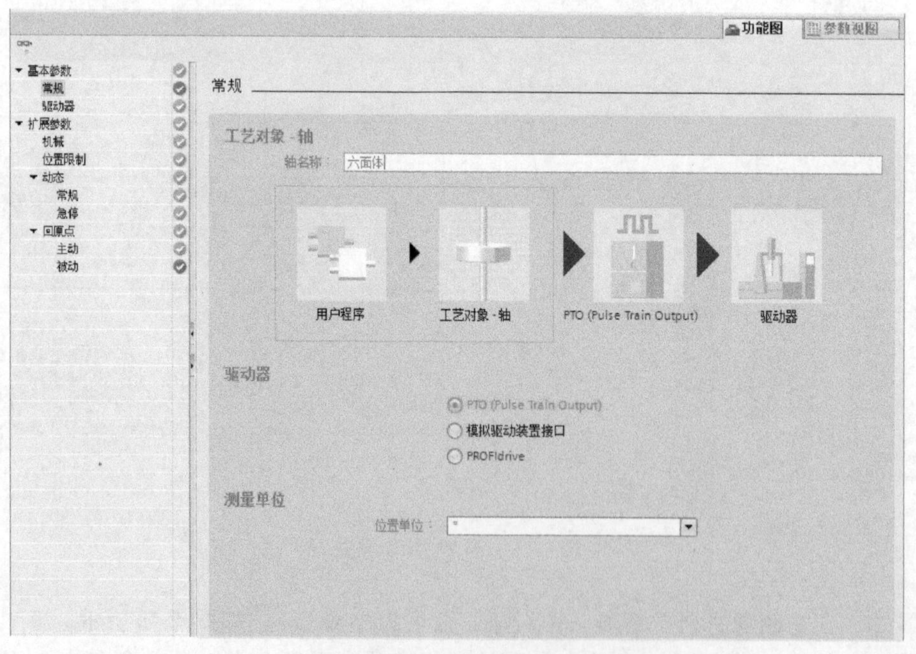

图 4-42　运动工艺控制基本参数的常规选项设置

步骤六、在动态的常规选项中设置最大速度、启动/停止速度、加速度等，如图 4-45 所示。

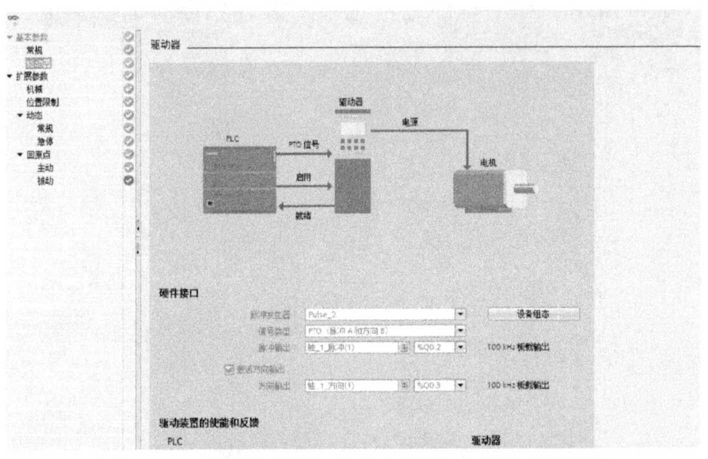

图 4-43 运动工艺控制基本参数的驱动器选项设置

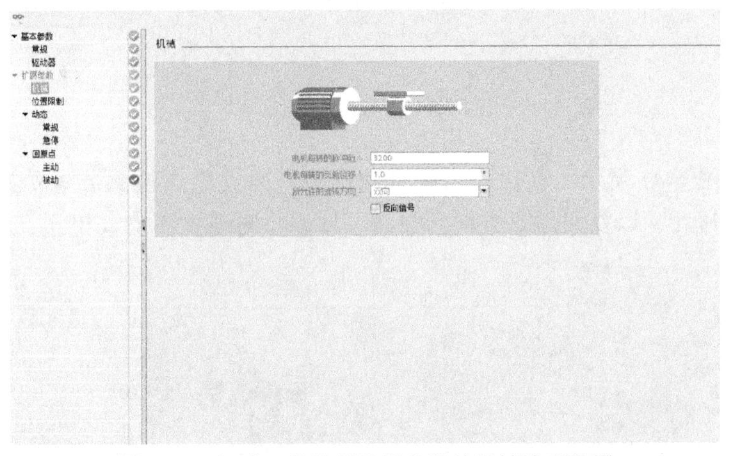

图 4-44 运动工艺控制扩展参数的机械选项设置

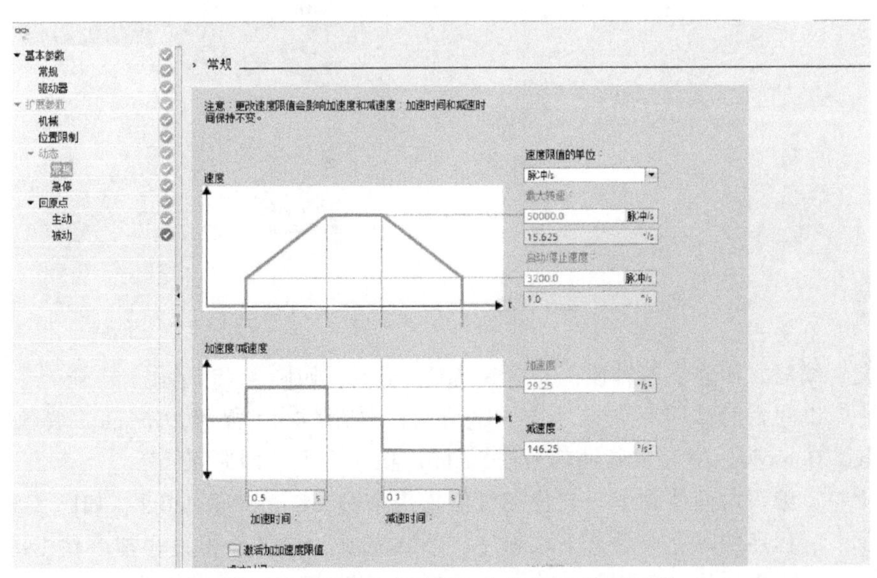

图 4-45 运动工艺控制动态的常规选项设置

步骤七、如图 4-46 所示，在动态的急停选项中设置急停时的减速度，急停需配合相关指令使用。

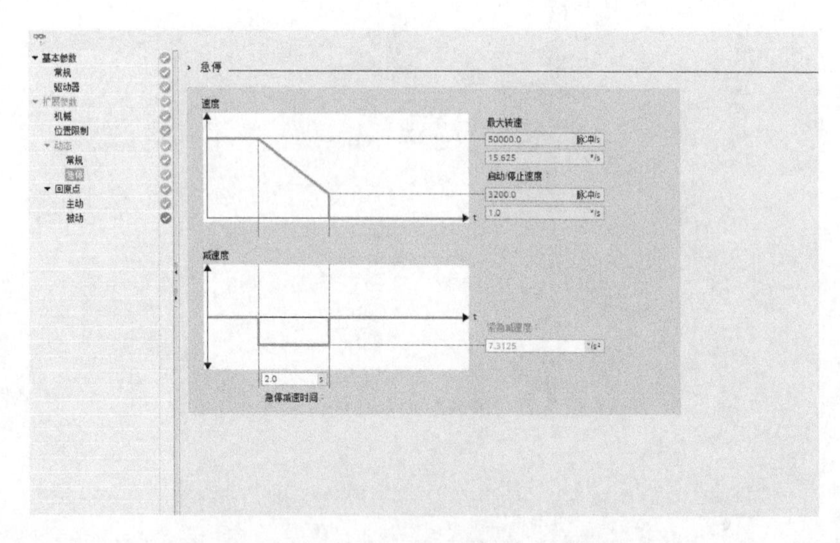

图 4-46　运动工艺控制动态的急停选项设置

步骤八、如图 4-47 所示，在回原点的主动选项中建立原点检测装置传感器，并设置回原点速度和逼近速度，以及回原点方向。注意：回原点时速度不能太快。

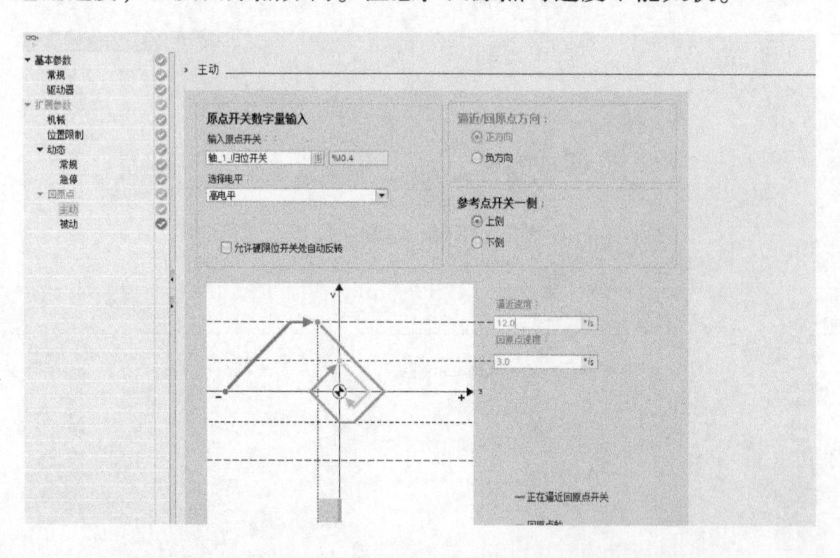

图 4-47　运动工艺控制回原点的主动选项设置

步骤九、编写六面体供料轴使能指令块 MC_Power，如图 4-48 所示。

步骤十、编写六面体回原点指令块 MC_Home，如图 4-49 所示，Execute 端触发信号为上升沿有效，Done 为回零完成脉冲信号。Mode 选项 3 为主动回原点。

步骤十一、编写六面体到下一仓位相对位置指令块 MC_MoveRelative，如图 4-50 所示。

步骤十二、程序编写完成后，下载程序。下载完成后，启动相关联指令块 Execute 选项的机器人信号，六面体将进行相关动作。下载程序选项设置如图 4-51 所示。

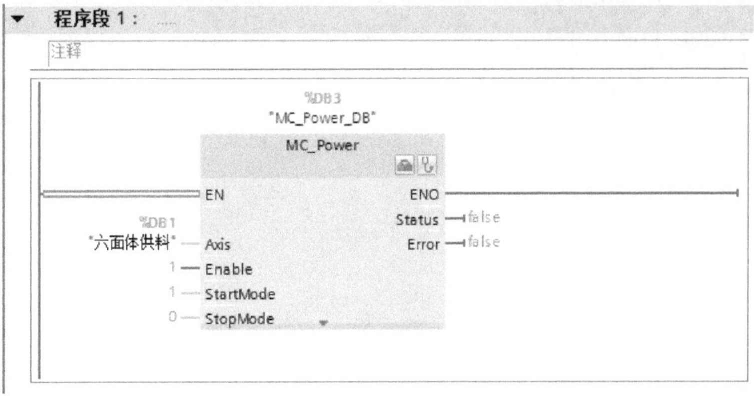

图 4-48 六面体供料使能指令块 MC_Power

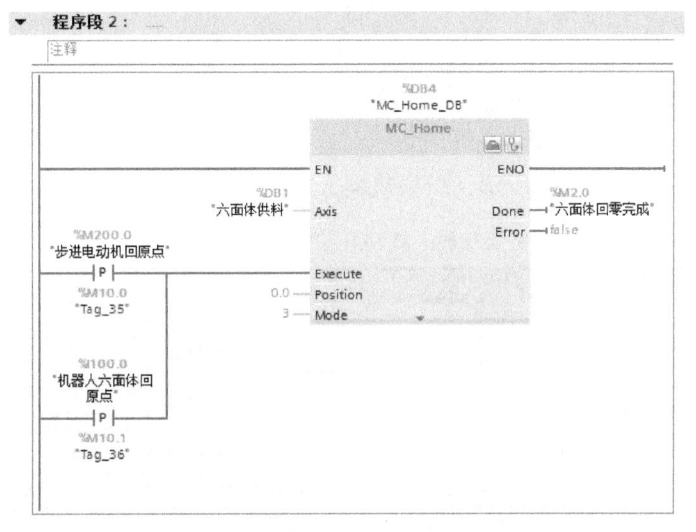

图 4-49 六面体回原点指令块 MC_Home

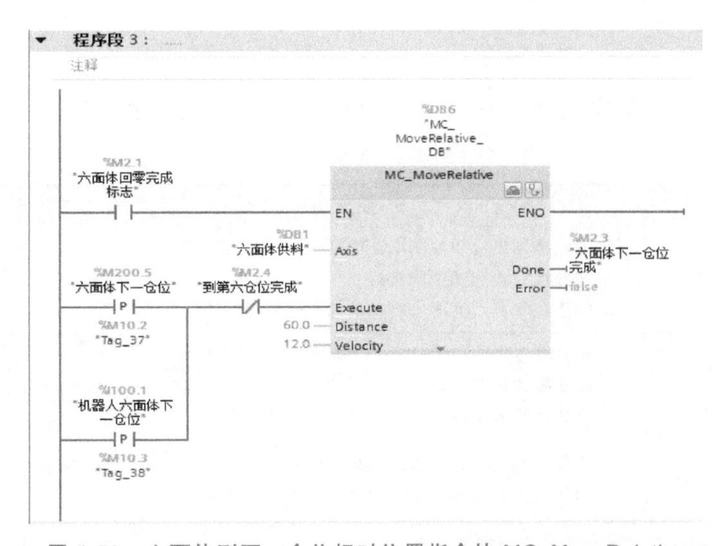

图 4-50 六面体到下一仓位相对位置指令块 MC_MoveRelative

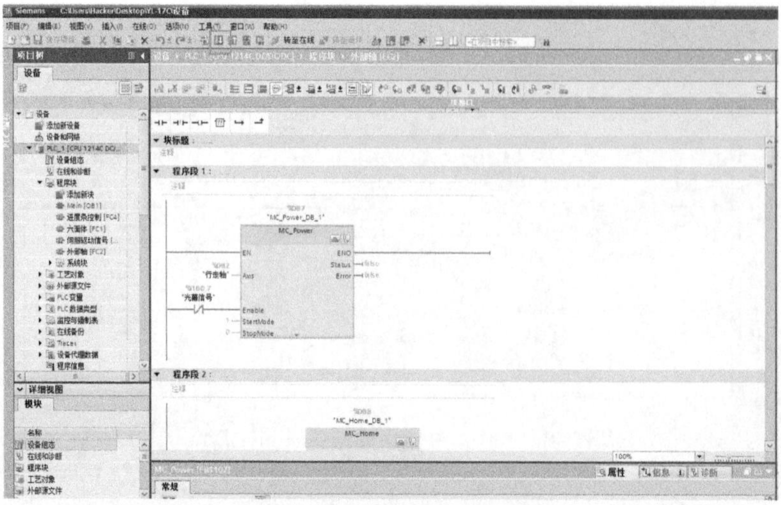

图 4-51　下载程序选项设置

步骤十三、控制机器人和 PLC 关联的 I/O 信号观察六面体是否正确运行。注意：初次上电需进行回原点操作。

新松机器人本体如图 4-22 所示。新松机器人与六面体供料模块关联控制信号见表 4-8。

表 4-8　新松机器人与六面体供料模块关联控制信号

机器人 I/O 信号	功能
OUT33	六面体供料模块回原点
OUT34	六面体供料模块到下一供料位置
OUT35	六面体供料模块回供料位 1 位置
IN33	六面体供料模块回原点完成
IN34	六面体供料模块到下一供料位置完成
IN35	六面体供料模块回供料位 1 位置完成

【任务评测】

1. 自我评价

由学生根据学习任务完成情况进行自我评价，记录得分值于表 4-9 中。

表 4-9　自我评价

评价内容	配分	评分标准	得分
掌握六面体供料部件的接线原理	30	1. 能熟练画出运动控制电路原理图 2. 能熟练完成运动控制接线 3. 能熟练掌握六面体供料部件的工作原理	
掌握 PLC 运动控制指令	30	1. 能熟练运用西门子 PLC 编程软件 2. 能熟练运用西门子运动控制指令 3. 能熟练掌握步进电动机驱动器的参数设定	
掌握机器人与 PLC 的通信原理	30	1. 掌握机器人的通信输入、输出指令 2. 掌握机器人与 PLC 的通信原理和通信参数设定	
安全意识	10	遵守安全操作规范要求	

2. 小组评价

由同实训小组的同学结合自评的情况进行互评，记录得分值于表 4-10 中。

表 4-10　小组评价

项目内容	配分	得分
1. 实训记录与自我评价情况	30	
2. 工业机器人作业前准备工作流程	30	
3. 相互帮助与协作能力	20	
4. 安全、质量意识与责任心	20	

3. 指导人员评价

由指导人员结合自评与互评的结果进行综合评价，并给出评价意见与得分值。

【任务评测】

1）CPU S7-1214C 高速脉冲发生器控制步进电动机的频率最高是多少？
2）CPU S7-1200 DC/DC/DC 型本体可以直接发脉冲给伺服驱动器吗？为什么
3）MC _ MoveRelative 指令是相对运动指令吗？为什么

任务 4.4　认知与应用 HMI（高级）

【任务目标】

1）认识 HMI 的结构。
2）了解 HMI 的应用与操作方式。
3）掌握 HMI 的绘制与变量连接。

【知识准备】

一、HMI 的定义

HMI 是 Human Machine Interface 的缩写，中文含义为人机接口，也称人机界面。HMI 是系统与用户之间进行交互和信息交换的媒介，可实现信息的内部形式与人类可以接受形式之间的转换，连接可编程控制器（PLC）、变频器、直流调速器和仪表等工业控制设备，利用显示屏显示，通过输入单元（如触摸屏、键盘及鼠标等）写入工作参数或输入操作命令，是实现人与机器信息交互的数字设备。

触摸屏是一种可编程控制的人机界面产品，适用于现场控制，具有可靠性高、编程简单、使用和维护方便的优点。在工艺参数较多又需要人机交互时使用触摸屏，可使整个生产的自动化控制的功能得到加强。

PLC 与 HMI 如图 4-52 所示。

二、HMI 产品的组成及工作原理

HMI 产品由硬件和软件两部分组成。HMI 硬件部分包括处理器、显示单元、输入单元、

a) PLC

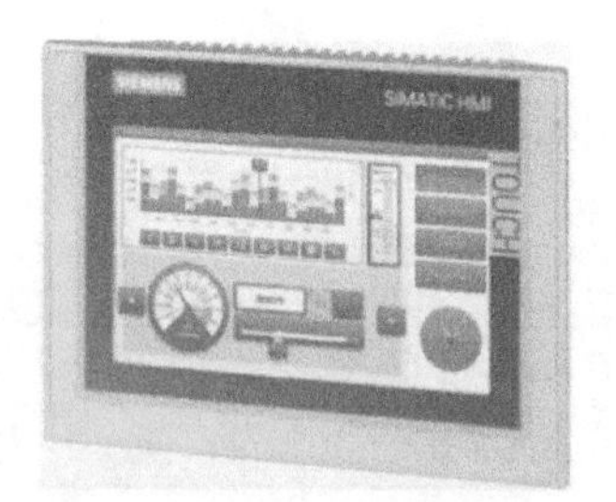

b) HMI

图 4-52　PLC 与 HMI

通信接口和数据存储单元等，其中处理器的性能决定了 HMI 产品的性能，是 HMI 的核心单元。根据 HMI 的产品等级不同，处理器包括 8 位、16 位、32 位的处理器。HMI 软件一般分为两部分：运行于 HMI 硬件中的系统软件和运行于个人计算机 Windows 操作系统下的界面组态软件（如 JB-HMI 界面组态软件）。用户必须先使用 HMI 的界面组态软件制作“工程文件”，再通过个人计算机和 HMI 产品的串行通信接口把编制好的“工程文件”下载到 HMI 的处理器中运行。

三、HMI 产品的应用场景

HMI 产品在自动化生产线中的应用极其广泛，可对设备的运行状况以及机器人或电动机等设备的工作状态进行实时监控，而且操作简便，显示直观。HMI 产品的工业应用如图 4-53 所示。

图 4-53　HMI 产品的工业应用

【任务分析】

本任务将绘制图 4-54 所示的 HMI 示例。通过本任务的学习，读者应掌握 HMI 中的基本组成控件或元素，并且能将相关控件关联到 PLC 变量中，实现通过触摸屏修改 PLC 变量或显示 PLC 内部变量状态的功能。

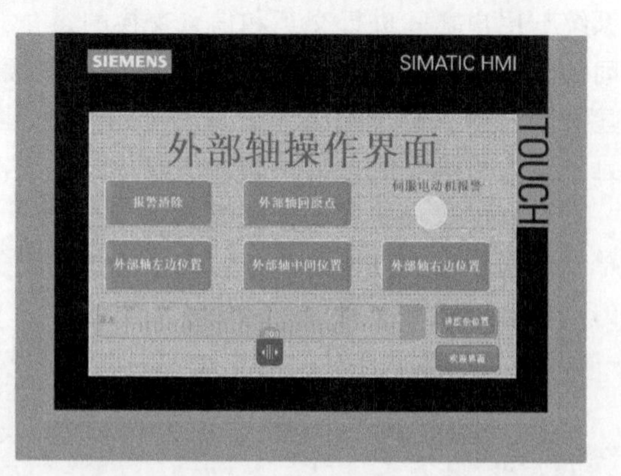

图 4-54　HMI 示例

本任务所绘制的 HMI 为控制界面（也称画面），主要用于控制被控设备的起动、停止以及显示 PLC 的内部参数，也可将 PLC 参数的设定设计在控制画面中。控制画面的数量在触摸屏画面中占得最多，其具体画面数量由实际被控设备决定。在控制画面中，可以通过图形控件、按钮控件，采用连接变量的方式改变图形的显示形式，从而反映出被控设备的状态变化。

【任务实施】

步骤一、如图 4-55 所示，双击“添加新画面”，添加一个全新的触摸屏画面，在此画面中进行本任务画面的创建和控件变量的关联。

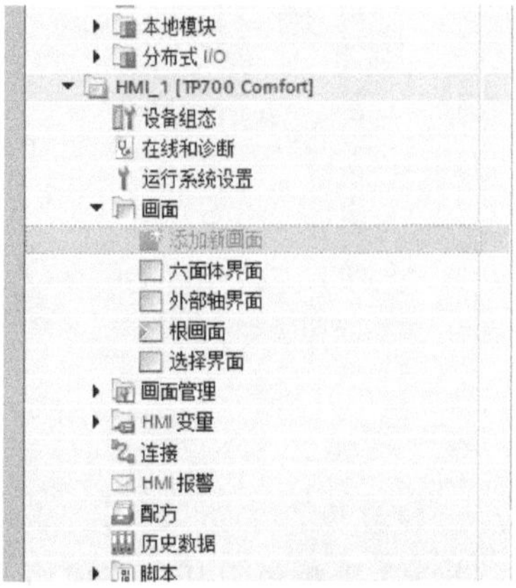

步骤二、将右侧的基本对象或元素列表中的控件元素拖拽到画面中，如图 4-56 所示。按照图 4-54 进行布局，其中文字显示和背景颜色等均可在属性中进行修改。

步骤三、设置按钮按下所执行的事件。首先打开按钮属性界面，找到事件选项，为按钮的按下和释放动作关联相应事件，如图 4-57 所示。

图 4-55 添加新画面

步骤四、为按钮事件关联 PLC 变量。如图 4-58 所示，单击“变量（输入/输出）”，在弹出的 PLC 变量中选择本按钮所关联的变量。

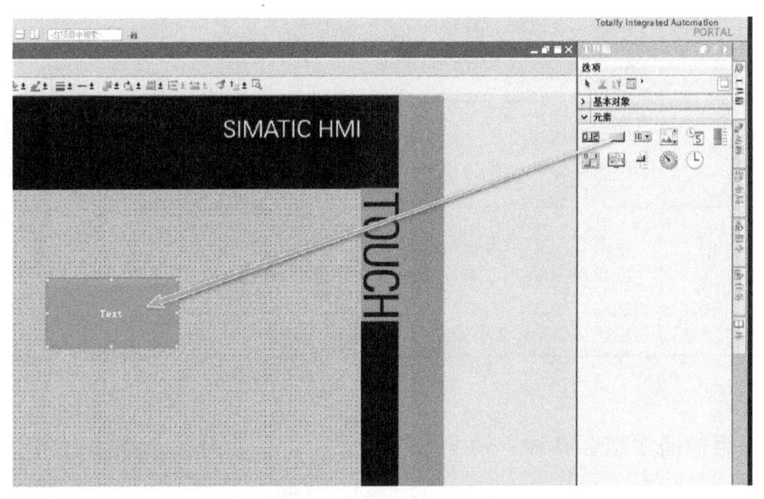

图 4-56 添加按钮控件

图 4-57 修改按钮属性

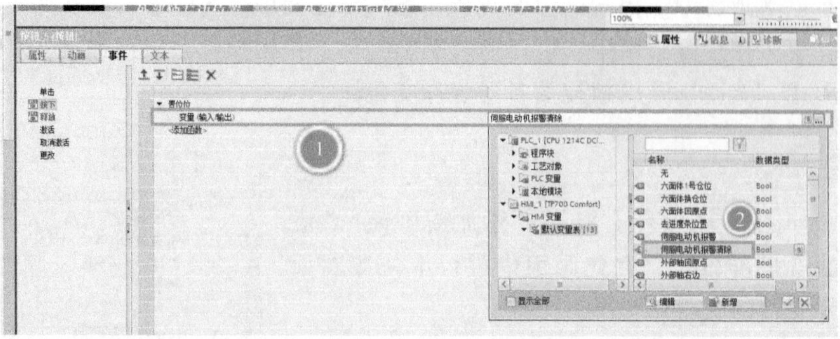

图 4-58　关联变量

【任务评测】

1. 自我评价

由学生根据学习任务完成情况进行自我评价，记录得分值于表 4-11 中。

表 4-11　自我评价

评价内容	配分	评分标准	得分
掌握 HMI 的接线原理	30	1. 能熟练画出 HMI 供电电路原理图 2. 能熟练完成 HMI 供电接线	
掌握 PLC 运动控制指令	30	1. 能熟练运用西门子 HMI 编程软件 2. 能熟练掌握 HMI 组态软件编辑区的各个功能	
掌握 HMI 与 PLC 的通信原理	30	1. 掌握 HMI 的通信参数指令 2. 掌握 HMI 与 PLC 的通信原理和通信参数设定	
安全意识	10	遵守安全操作规范要求	

2. 小组评价

由同实训小组的同学结合自评的情况进行互评，记录得分值于表 4-12 中。

表 4-12　小组评价

项目内容	配分	得分
1. 实训记录与自我评价情况	30	
2. 工业机器人作业前准备工作流程	30	
3. 相互帮助与协作能力	20	
4. 安全、质量意识与责任心	20	

3. 指导人员评价

由指导人员结合自评与互评的结果进行综合评价，并给出评价意见与得分值。

【任务评测】

1）单击触摸屏上的按钮会触发下列哪一项？（　　）

A. 相应事件　　　　　　　B. 相应中断

2）下列哪一项无法通过触摸屏完成？(　　)

A. 修改 PLC 程序内容　　　B. 读取 PLC 变量值

3）在触摸屏中新建一个按钮，其文字显示（　　）根据需求进行修改。

A. 可以　　　　　　　　　B. 不可以

项目5 装调工业机器人及外围设备

任务 5.1 装调工业机器人

【任务目标】

1）了解装调工具和测量工具的使用方法。
2）掌握工业机器人装调文件的识读方法。
3）熟悉工业机器人的拆卸过程。
4）熟悉工业机器人的装配和安装过程。

【知识准备】

一、工具

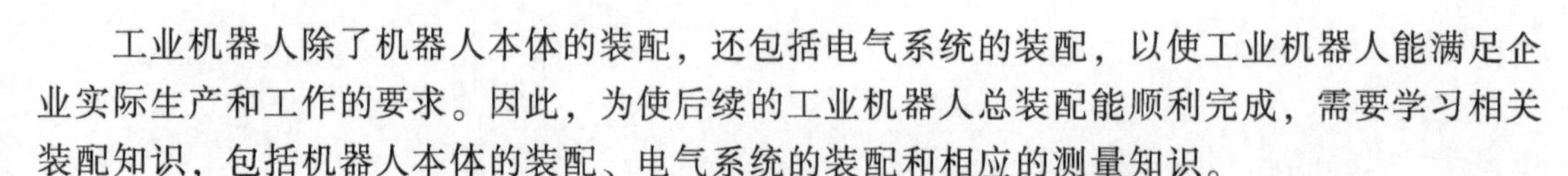

工业机器人除了机器人本体的装配，还包括电气系统的装配，以使工业机器人能满足企业实际生产和工作的要求。因此，为使后续的工业机器人总装配能顺利完成，需要学习相关装配知识，包括机器人本体的装配、电气系统的装配和相应的测量知识。

在使用工具进行机械装调的过程中需要注意安全使用规范。使用扳手紧固螺钉时，应注意用力，当心扳手滑脱螺钉伤手。尤其是使用活扳手以及使用螺钉旋具紧固或拆卸接线时，必须确认端子没电后才能紧固或拆卸。使用剥线钳剥线时，应该经常检查剥线钳的钳口是否调节太紧，不能损伤电线。使用锤子时，应该先检查锤头与锤把固定是否牢靠，防止使用时锤头坠落伤人。

1. 装调工具

（1）机器人本体的机械装配工具　机器人本体的机械装配工具见表 5-1。

表 5-1　机器人本体的机械装配工具

序号	名称	外观	备注
1	L形套装扳手		安装内六角螺母

（续）

序号	名称	外观	备注
2	螺钉旋具		分为一字槽螺钉旋具、十字槽螺钉旋具、内六角螺钉旋具等，主要用来旋紧或旋松各种类型的螺钉
3	活扳手		主要用来紧固和起松不同规格的螺栓螺母
4	开口扳手		分单开头和双开头，用来紧固和起松螺栓
5	梅花扳手		补充拧紧在狭小空间的螺栓等，也可对螺栓或螺母加大力矩
6	套筒扳手		由多个带六角孔和十二角孔的套筒组成，并配有多种配件
7	扭力扳手		用来在紧固螺栓或螺母时，可控制力矩的大小，以防止损伤螺纹
8	内六角扳手		主要用于紧固和拆卸有六角插孔的螺钉

（续）

序号	名称	外观	备注
9	钳子	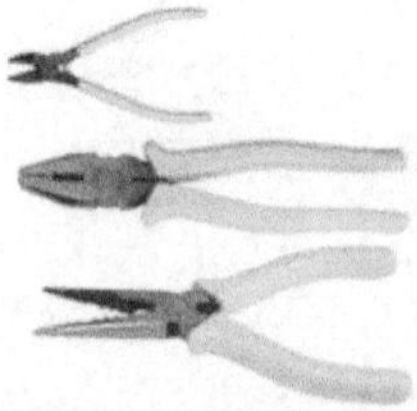	辅助工具

机器人本体机械部分的装配工作主要涉及装配钳工相关的知识。装配钳工是指把零件按机械设备的装配技术要求进行组件、部件装配和总装配，并经过调整、检验和试车等，使之成为合格的机械设备，操作机械设备或使用工装、工具，进行机械设备零件、组件或成品组合装配与调试的人员。

（2）机器人控制系统的装配工具　控制系统是工业机器人的重要组成部分，它使工业机器人按照作业要求完成各种任务。由于工业机器人的类型较多，其控制系统的形式也是多种多样的。工业机器人电气控制系统主要由示教单元、PLC 单元和伺服驱动器单元等组成。

机器人电气控制系统的装调工具和装置见表 5-2。

表 5-2　机器人电气控制系统的装调工具和装置

序号	名称	外观	备注
1	压线钳	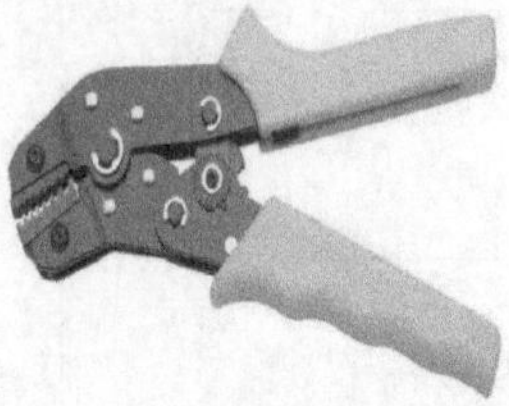	压线钳是用来压制水晶头的一种工具，常见的电话线接头和网线接头都是用压线钳压制而成的。如果使用了接线端子，那么压线钳将是必不可少的
2	剥线钳		剥线钳是接线电工、电动机修理和仪器仪表电工常用的工具之一，用于剥除电线头部的表面绝缘层。剥线钳可以使得电线被切断的绝缘皮与电线分开，还可以防止触电
3	电烙铁	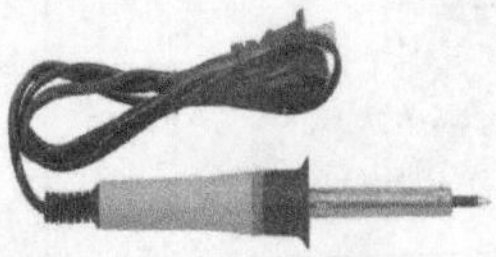	电烙铁是电子制作和电器维修的必备工具，主要用途是焊接元器件及导线

（续）

序号	名称	外观	备注
4	直流稳压电源		直流稳压电源是能为负载提供稳定直流电源的电子装置。直流稳压电源的供电电源大都是交流电源，当交流供电电源的电压或负载电阻变化时，稳压器的直流输出电压都会保持稳定。随着电子设备向高精度、高稳定性和高可靠性的方向发展，对电子设备的供电电源提出了更高的要求

2. 根据任务准备装调工具

在工业机器人装调过程中，有很多不同的工作流程，主要包括机械结构和电气系统两部分，装调人员需要根据不同的任务准备不同的装调工具。下面选取几个典型的装调任务进行介绍。

（1）机械结构装调任务

1）伺服电动机的装配。工业机器人的驱动一般多采用伺服电动机，伺服电动机的外形如图 5-1 所示。

伺服电动机的装配标准是电动机的旋转方向应符合要求，声音正常；电动机的振动应符合规范要求；电动机不应有过热现象。

在实际装配过程中需要用到的材料和工具包括内六角圆柱头螺钉、螺纹防松胶和密封胶、内六角扳手、周转箱、清洁抹布、密封圈。

装配过程中的安全注意事项：不要将手放入驱动器内部，以免灼伤手和导致触电；切勿在有腐蚀性气体、易潮、易燃、易爆的环境中使用伺服电动机，以免引发火灾；切勿损伤电缆或对其施加过度的压力、放置重物和挤压，否则可能导致触电，损坏电动机；应将电动机固定，并在断开机械系统的状态下进行试运转的动作确认，之后再连接机械系统，以免人员受伤；不要在伺服电动机运行过程中，用手触摸电动机旋转部位，以免烫伤手；切断电源，确认无触电危险之后，方可进行电动机的移动、配线及检查等操作，以免触电。

2）谐波减速器的装配。谐波减速器是应用于机器人领域的两种主要减速器之一。在关节型机器人中，谐波减速器通常放置在小臂、腕部或手部。谐波减速器的外形如图 5-2 所示。

在谐波减速器实际装配过程中需要用到的材料和工具包括内六角圆柱头螺钉、螺纹防松胶和密封胶、内六角扳手、气动扳手、润滑油、周转箱、清洁抹布。装配结果要符合技术要求，灵活转动无阻滞。

3）工业机器人机械本体的装配。工业机器人的六个关节轴由六个伺服电动机直接通过谐波减速器驱动或通过同步带轮等方式间接驱动实现旋转。图 5-3 所示为国产新松系列六轴工业机器人的六个关节轴旋转示意图。

图 5-1　伺服电动机的外形

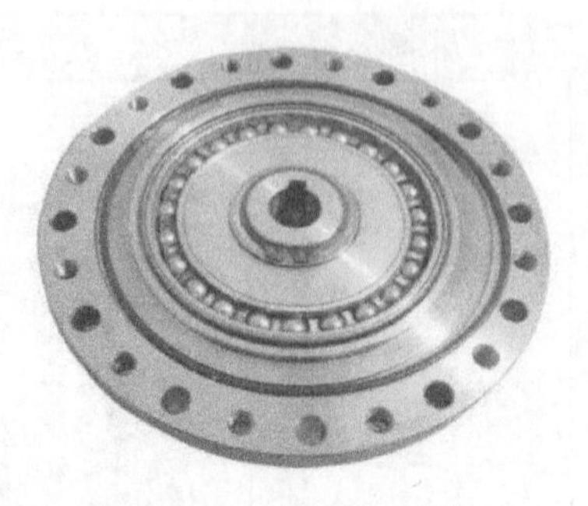

图 5-2　谐波减速器的外形

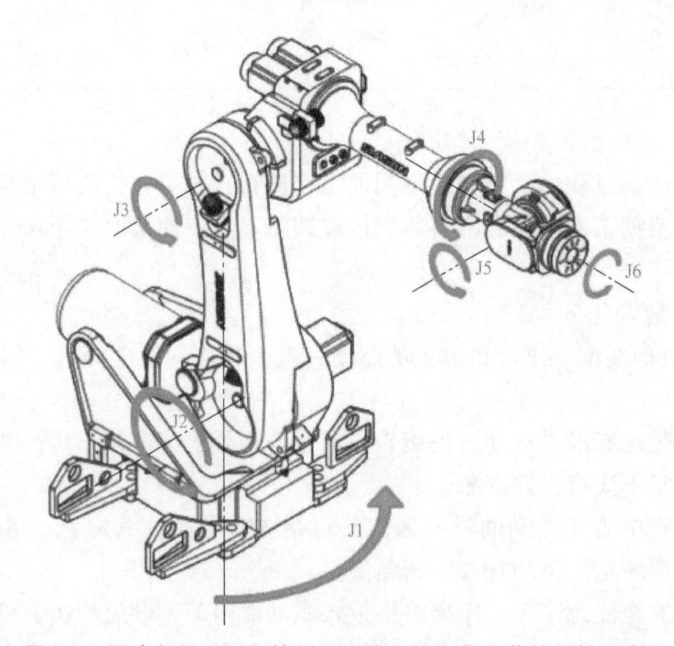

图 5-3　国产新松系列六轴工业机器人的六个关节轴旋转示意图

装配之前的注意事项包括限位、校对零位以及润滑等。

在实际装配过程中需要用到的材料和工具包括内六角圆柱头螺钉、十字槽螺钉旋具、螺纹防松胶和密封胶、内卡钳、内六角扳手、简易起重机、六角头螺栓、活扳手、气动扳手、润滑油、周转箱、油枪。

（2）电气控制系统装调任务

1）控制柜的安装与连接。控制柜的安装准备工作包括划线打孔、安装锯齿线槽以及安装接线端子等。打孔时，控制柜的口径和数量应按所穿线的数量和防水接头的型号来确定，可根据需开孔的数量和控制柜尺寸做适当调整。安装线槽时，线槽应平整、无扭曲变形，内壁无毛刺，各种附件齐全。线槽的接口应平整，接缝处应紧密平直。槽盖装上后应平整、无翘角，出线口的位置要准确。线槽经过变形缝时，线槽本身应断开，线槽内用连接板连接，不得固定。不允许将穿过墙壁的线槽与墙上的孔洞一起抹死。使用接线端子是为了方便导线的连接，它是一段封在绝缘塑料里面的金属片，两端都有孔，可以插入导线，使用螺钉进行紧固或者松开，比如两根导线，有时需要连接，有时又需要断开，可以用接线端子把它们连接起来，并且可以随时断开，而不必把它们焊接起来或者缠绕在一起，方便快捷，适合大量的导线互连。在电力行业有专门的端子排、端子箱，上面全是接线端子，有单层的、双层的、电流的、电压的、普通的以及可断的等。一定的压接面积是为了保证可靠接触，保证能通过足够的电流。其主要用途是为了接线美观、方便维护；在进行远距离导线之间的连接时，其优点主要是牢固可靠、施工和维护方便。连接不同设备之间的电线时，也需要端子排，某些插件同样需要端子排。

2）伺服驱动器的安装。伺服驱动器又称为伺服控制器、伺服放大器，其外形如图 5-4 所示。它是用来控制伺服电动机的一种控制器，用于控制工业机器人的六轴伺服电动机的转动。

安装时，将伺服驱动器安装到金属的底板上；如果可能，在控制箱内另外安装通风风扇；当驱动器与电焊机、放电加工设备等使用同一路电源，或驱动器附近有高频干扰设备时，应采用隔离变压器和有源滤波器；将伺服驱动器安装在干燥且通风良好的场所，尽量避免受到振动或撞击；尽一切可能防止金属粉尘及铁屑进入驱动器内；安装时确认驱动器固定，不易松动脱落；接线端子必须带有绝缘保护；在断开驱动器电源后，必须间隔 10s 后方能再次给驱动器通电，频繁的通断电会导致驱动器损坏；在断开驱动器电源后 1min 内，禁止用手直接接触驱动器的接线端子，否则将会有触电的危险。

在安装伺服驱动器的过程中需要使用的材料和工具包括螺钉、螺栓、螺母、旋具以及清洁工具等。

3）PLC 的安装。PLC 是专门为工业应用设计的数字运算操作电子系统。在工业机器人工作站或工业机器人生产线中，PLC 用于控制机器人、电磁阀、触摸屏和气缸等完成作业。

在进行 PLC 的安装时，需注意：①PLC 的所有单元必须在断电时安装和拆卸；②为防止静电对 PLC 组件的影响，在接触 PLC 前，先用手接触某一接地的金属物体，以释放人体所带的静电。

PLC 安装对场地也有一定的要求：①环境温度在 0~55℃ 范围内；②环境相对湿度应在 35%~85%范围内；③周围无易燃和腐蚀性气体；④周围无过量的灰尘和金属微粒；⑤要避免过度的振动和冲击；⑥不能受太阳光的直接照射或水的溅射。

在进行 PLC 安装时需要使用的材料和工具包括螺钉、十字槽螺钉旋具以及清洁工具等。

4）断路器的安装。断路器的外形如图 5-5 所示，它同时具有控制电路和保护电路的功能，用于工业机器人工作站或生产线中主电路和分支电路的通断控制。

图 5-4 伺服驱动器的外形

图 5-5 断路器的外形

安装断路器时的注意事项如下：

① 被保护回路电源线（包括相线和中性线）均应穿入零序电流互感器。

② 穿入零序电流互感器的一段电源线用绝缘带包扎紧，捆成一束后由零序电流互感器孔的中心穿入。这样做是为了消除由于导线位置不对称而在铁心中产生不平衡磁通的现象。

③ 由零序电流互感器引出的零线不得重复接地，否则在三相负荷不平衡时生成的不平衡电流不会全部从零线返回，而是有部分由大地返回，因此通过零序电流互感器电流的矢量和便不为零，二次线圈有输出，可能会造成误动作。

④ 每一根保护电路的零线均应专用，不得就近搭接，不得将零线相互连接，否则三相的不平衡电流或单相触电保护器相线的电流将有部分分流到相连接的不同保护电路的零线上，会使两个电路的零序电流互感器铁心产生不平衡磁动势。

⑤ 断路器安装好后，通电，按试验按钮试跳。

断路器安装时需要使用的材料和工具包括螺钉、十字槽螺钉旋具以及清洁工具等。

3. 测量工具

在工业机器人装配调试的过程中，需要对机械结构安装精度、电气设备灵敏度等参数进行测量，因此这里有必要介绍一下相关的测量工具。机器人装调过程中用到的主要测量工具如下：

(1) 游标卡尺　游标卡尺是工业上常用的测量长度的仪器，它由尺身及能在尺身上滑动的游标组成，其外形如图 5-6 所示。从背面看，游标是一个整体。游标与尺身之间有一个弹簧片，利用弹簧片的弹力使游标与尺身靠紧。游标上部有一个紧固螺钉，可将游标固定在尺身上的任意位置。尺身和游标都有量爪，利用内测量爪可以测量槽的宽度和管的内径，利用外测量爪可以测量零件的厚度和管的外径。深度尺与游标尺连在一起，可以测槽和筒的深度。

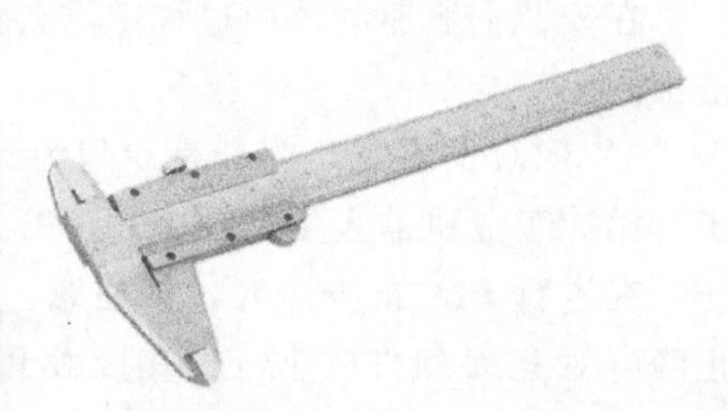

图 5-6　游标卡尺的外形

使用游标卡尺时，用软布将量爪擦干净，使其并拢，查看游标和主尺身的零刻度线是否对齐。只有对齐才可以进行测量；如果没有对齐，则要记取零误差，游标的零刻度线在尺身零刻度线右侧的称为正零误差，在尺身零刻度线左侧的称为负零误差（这种规定方法与数轴的规定一致，原点以右为正，原点以左为负）。

(2) 千分表　千分表是利用精密齿条齿轮机构制成的表式通用长度测量工具。千分表的示值范围一般为 0~10mm，大的可以达到 100mm。改变测头形状并配以相应的支架，可制成千分表的变形品种，例如厚度千分表、深度千分表和内径千分表等。如果用杠杆代替齿条，则可制成杠杆千分表。它们适用于测量普通千分表难以测量的外圆、小孔和沟槽等的形状误差和位置误差。千分表的外形如图 5-7 所示。

千分表在使用时需注意以下几点：

1）将千分表固定在表座或表架上，稳定可靠。装夹千分表时，夹紧力不能过大，以免套筒变形卡住测杆。

2）千分表的测杆轴线应垂直于被测平面。对于圆柱形工件，测杆的轴线要垂直于工件的轴线，否则会产生很大的误差并损坏千分表。

3）测量前调零位。绝对测量用平板作为零位基准，比较测量用对比物（量块）作为零位基准。调零位时，先使测头与基准面接触，压测头使大指针旋转大于一圈，转动刻度盘使零线与大指针对齐，然后把测杆上端提起 1~2mm 再放手使其落下，反复 2~3 次后检查指针是否仍与零线对齐，若不齐则重调。

4）测量时，用手轻轻抬起测杆，将工件放在测头下测量，不可把工件强行推至测头下。显著凹凸的工件不得用千分表测量。

5）不得使测量杆突然撞落到工件上，也不可强烈振动、敲打千分表。

6）测量时应注意千分表的测量范围，不要使测头位移超出量程，以免过度伸长弹簧，损坏千分表。

7）不要使测头跟测杆做过多无效的运动，否则会加快零件磨损，使千分表失去应有的精度。

8）当测杆移动发生阻滞时，不可强力推压测头，须送计量室处理。

（3）万用表　万用表是一种带有整流器的，可以测量交直流电流、电压及电阻等多种电学参量的磁电式仪表。对于每一种电学参量，一般都有几个量程。万用表又称多用电表或简称多用表。万用表是由磁电系电流表（表头）、测量电路和选择开关等组成的。通过选择开关的变换，可方便地对多种电学参量进行测量。其电路计算的主要依据是闭合电路欧姆定律。万用表的种类很多，使用时应根据不同的要求进行选择。万用表的外形如图 5-8 所示。

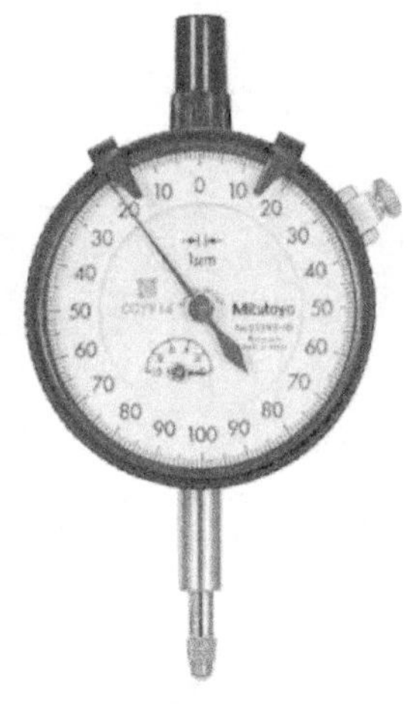

图 5-7　千分表的外形

图 5-8　万用表的外形

万用表的使用注意事项如下：

1）使用前应熟悉万用表的各项功能，根据被测量的对象，正确选用挡位、量程及表笔插孔。

2）在对被测数据大小不明时，应先将量程开关置于最大值，而后由大量程往小量程档处切换，使仪表指针指示在满刻度的 1/2 以上处即可。

3）测量电阻时，在选择了适当倍率档后，将两表笔相碰，检查指针是否指在零位；如果指针偏离零位，应调节“调零”旋钮，使指针归零，以保证测量结果准确。如果不能调零或数显表发出低电压报警，应及时检查。

4）在测量某电路电阻时，必须切断被测电路的电源，不得带电测量。

5）使用万用表进行测量时，要注意人身和仪表设备的安全，测试中不得用手触摸表笔的金属部分，不得带电切换档位开关，以确保测量准确，避免发生触电和烧毁仪表等事故。

4. 根据任务准备测量工具

1）当装配人员进行工业机器人机械结构的装配作业时，可以使用游标卡尺测量工件的宽度、外径、内径和深度。

2）千分表是精密测量中用途很广的指示式量具。它属于比较量具，只能测量出相对的数值，不能测出绝对数值，主要用来检查工件的形状误差和位置误差，也常用于工件的精密找正。当装配人员进行机器人机械结构装配时，检查工件或者装配体的圆度、平面度、垂直度等参数可使用千分表。

3）万用表可以测量交/直流电流、电压及电阻等多种电学参量。在进行机器人电气控制系统的装调时，如果装配人员需要测量电压、电阻和电流等参数时，均可以使用万用表来完成。

二、技术文件

1. 机械识图基础

工业机器人所用的零件、材料以及装配方法等与现有的各种机械完全相同。工业机器人由关节、连杆等常用的机构组成，关节即运动副，是允许机器人手臂各零件之间发生相对运动的机构，是两个构件直接接触并能够产生相对运动的活动连接，常用的关节有移动副和转动副。常用的运动副图形符号见表 5-3。

表 5-3　常用的运动副图形符号

运动副名称		运动副图形符号	
		两运动构件构成的运动副	两构件之一固定的运动副
空间运动副	螺旋副		
	球面副及球销副		
平面运动副	转动副		
	移动副		
	平面高副		

机器人手臂上被相邻两关节分开的部分叫作连杆，是保持各关节之间固定关系的刚体，是机械连杆机构中两端分别与主动件和从动件铰接以传递运动和力的杆件。机器人的基本运动与现有的各种机械表示也完全相同。常用的基本运动图形符号见表 5-4。

表 5-4 常用的基本运动图形符号

序号	名称	符号
1	直线运动方向	 单向 双向
2	旋转运动方向	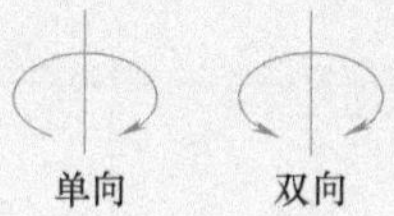 单向 双向
3	连杆、轴关节	
4	刚性连接	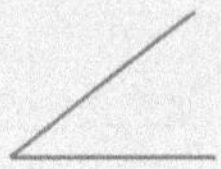
5	固定基础	
6	机械联锁	

机器人的运动机能常用的图形符号见表 5-5。

表 5-5 机器人的运动机能常用的图形符号

编号	名称	图形符号	参考运动方向	备注
1	移动(1)		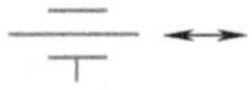	
2	移动(2)	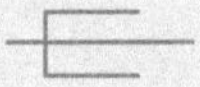		
3	回转机构		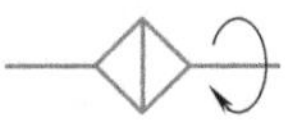	
4	旋转(1)	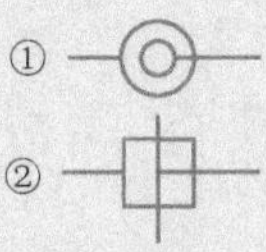 ① ②	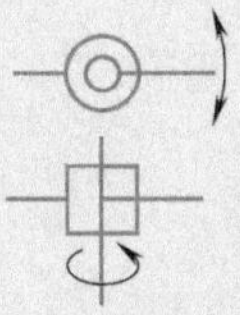	① 表示一般常用的图形符号 ② 表示①的侧向图形符号
5	旋转(2)	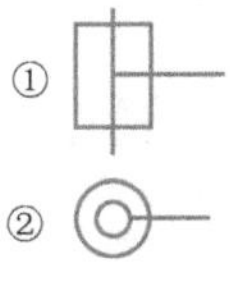 ① ②	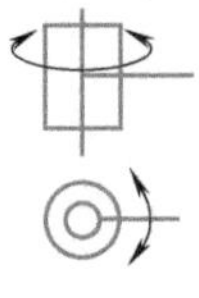	① 表示一般常用的图形符号 ② 表示①的侧向图形符号

（续）

编号	名称	图形符号	参考运动方向	备注
6	差动齿轮			
7	球关节			
8	握持			
9	保持			
10	基座			

机器人的运动机构常用的图形符号见表 5-6。

表 5-6　机器人的运动机构常用的图形符号

编号	名称	自由度	图形符号	参考运动方向	备注
1	直线运动关节(1)	1			
2	直线运动关节(2)	1			
3	旋转运动关节(1)	1			
4	旋转运动关节(2)	1			平面
5		1			立体
6	轴套式关节	2			

（续）

编号	名称	自由度	图形符号	参考运动方向	备注
7	球关节	3			
8	末端执行器		一般型 熔接 真空吸引		

2. 电气识图基础

工业机器人的电气系统图主要有电气原理图、电气元器件布局图和电气安装接线图三种。

1）电气原理图是电气系统图的一种，用来表示电气设备的工作原理及各电气元器件的作用表达方式，是根据控制电路的工作原理绘制的，具有结构简单、层次分明等特点。它一般由主电路、控制电路、检测与保护电路和配电电路等几大部分组成。由于电气原理图直接体现了电气元器件与电气结构及其相互间的逻辑关系，因此一般用在设计、分析电路中。分析电路时，通过识别图样上所画的各种电路元器件符号，以及它们之间的连接方式，可以了解电路实际工作时的情况。掌握识读电气原理图的方法和技巧，对于分析电气电路、排除设备电路故障是十分有益的。

2）电气元器件布局图的设计原则。

① 必须遵循相关国家标准设计和绘制电气元器件布局图。

② 布置相同类型的电气元器件时，应把体积较大较重的安装在电气控制柜或面板的下方。

③ 发热的元器件应该安装在电气控制柜或面板的上方或后方，但继电器一般安装在接触器的下面，以方便与电动机、接触器的连接。

④ 需要经常维护、整定和检修的电气元器件、操作开关、监视仪器仪表，其安装位置应高低适宜，以便工作人员操作。

⑤ 强电、弱电应该分开走线，注意屏蔽层的连接线，防止干扰的窜入。

⑥ 电气元器件的布置应考虑安装间隙，并尽可能做到整齐、美观。

3）电气安装接线图为进行装置、设备或成套装置的布线提供各个项目之间电气连接的详细信息，包括连接关系、电缆种类和敷设电路。电气安装接线实物图如图5-9所示。一般情况下，电气安装接线图和电气原理图需配合使用。绘制电气安装接线图应遵循的主要原则如下：

① 必须遵循相关国家标准绘制电气安装接线图。

② 各电气元器件的位置、文字符号必须与电气原理图中的标注一致，同一个电气元器件的各部件必须画在一起，各电气元器件的位置应与实际安装位置一致。

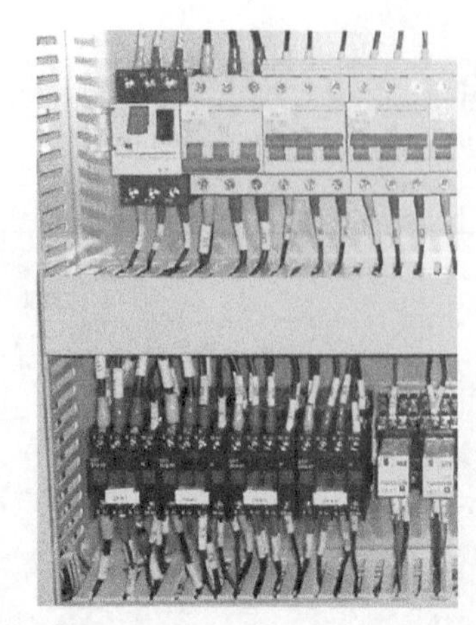

图 5-9　电气安装接线实物图

③ 不在同一安装板或控制柜上的电气元器件或信号的电气连接一般应通过端子排连接，并按照电气原理图中的接线编号连接。

④ 走向相同、功能相同的多根导线可用单线或线束表示，应标明导线的规格、型号、颜色、根数和穿线管的尺寸。

3. 工业机器人装调识图基础

工业机器人的装调识图基础可以分为机械识图和电气识图。工业机器人的机械识图方法可以细分为机器人机构简图识图、机器人运动原理图识图和机器人传动原理图识图等。

机器人的机构简图是描述机器人组成机构的直观图形表达形式，它将机器人的各个运动部件用简便的符号和图形表达出来，可用前述机械识图基础中的机械图形符号体系中的文字与代号表示。典型机器人的机构简图如图 5-10 所示。

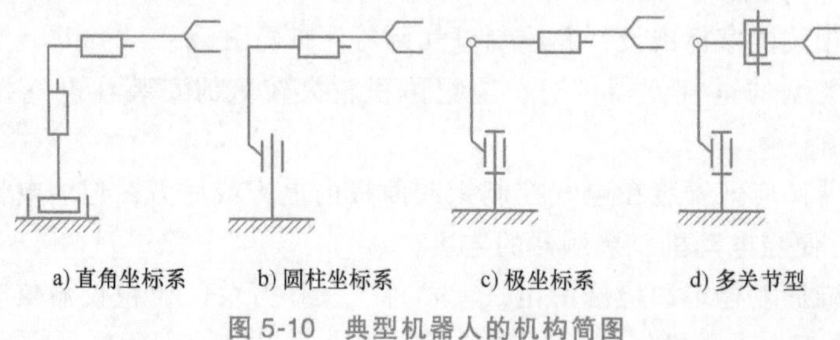

图 5-10　典型机器人的机构简图

机器人运动原理图是描述机器人运动的直观图形，它将机器人的运动功能原理用简便的符号和图形表达出来，可用前述机械识图基础中的机械图形符号体系中的文字与代号表示。机器人运动原理图是建立工业机器人坐标系、运动和动力方程的基础，设计机器人传动原理图的目的是应用好机器人，成为人们在学习使用机器人时最有效的工具。某型号的机器人的机构运动示意图和运动原理图如图 5-11 和图 5-12 所示。

下面详细介绍各种典型机器人的机构简图。图 5-13 所示为 KUKA 公司的 KR5 SCARA 机器人，该四自由度机器人结构简单，有 3 个转动关节和 1 个螺纹移动关节。

ABB、FUNAC、KUKA 的大多数产品为六自由度机器人，MOTOMAN 也有六自由度产品，它们的关节分布比较类似，多采用安川交流驱动电动机。其中，ABB 公司的 IRB2400

型产品是全球销量领先的机器人之一，其外形及机构简图如图 5-14 所示。

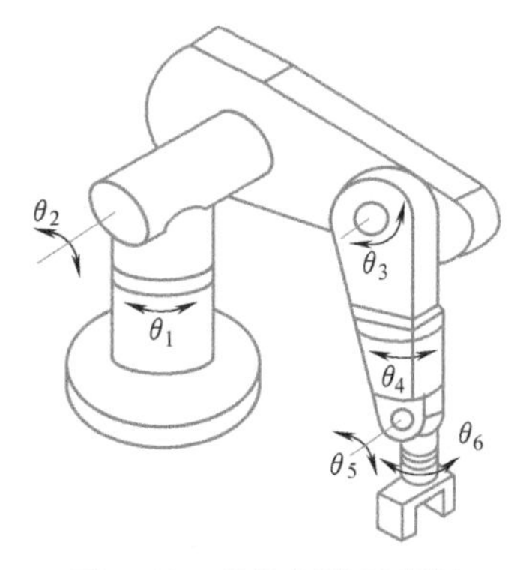

图 5-11 机构运动示意图

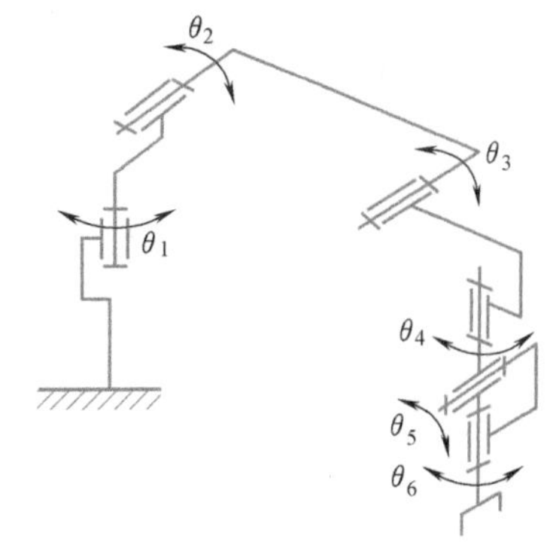

图 5-12 机构运动原理图

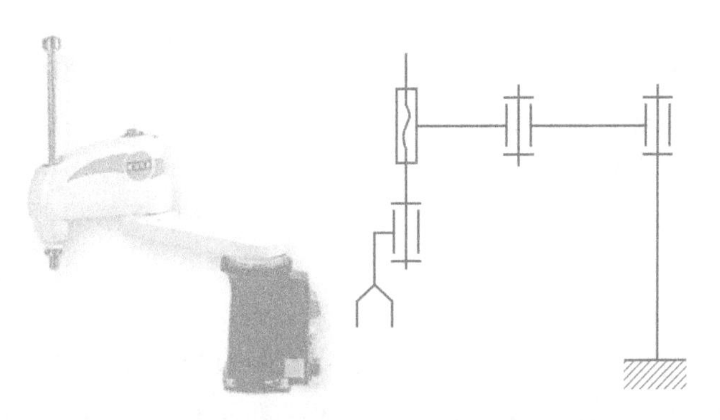

图 5-13 KR5 SCARA 机器人的外形及机构简图

FUNAC 公司的 R2000Ib 机器人的外形及机构简图如图 5-15 所示。MOTOMAN 公司的 IA20 是七自由度机器人，其机构简图如图 5-16 所示。

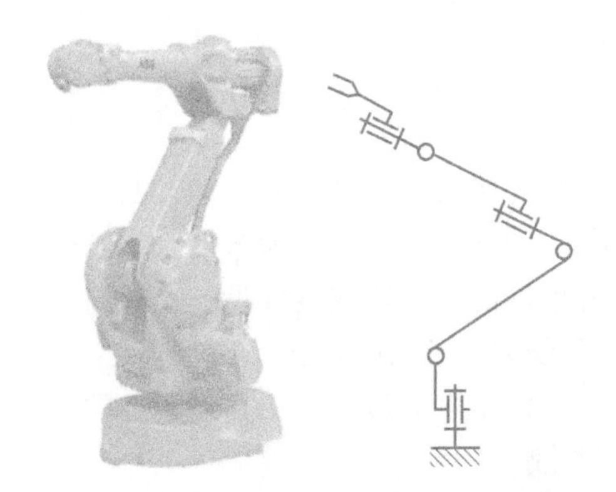

图 5-14 IRB2400 机器人的外形及机构简图

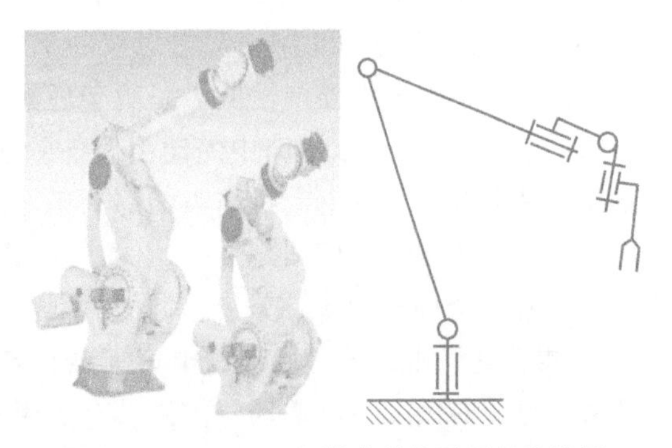

图 5-15 R2000Ib 机器人的外形及机构简图

MOTOMAN 公司的 DIA10 机器人的结构较为复杂，有 15 个自由度，其外形及机构简图如图 5-17 所示。

在进行工业机器人的电气识图时，需要了解电气元器件的布局规则，然后先看主电路，明确主电路控制目标与控制要求，再看辅助电路，通过辅助电路的回路研究主电路的运行状态。电气原理图中所有电气元器件都应采用国家标准中统一规定的图形文字符号表示。

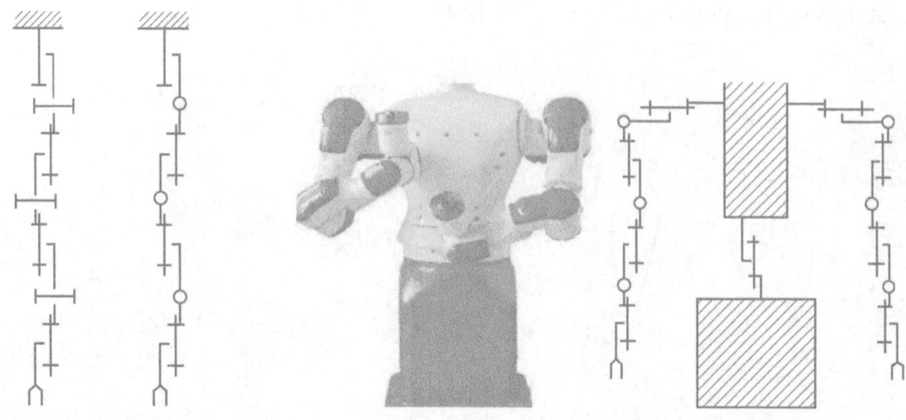

图 5-16　IA20 机器人的机构简图

图 5-17　DIA10 机器人的外形及机构简图

1）电气元器件的具体布局规则。

① 在电气原理图中，电气元器件的布局应根据便于阅读的原则安排。主电路安排在图面左侧或上方，辅助电路安排在图面右侧或下方。无论主电路还是辅助电路，均按功能布置，尽可能按动作顺序从上到下、从左到右排列。

② 在电气原理图中，当同一电气元器件的不同部件分散在不同位置时，为了表示是同一元器件，要在电气元器件的不同部件处标注统一的文字符号。对于同类元器件，要在其文字符号后加数字序号来区别。

③ 在电气原理图中，所有电器的可动部分均按没有通电或没有外力作用时的状态画出。

④ 在电气原理图中，应尽量减少线条和避免线条交叉。各导线之间有电联系时，在导线交点处画实心圆点。根据图面布置需要，可以将图形符号旋转绘制，一般逆时针方向旋转90°，但文字不可倒置。

⑤ 图样上方的 1、2、3 等数字是图的编号，它是为了便于检索电气电路，方便阅读分析，避免遗漏设置的。图的编号也可设置在图的下方。

⑥ 图的编号下方的文字表明它对应的下方元器件或电路的功能，使读者能清楚地知道某个元器件或某部分电路的功能，以利于理解全部电路的工作原理。

2）主电路一般包括电路中的动力设备，它将电能转变为机械运动的机械能，典型的主电路就是从电源开始到电动机结束的那一条电路。识读主电路电气图的具体步骤如下：

① 看清主电路中的用电设备。用电设备是指消耗电能的用电器或电气设备，看图首先要看清楚有几个用电设备，分清它们的类别、用途、接线方式及工作要求。

② 看清楚用电设备是由什么电气元器件控制的。控制用电设备的方法很多，有的直接用开关控制，有的用各种起动器控制，有的用接触器控制。

③ 了解主电路所用的控制器及保护电器。前者是指常规的接触器以外的其他控制元器件，如电源开关、万能转换开关。后者是指短路保护元器件及过载保护元器件。一般来说，分析完主电路，即可分析控制电路。

④ 看电源。要了解电源电压的等级，是 380V 还是 220V，是从母线汇流排供电、配电屏供电，还是从发电机组接出来的。

3）识读辅助电路的电气图时，应注意辅助电路包括控制电路、保护电路和照明电路。

通常来说，除了主电路以外的电路都可以称为辅助电路。识读辅助电路电气图的步骤如下：

① 分析控制电路。根据主电路中各电动机和执行电器的控制要求，逐一找出控制电路中的其他控制环节，将控制电路“化整为零”，按功能不同划分成若干个局部控制电路进行分析。

② 看电源。首先看清电源的种类，是直流还是交流。其次，要看清辅助电路的电源是从什么地方接来的，以及电压等级。电源一般是从主电路的两条相线上接来的，其电压为380V；也有从主电路的一条相线和一条零线上接来的，电压为单相220V。此外，也可以是从专用的隔离电源变压器接来的。辅助电路中的一切电气元器件的线圈额定电压必须与辅助电路电源电压一致。否则，电压低时，电路元器件不动作；电压高时，会把电气元器件烧坏。

③ 了解控制电路中采用的各种继电器、接触器的用途。如果采用了一些特殊的继电器，还应了解它们的动作原理。

④ 根据辅助电路研究主电路的动作情况。

⑤ 研究电气元器件之间的相互关系。电路中的一切电气元器件都不是孤立存在的，而是相互联系、相互制约的。这种相互控制的关系有时表现在一条回路中，有时表现在几条回路中。

⑥ 研究其他电气设备和电气元器件，如整流设备、照明灯等。

三、工业机器人装调要求

1. 工业机器人装调环境要求

由于工业机器人是精密机电设备，因此其对安装调试环境有特殊的要求，具体要求如下。

（1）检查安装位置和机器人的运动范围　安装工业机器人时，首先要对安装的车间进行全面考察，包括厂房布局、地面状况及供电电源等基本情况；然后通过手册认真研究本机器人的运动范围，从而设计布局方案，如图5-18所示，确保机器人有足够的运动空间，具体要求如下：

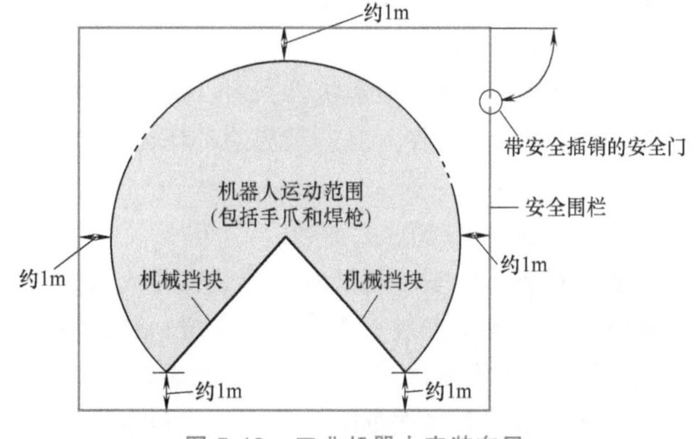

图5-18　工业机器人安装布局

1）在机器人的周围设置安全围栏，以保证机器人最大的运动空间，即使在机械手臂上安装手爪或焊枪的状态下，也不会与周围的机器产生干涉。

2）设置一个带安全插销的安全门。

3）安全围栏设计布局合理。

4）控制柜、操作台等不要设置在看不见机器人主体动作的地方，以防异常发生时无法及时发现。

（2）检查和准备安装场地

1）机器人本体的安装环境要满足以下要求：

① 当安装在地面上时，地面的水平度在±5°以内。

② 地面和安装座要有足够的刚度。

③ 确保平面度，以免机器人机座部分受额外的力。如果实在达不到，可使用衬垫调整平面度。

④ 工作环境温度必须在0~5℃之间，低温起动时，油脂或齿轮油的黏度大，将会产生偏差异常或超负荷，此时须实施低速暖机运转。

⑤ 相对湿度必须在35%~85%之间，无凝露。

⑥ 确保安装位置极少暴露在灰尘、烟雾和水环境中。

⑦ 确保安装位置无易燃、腐蚀性液体和气体。

⑧ 确保安装位置不受过大的振动影响。

⑨ 确保安装位置只受最小的电磁干扰。

2）机座的安装：安装机器人机座时，应认真阅读安装连接手册，清楚机座安装尺寸、机座安装横截面、紧固力矩等要求，使用高强度螺栓通过螺栓孔固定。

3）机器人转台的安装：安装机器人转台时，应认真阅读安装连接手册，清楚转台安装尺寸、转台安装横截面、紧固力矩等要求，使用高强度螺栓通过螺栓孔固定。

（3）搬运、安装和保管注意事项

1）当使用起重机或叉车搬运机器人时，严禁人工支撑机器人机身。

2）搬运时，严禁趴在机器人上或站在提起的机器人下方。

3）在开始安装之前，务必断开控制器电源及主电源，设置“施工中”标志。

4）开动机器人时，务必在确认其安装状态无异常后，接通电动机电源，并将机器人的手臂调整到指定的姿态，此时不要接近机器人手臂，以免被夹紧或挤压。

5）机器人机身是由精密零件组成的，因此在搬运过程中，务必避免让机器人受到过分的冲击和振动。

6）用起重机和叉车搬运机器人时，应事先清除障碍物等，以确保安全。

7）搬运及保管机器人时，其周边环境温度应在10~60℃内，相对湿度在35%~85%内，无凝露。

2. 工业机器人装调注意事项

在进行机器人的安装调试时，安装工作人员应注意安全，必须穿戴工作服、安全鞋、安全帽作业。为了确保安装工作人员的安全，装调时必须注意以下事项：

1）在机器人安装过程中，尽可能在断开机器人和电源系统的状态下作业。当接通电源时，有的作业会有触电的危险。此外，应根据需要上好锁，以使其他人员不能接通电源。

2）在进行安装作业时，作业人员应挂上“正在进行装调作业”的标牌，提醒其他人员不要随意靠近。

3）在作业过程中，不能将脚搭放到机器的某一个部位上，也不要爬到机器人上面，这样不仅可能给机器人带来损伤，而且作业人员可能因为踩空而受伤。

4）在进行高空作业时，应确保脚手架的安全，并系好安全带。

5）在进入正在装调作业的安全栅栏内部时，要仔细查看整个系统确认安全后再进入。

6）在墙壁或器具旁边进行作业，或者几个工作人员相互接近时，注意不要堵住其他工作人员的逃生通道。

7）在组装工业机器人时，注意避免异物的黏附或混入。

8）在安装手臂、电动机、减速器等具有一定重量的部件时，应采取以起重机来调运的措施，避免给作业人员带来过大的作业负担。

9）安装完成后，务必按照规定的方法进行测试运转，同时必须事先确认机器人动作范围内没有人，机器人和外围设备无异常。

10）安装完成后，需尽快擦掉洒落在地面上的润滑油、水和碎片等，排除可能存在的危险。

【任务分析】

1）认识装调工具、测量工具，了解装调工具、测量工具在工业机器人装调过程中的使用方法。

2）掌握机械识图、电气识图方法，能够识读工业机器人装调技术文件。

3）熟悉工业机器人的拆卸步骤。

4）熟悉工业机器人的装配和安装步骤。

【任务实施】

一、工业机器人的拆卸

如图5-19所示，工业机器人本体部分主要包含两部分，分别为机械本体部分以及管线包部分。机械本体部分主要分为四部分，分别为机座部分、大臂部分、小臂部分以及手腕部分，见表5-7。管线包部分串接于机械本体部分内部，它主要由J1～J6轴电动机动力线、编码线、管线接头、I/O信号接口线以及气管线路组成，如图5-20所示。

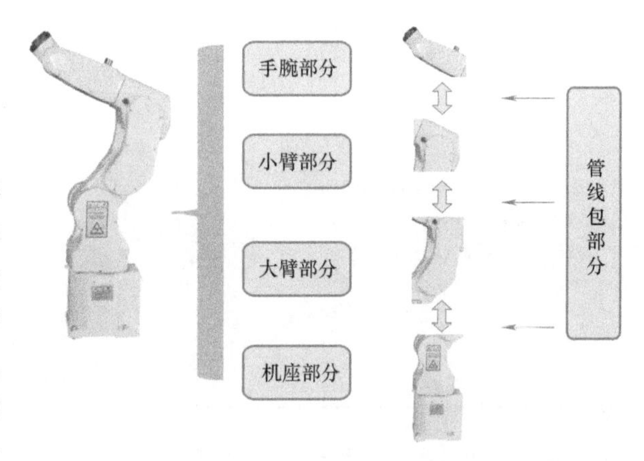

图5-19　工业机器人本体的组成

表5-7　工业机器人机械本体部分

结构	图　示
机座部分主要由机座、转座、J1轴电动机减速器、J2轴电动机减速器以及盖板类零件等组成	

（续）

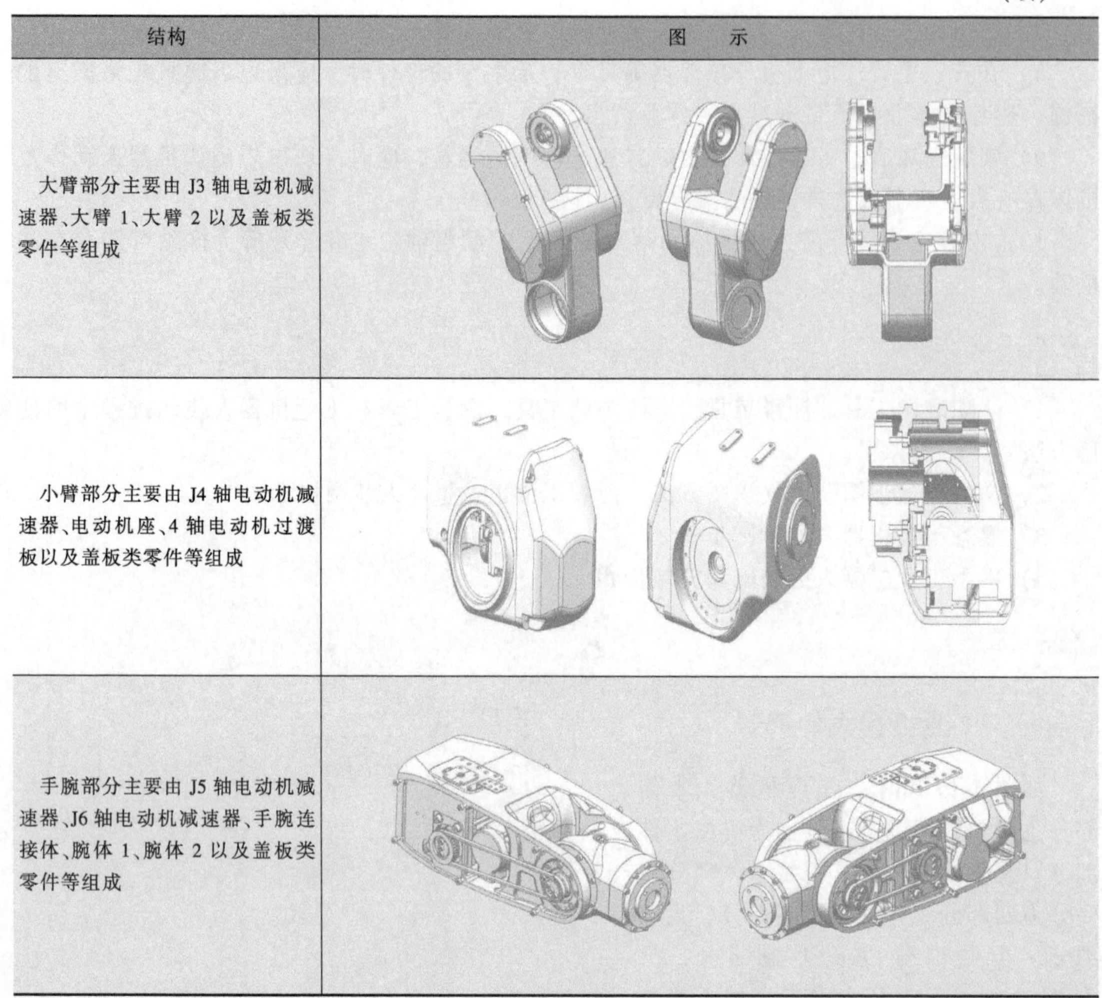

结构	图　示
大臂部分主要由 J3 轴电动机减速器、大臂 1、大臂 2 以及盖板类零件等组成	
小臂部分主要由 J4 轴电动机减速器、电动机座、4 轴电动机过渡板以及盖板类零件等组成	
手腕部分主要由 J5 轴电动机减速器、J6 轴电动机减速器、手腕连接体、腕体 1、腕体 2 以及盖板类零件等组成	

如图 5-21 所示，管线包分为两部分，从 J4、J5、J6 轴接头处分为上下两部分，下部分有两分支分别接到 J3 轴接头处以及 J2 轴接头处，最后汇接于航空插头处；上部分也有两分支，分别接于 J5 轴接头处和 J6 轴接头处。

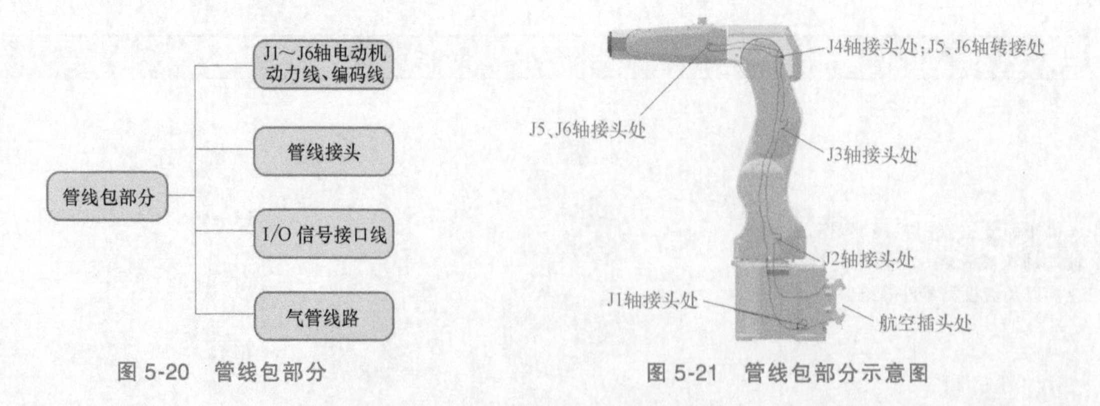

图 5-20　管线包部分　　图 5-21　管线包部分示意图

工业机器人的传动方式主要是指从电动机输入端到关节输出端是如何传递的，绝大多数工业机器人 J1～J5 轴都采用电动机-带传动-减速器的方式，J6 轴采用电动机-带传动-齿轮传动-减速器的方式，具体见表 5-8。

表 5-8 工业机器人的传动方式

轴	传动方式	关节处
J1 轴	伺服电动机-同步带传动-谐波减速器	机座-转座
J2 轴	伺服电动机-同步带传动-谐波减速器	机座部分-大臂部分
J3 轴	伺服电动机-同步带传动-谐波减速器	大臂部分-小臂部分
J4 轴	伺服电动机-同步带传动-谐波减速器	小臂部分-手腕部分
J5 轴	伺服电动机-同步带传动-谐波减速器	腕体-手腕连接体
J6 轴	伺服电动机-同步带传动-齿轮传动-谐波减速器	手腕连接体-末端执行器

下面对工业机器人各部分机械结构的拆装作业进行说明。机器人拆卸顺序如图 5-22 所示。

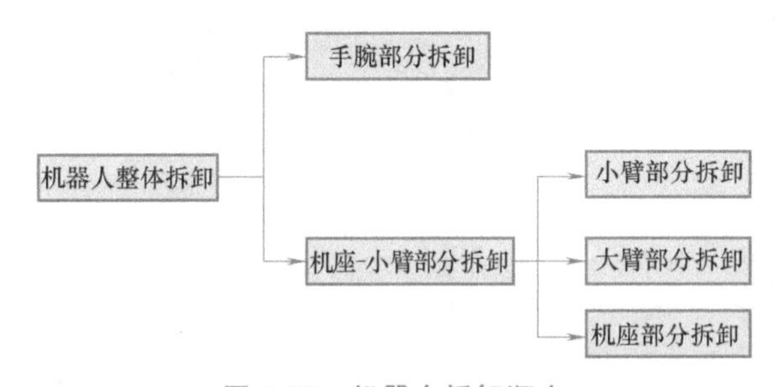

图 5-22 机器人拆卸顺序

先对工业机器人进行整体拆卸，拆除盖板类零件，然后进行手腕部分的拆卸。接着拆除机座与臂部，先进行小臂部分拆卸，然后拆卸大臂部分，最后进行机座的拆卸。

步骤一、整体拆卸。如图 5-23 所示，分别拆卸外围盖板，圆圈标记处为电动机接头处。

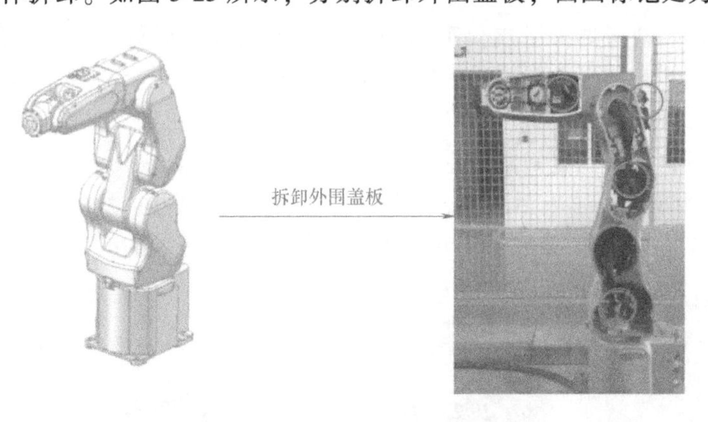

图 5-23 拆卸外围盖板示意图

因 J4 轴电动机被阻隔，如图 5-24 所示，先剪断轧带，拆掉钣金件，再分离圆圈标记处相应的电动机接头，拆卸电动机安装板上的螺钉，便可将 J4 轴电机拆除。

拆卸 J4 轴电动机后，将 J4 轴减速器的一圈螺钉（图 5-25 中圆圈标记处）拆掉，即可将手腕部分和底座-小臂分离（图 5-26）。

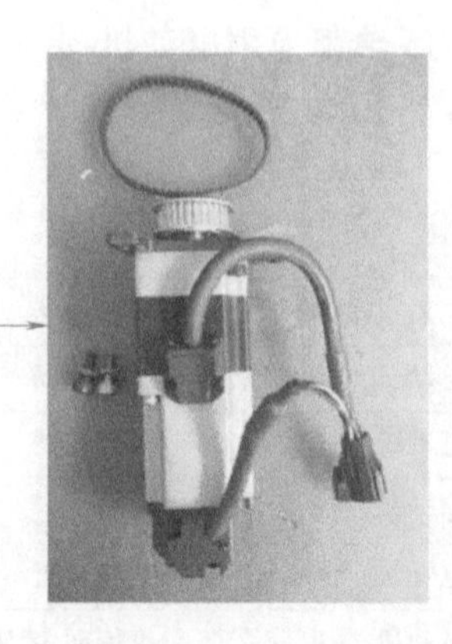

图 5-24　拆卸 J4 轴电动机

图 5-25　拆卸 J4 轴减速器螺钉示意图

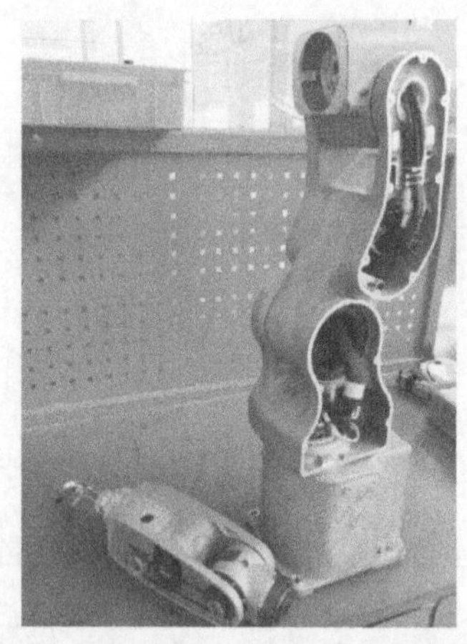

图 5-26　手腕和底座-小臂分离示意图

步骤二、拆卸工业机器人手腕。手腕是连接机器人的小臂与末端执行器之间的结构部件，其作用是利用自身的活动来确定手部的空间姿态，从而确定手部的作业方向。对于一般的机器人，与手部相连接的手腕都具有独立驱动自转的功能，若手腕能朝空间取任意方位，那么与之相连的手部就可在空间取任意姿态，即达到完全灵活。

图 5-27 所示为工业机器人手腕部分的拆卸示意图（J5 轴+J6 轴）。拆卸圆圈标记处的螺钉，分离 J5、J6 轴的电动机接头，便可拆卸减速器，并将管线取出。

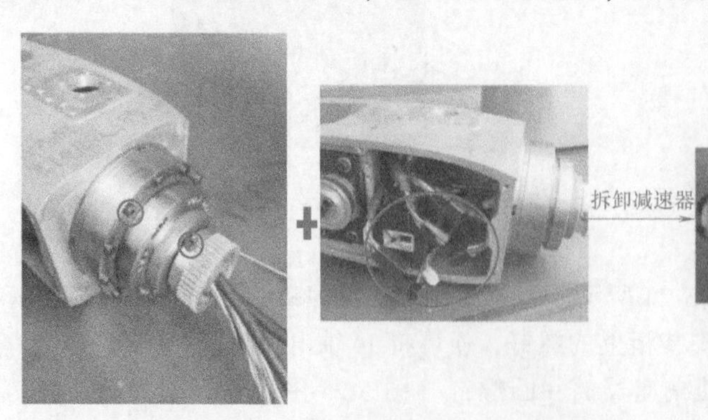

图 5-27　手腕部分和减速器拆卸示意图

首先拧出机器人两侧手腕盖板上的内六角螺钉，拆除两侧的盖板，然后将手部与手腕拆分开，接着拆除手腕上的电动机以及同步带、带轮等零部件。具体步骤如下：

如图 5-28 所示，拆卸圆圈标记处的螺钉，便可将 J5 轴电动机和同步带取出。

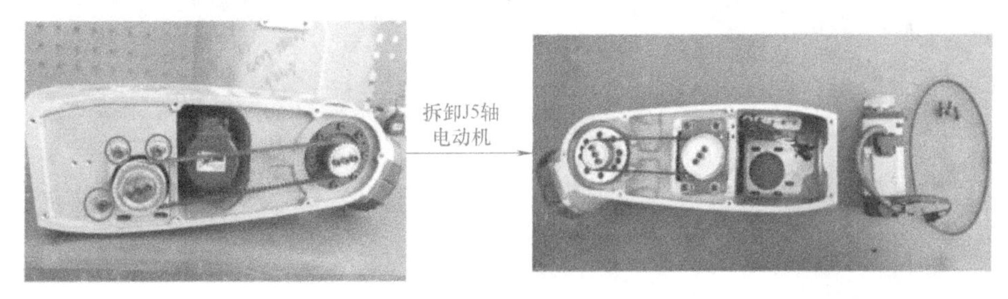

图 5-28　J5 轴电动机拆卸示意图

如图 5-29 所示，拆卸椭圆圈标记处的螺钉，即可将 J6 轴电动机和同步带拆卸下来。

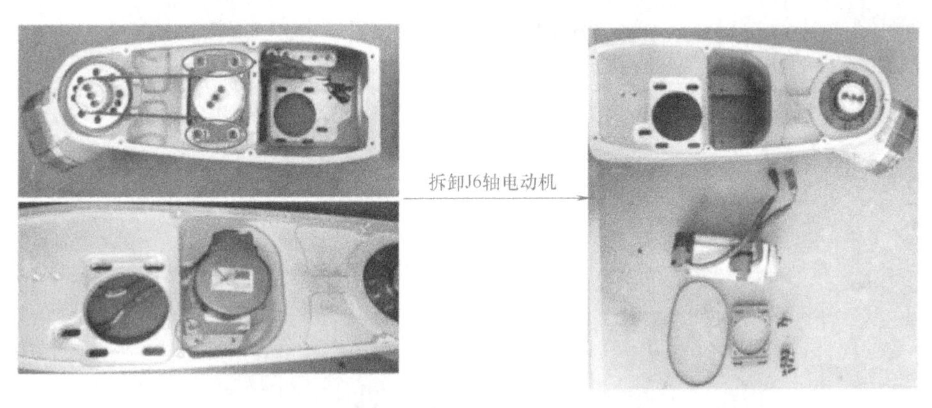

图 5-29　J6 轴电动机拆卸示意图

如图 5-30 所示，拆卸圆圈标记处的一圈螺钉，便可将 J5 轴波发生器和 J5 轴一起拔出。

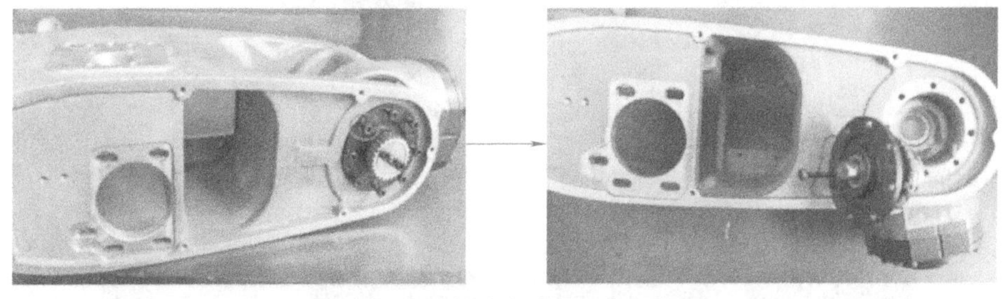

图 5-30　J5 轴波发生器拆卸示意图

如图 5-31 所示，拆卸圆圈标记处的一圈螺钉，利用顶丝孔将轴承杯顶出来，完成腕体和手腕连接体的分离。

如图 5-32 所示，拆卸圆圈标记处的螺钉，在刚轮的孔上装 3 个螺钉方便将减速器拔出，对螺钉向外用力拔出 J5 轴减速器。

如图 5-33 所示，将圆圈标记的 8 个螺钉拆除，即可拔出 J6 轴减速器。

拆下紧垫片上的螺钉，可将紧垫片取下，然后在波发生器上拧紧螺钉。此时若用螺钉将波发生器顶出，会毁坏里面的轴承，所以建议用拔出的方式将波发生器取出。拆卸图 5-34

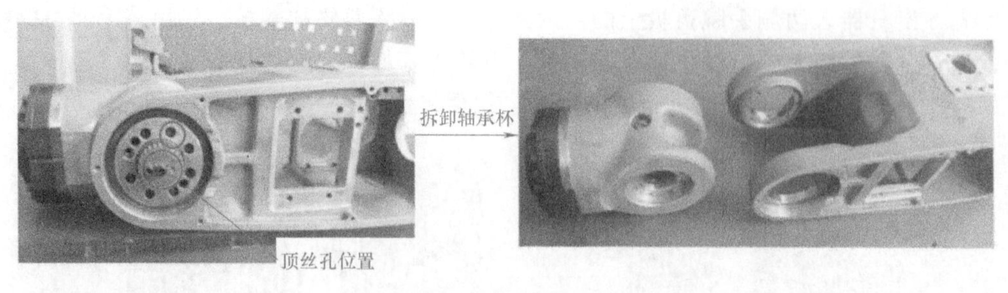

图 5-31　轴承杯拆卸示意图

图 5-32　J5 轴减速器拆卸示意图

图 5-33　J6 轴减速器拆卸示意图

中圆圈标记的 4 个螺钉，便可取下轴承压盖，再将输出轴和轴承一起拔出，完成手腕部分的拆卸。

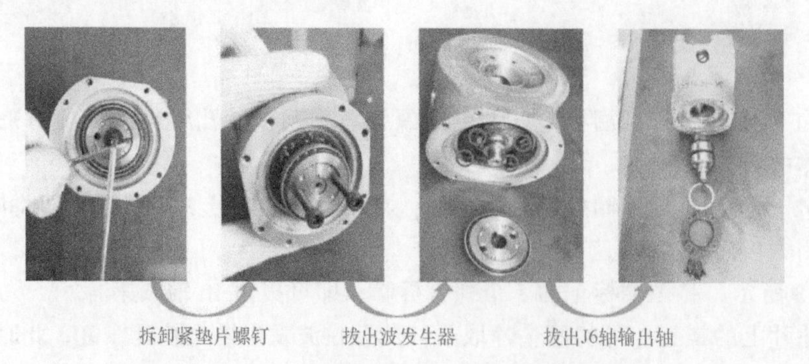

图 5-34　J6 轴波发生器拆卸示意图

步骤三、工业机器人臂部-底座拆卸。工业机器人的臂部是其主要执行部件，它是由一系列的动力关节和连杆组成的，是支承手腕和末端执行器的部件，用于改变末端执行器的空间位置。通常，一个关节连接两个连杆，即一个输入连杆和一个输出连杆，机器人的力或运动通过关节由输入连杆传递给输出连杆，关节用于控制输入连杆与输出连杆间的相对运动。

如图 5-35 所示，拆卸小臂-大臂处过线套，剪断固定管线的轧带并拆卸钣金件，分离 J3 轴电动机接头。

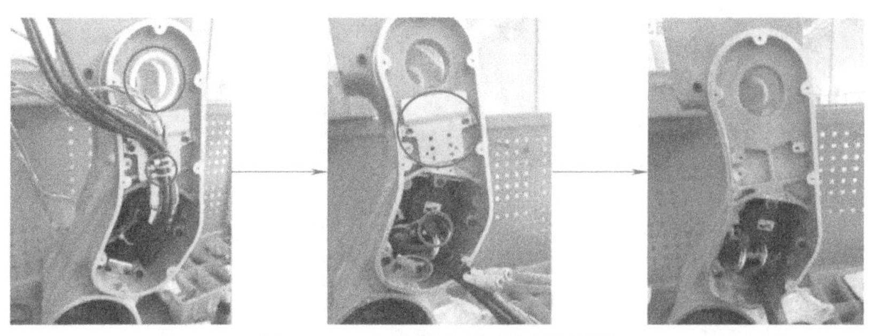

图 5-35　大臂钣金件拆卸示意图

接着按照图 5-36 拆除 J3 轴电动机上的固定螺钉，即可拆卸 J3 轴电动机和同步带以及带轮等零部件，然后拆除大臂部分。

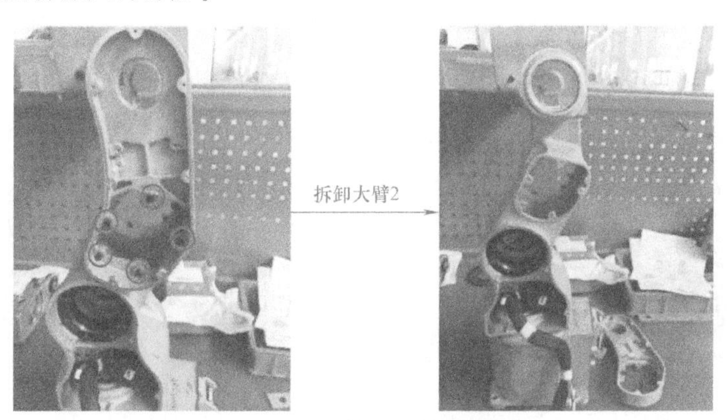

图 5-36　大臂部分拆卸示意图

如图 5-37 所示，大臂部分拆除完成后便可完成小臂部分的拆除，将圆圈标记处的一圈螺钉拆掉，便可取下小臂部分。

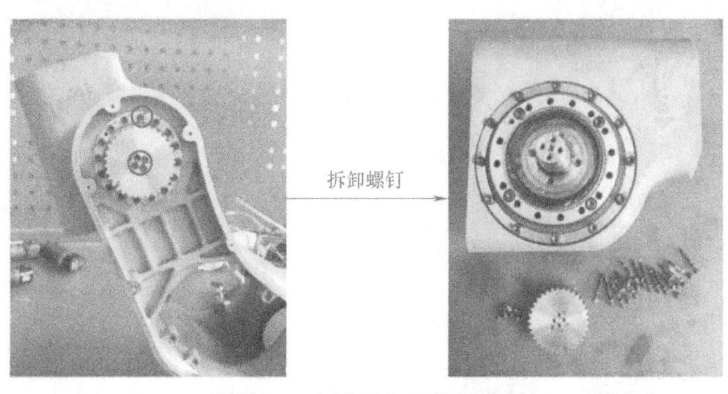

图 5-37　小臂部分拆卸示意图

下面即可按照图 5-38 拆卸 J2、J3 轴电动机以及减速器。一定要先将与轴连接在一起的波发生器连轴一起拔出，再拆卸圆圈标记处的一圈螺钉，便可取下减速器。

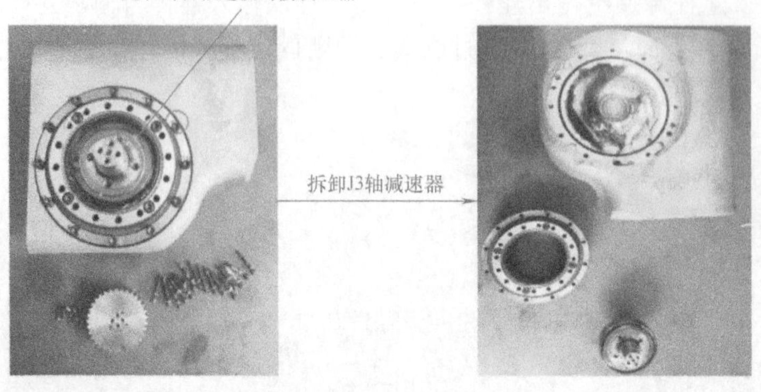

图 5-38　J3 轴减速器拆卸示意图

如图 5-39 所示，将圆圈标记处的螺钉拆掉，剪断轧带，取下钣金件，分离 J2 轴电动机接头。

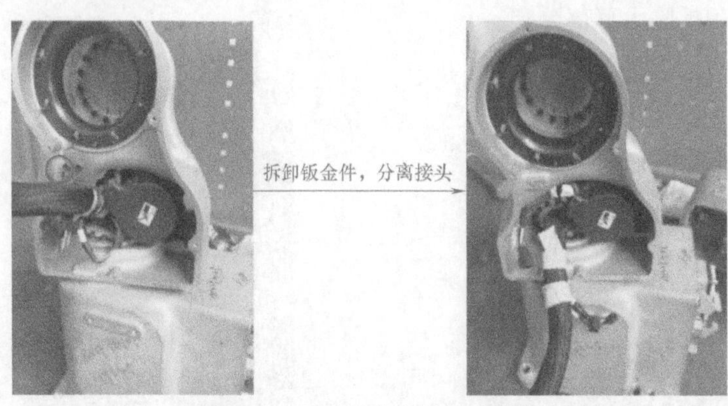

图 5-39　转座钣金件拆卸示意图

如图 5-40 所示，将圆圈标记处的一圈螺钉拆掉，把两个 M4 的长螺钉拧进顶丝孔，缓慢对称地将轴承支承顶出。

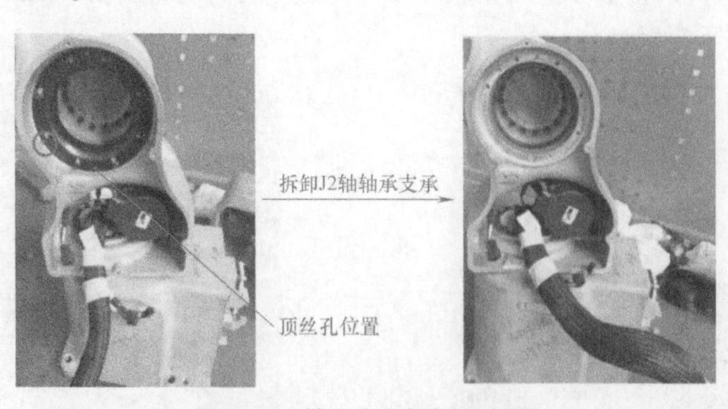

图 5-40　轴承支承拆卸示意图

如图 5-41 所示，将圆圈标记处的 2 个螺钉拆掉，便可将 J2 轴电动机和同步带取出。

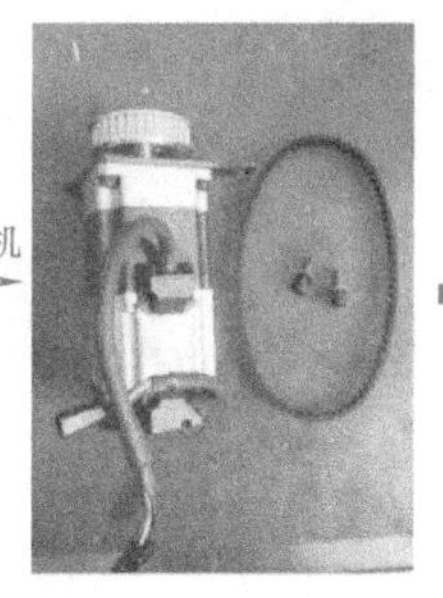

图 5-41　J2 轴电动机拆卸示意图

如图 5-42 所示，将圆圈标记处的螺钉拆掉，便可将 J2 轴减速器取出，并分离大臂和转座部分。

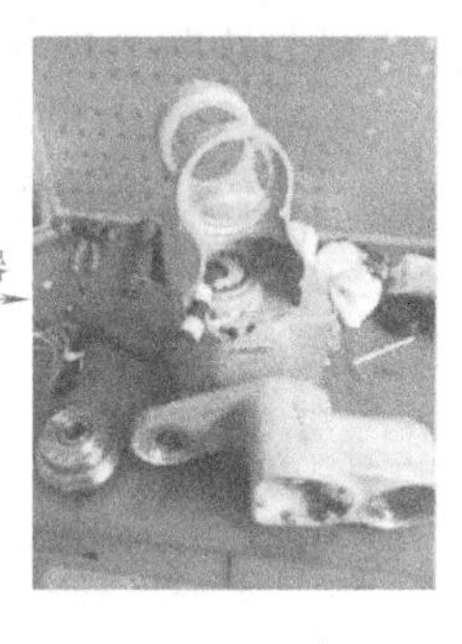

图 5-42　J2 轴减速器拆卸示意图

至此，工业机器人的臂部已经和转座部分分离完成，接下来拆分转座和底座部分，最终完成整个机器人的拆卸。

步骤四、工业机器人机座拆卸。首先确保机器人其他部件已经拆卸完毕。拆除机器人腰部与机座之间的连接螺栓以及其他连接件，使机器人机座与腰部分开，然后拆除机座与地面之间的连接螺栓，即完成了工业机器人机座的拆卸作业。

如图 5-43 所示，将圆圈标记处的圆柱头螺钉和平圆头螺钉拆掉，便可分离转座和机座，转座和机座分离完成之后即可以拆除机座部分。

图 5-43　转座和机座拆卸示意图

如图 5-44 所示，将圆圈标记处的螺钉拆掉，剪断轧带，取出钣金件，从底部将电池拿出来，分离接头，便可取出电池。

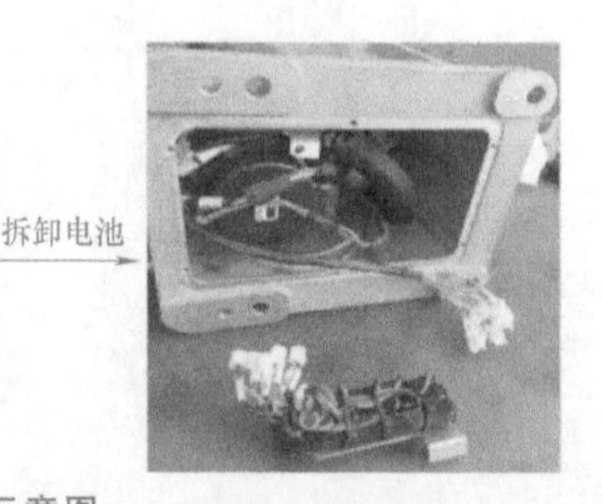

图 5-44　机座钣金件、电池拆卸示意图

打开航空插头盖板，可以看到连接电动机的四个螺钉，将这些螺钉拆掉，便可取出电动机和同步带，再将图 5-45 中圆圈标记处的一圈螺钉拆掉，便可拆卸 J1 轴减速器。

图 5-45　J1 轴减速器拆卸示意图

至此，工业机器人拆卸完成。

二、工业机器人的装配和安装

在装配工业机器人之前，需要提前做一些准备工作。首先需要根据装配图和零件实物，分析工业机器人的结构和装配技术要求，根据装配要求填报工具物料清单，必须检查零件的数量及相关工艺文件是否符合装配要求。一般安装时所需的物料和工具包括：内六角圆柱头螺钉、十字槽螺钉旋具、螺纹防松胶和密封胶、内卡钳、内六角扳手、简易起重机、六角头螺栓、活扳手、气动扳手、润滑油、周转箱和油枪等。

1. 工业机器人的装配

工业机器人的装配过程一般按照机座部分装配→大臂部分装配→小臂部分装配→手腕部分装配的顺序进行，具体装配过程如图 5-46 所示。

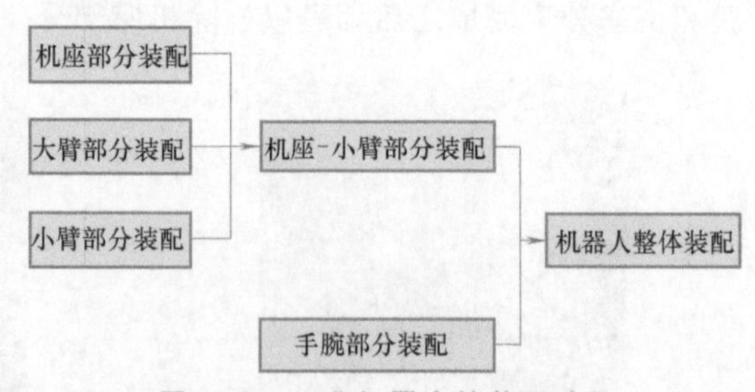

图 5-46　工业机器人的装配过程

步骤一、机座部分的装配。机座部分主要由机座、腰部旋转座、J1 轴伺服电动机、J2 轴电动机减速机、大臂及 J2 轴谐波减速器、减振撞块、吊环螺栓和盖板等组成。机座是工业机器人装配的基础，它上部连接着工业机器人的腰部旋转座，底部用 4 个六角头螺栓与基体相连，同时它还固定着 J1 轴伺服电动机的输入端。腰部旋转座与减速器的输出端相连，所以腰部旋转座可以绕机座中心旋转，此为 J1 轴的运动。J1 轴电动机固定在腰部旋转座的输入端上，电动机轴的终端连着齿轮轴，与减速器输入齿轮啮合传递运动和动力。吊环螺栓用于起吊载荷，应选用符合标准的吊环螺栓。减振撞块的作用是限位，防止 J2 轴大臂与腰部旋转座刚性碰撞，盖板主要起防尘的作用。腰部旋转座的输出端与减速器输入端相连，大臂输入端与减速器输出端相连，所以大臂可以绕腰部旋转座输出

端中心轴旋转，此为 J2 轴的运动。J2 轴电动机固定在腰部旋转座输出端的一侧，电动机轴的终端连着齿轮轴，与减速器输入齿轮啮合传递运动和动力。图 5-47 所示为机座部分的分解图。

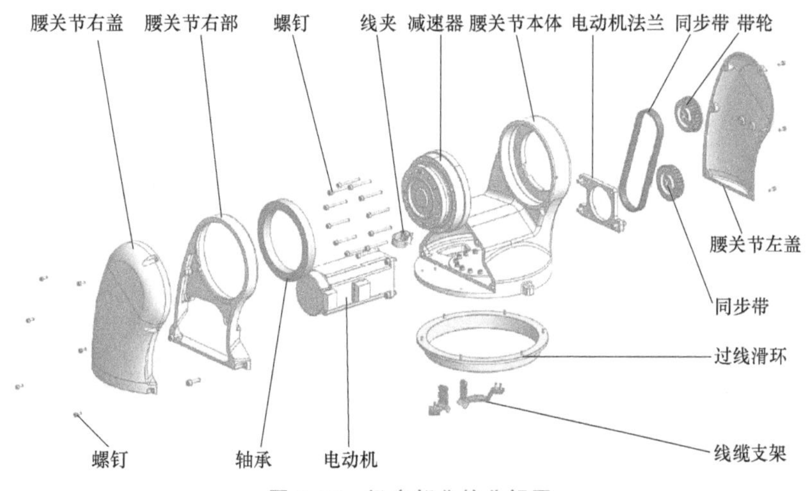

图 5-47 机座部分的分解图

步骤二、大臂部分的装配。大臂部分主要由大臂、J3 轴伺服电动机、小臂旋转壳体及减振撞块等组成。大臂输出端与减速器输入端相连，小臂旋转壳体输入端与减速器输出端相连，所以小臂旋转壳体可以绕大臂输出端中心轴旋转，此为 J3 轴的运动。J3 轴电动机固定在小臂旋转壳体输入端另一侧，电动机轴的终端连着齿轮轴，与减速器输入齿轮啮合传递运动和动力。减振撞块的作用是限位，防止小臂旋转壳体与大臂刚性碰撞。图 5-48 所示为大臂部分的分解图。

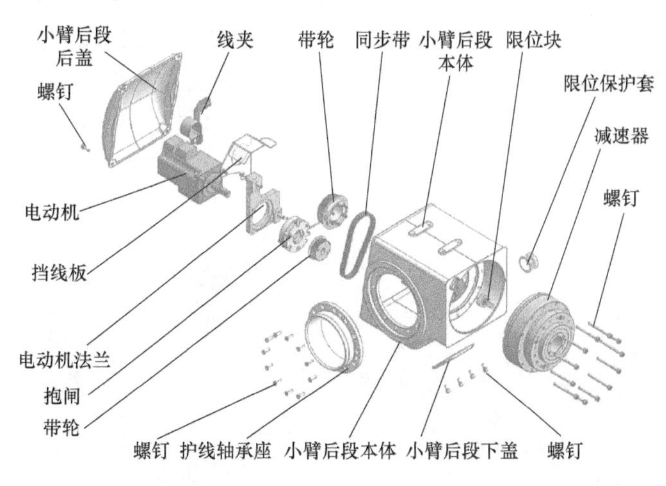

图 5-48 大臂部分的分解图

步骤三、小臂部分的装配。小臂部分主要由 J4 轴伺服电动机、小臂旋转壳体、谐波减速器、转台轴承、柔性固定板和小臂支承座组成。小臂旋转壳体输出端与减速器的输入端相连，小臂支承座的输入端与减速器的输出端相连，小臂支承座可以绕小臂旋转壳体输出端中心轴旋转，此为 J4 轴的运动。转台轴承是一种能够同时承受轴向载荷、径向载荷和倾覆力矩等综合载荷的轴承，它集支承、旋转、传动和固定等功能于一身，满足精密工作条件下各类设备的不同安装使用要求，可以增加谐波减速器的刚性。图 5-49 所示为小臂部分的分解图。

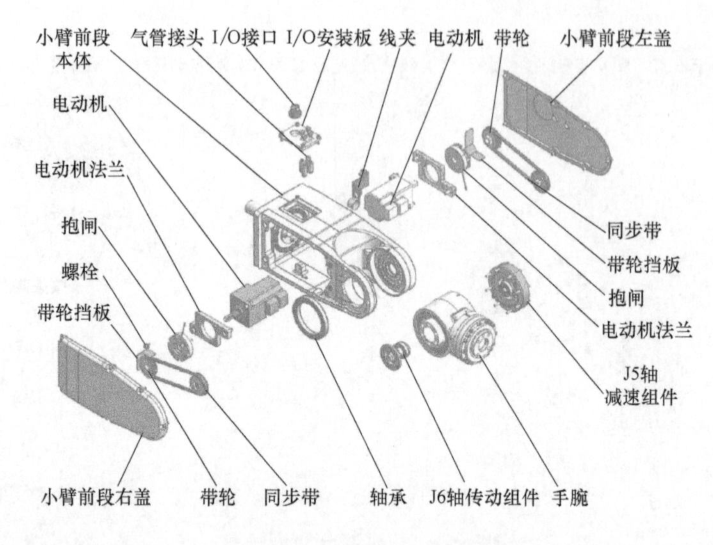

图 5-49　小臂部分的分解图

步骤四、手腕部分的装配。手腕部分主要由前臂臂架、J5 轴电动机、电动机安装板、带轮、同步带、谐波减速器、手腕壳体、减振撞块、J6 轴电动机和末端法兰等组成。前臂臂架既是机器人功能构件的延伸，又是 J5、J6 轴装配的基础。前臂臂架的输入端与前臂支承座的输出端相连，J5 轴电动机的运动通过同步带传递到固定在前臂臂架输出端的减速器的输入端，减速器的输出端固定在手腕壳体上，因此，手腕壳体可以绕前臂臂架输出端中心轴旋转。J6 轴电动机的运动通过同步带传递给固定在前臂臂架输出端另一侧的锥齿轮主动轮构件，再通过锥齿轮传动将运动和动力传递到末端法兰，控制末端法兰的旋转。J5 轴电动机通过电动机安装板固定在前臂臂架上，同步带通过带轮压盖和螺栓固定在电动机轴的终端。减振撞块的作用是限位，防止手腕壳体与前臂臂架刚性碰撞。图 5-50 所示为手腕部分的分解图。

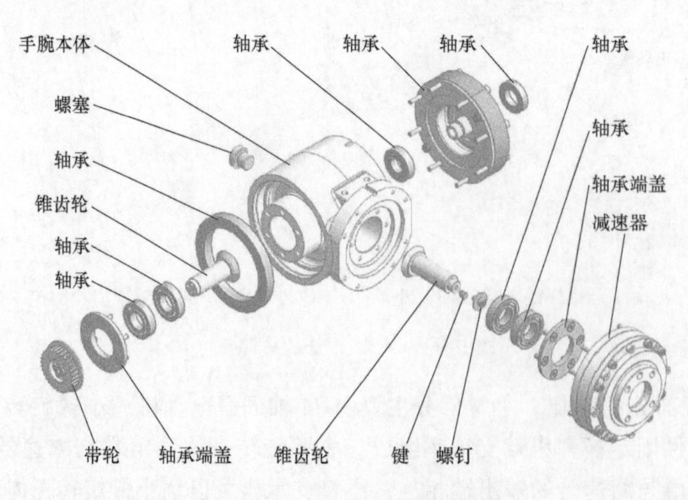

图 5-50　手腕部分的分解图

至此，工业机器人的装配完成。

2. 工业机器人的安装

工业机器人的安装包括机械部分安装和电气部分安装。

（1）工业机器人机械部分安装　工业机器人机械部分安装主要包括安装地基固定装置、安装机架固定位置和安装机器人。

1）安装地基固定装置是指通过底板和锚栓将机器人固定在合适的混凝土地基上（针对带定中装置的地基固定装置）。地基固定装置由带固定的销和剑形销、六角螺栓及碟形螺母、底板、锚栓、注入式化学锚固剂和动态套件等组成。如果混凝土地基的表面不够光滑或平整，则用合适的补整砂浆平整。如果使用锚栓，则只应使用同一个生产商生产的化学锚固剂管和地脚螺栓。钻取锚栓孔时，不得使用金刚石钻头或者底孔钻头，最好使用锚栓生产商生产的钻头；另外，还要注意遵守有关使用化学锚栓的生产商说明。

安装地基固定装置有必需的前提条件，如：混凝土地基必须有尺寸和截面的要求，地基表面必须光滑和平整，地基固定组件必须齐全，必须准备好补整砂浆，必须准备好符合负载能力的运输吊具和多个环首螺栓备用。安装地基固定装置时同样要用到钻孔机及钻头以及符合化学锚栓生产商要求的装配工具等专用工具，具体的操作步骤如下。

① 用叉车或运输吊具抬起底板。用运输吊具吊起前拧入环首螺栓。

② 确定底板相对于地基上工作范围的位置。

③ 在安装位置将底板放到地基上。

④ 检查底板的水平位置，允许的水平度偏差必须<3°。

⑤ 安装后，让补整砂浆硬化约 3h。温度低于 20℃时，硬化时间应延长。

⑥ 拆下 4 个环首螺栓。

⑦ 通过底板上的孔将 20 个化学锚栓孔钻入地基中。

⑧ 清洁化学锚栓孔。

⑨ 依次装入 20 个化学锚栓固剂管。

⑩ 针对每个锚栓执行以下工作步骤：将装配工具与锚栓螺杆一起夹入钻孔机中，然后将锚栓螺杆以不超过 750r/min 的转速拧入化学锚栓孔中。如果化学锚固剂混合充分，并且地基中的化学锚栓孔已完全填满，则使锚栓螺杆就座。等待化学锚固剂硬化，放上锚栓垫圈和球面垫圈，套上六角螺母，然后用力矩扳手对角交错拧紧六角螺母，同时应分几次将拧紧力矩增加，套上并拧紧锁紧螺母，最后将注入式化学锚固剂注入锚栓垫圈上的孔中，直至孔中填满为止。

2）安装机架固定装置包括带固定件的销、带固定件的剑形销、六角螺栓及蝶形螺母。安装机架固定位置的前提条件是：必须提前检查好底部结构是否足够安全，同时机架固定位置组件已经齐全。安装机架固定位置的具体操作步骤如下：

① 清洁机器人的支承面。

② 检查布孔图。

③ 在左后方插入销，用内六角螺栓和蝶形螺母固定。

④ 在右后方插入剑形销，并用内六角螺栓和蝶形螺母固定。

⑤ 用力矩扳手拧紧内六角螺栓。

3）安装机器人。在用地基固定组件将机器人固定在地面上，包括用六角螺栓将机器人固定在底板上，用定位销定位。安装机器人的前提条件是：已经安装好地基固定装置，安装地点可以行驶叉车或者起重机，负载能力足够大、已经拆下会妨碍工作的工具和其他设备部件，连接电缆和接地线已连接至机器人并已装好；使用压缩空气的机器人已配备压缩空气气源；平衡配重上的压力已经正确调整好等，具体操作步骤如下：

① 检查定中销和剑形销有无损坏，是否固定。

② 用起重机或叉车将机器人运至安装地点。

③ 将机器人竖直放到地基上。为了避免定中销损伤，应注意位置要正好竖直。

④ 拆下运输吊具。

⑤ 装上六角螺栓和碟形螺母。

⑥ 用力矩扳手对角交错拧紧六角螺栓，分几次将力矩增加至给定值。

⑦ 检查 J2 轴的缓冲器是否安装好，必要时装入缓冲器。只有先安装好 J2 轴的缓冲器后才允许运行机器人。

⑧ 连接电动机电缆。

⑨ 平衡机器人和机器人控制系统之间、机器人和设备之间的电势。

注意：如果要加装工具，则法兰在工具上以及连接法兰在机械手上必须进行非常精确的相互校准，否则会损坏部件。地基上机器人的固定螺栓必须在运行 100h 后用规定的拧紧力矩再拧紧一次。设置错误或运行时没有压力调节器可能会损坏机器人，因此仅当压力调节器设置正确和连接了压缩空气气源时才允许运行机器人。

（2）工业机器人电气部分安装　电气部分最基础的设备就是控制柜，安装控制柜时需要固定放置，并且对控制柜的放置空间有一定的要求。

1）必须直立地储放、搬运和安装置放控制柜。多个控制柜放置时应间隔一定距离，以免通风口排热不畅。控制柜的外形如图 5-51 所示。

2）尽量按照放置尺寸安装控制柜的位置，以保证良好的散热，且检查维修方便。图 5-52 所示为某控制柜的放置尺寸。

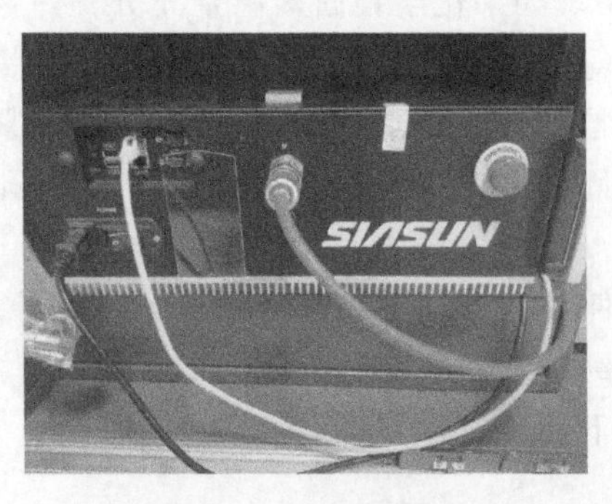

图 5-51　控制柜的外形

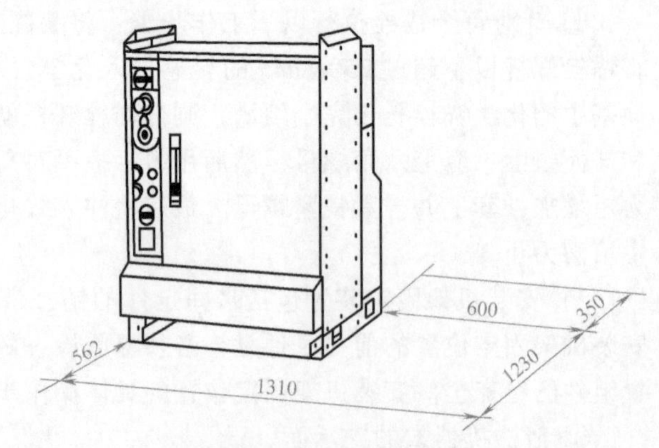

图 5-52　某控制柜的放置尺寸

3）开柜门的一侧为柜门活动预留一定空间，柜门可以打开 180°，以方便内部元器件的维修更换。在其后方也要预留一定位置，以便打开背板进行维修、更换元器件。

4）当机器人工作环境振动较大或控制柜离地放置时，还需将控制柜固定于地面或工作台上。

5）放置后要打开控制柜，检查安装板、电力部件及伺服驱动器等在运输中有无造成松动，若有松动，应重新固定各元器件；还要检查电缆插头有无松动，若有松动，应重新连接相应电缆。

电气安装中最重要的就是机器人与控制柜之间的连接，机器人与控制柜之间的电缆用于连接机器人电动机的电源和控制装置，以及编码器接口板的反馈，包括与机器人本体的连接和与电源的连接。电气连接接口因机器人型号不同而略有差别，但是大致是相同的。控制柜的不同接口如图 5-53 所示。机器人配备的标准电缆套件包含机器人动力电缆和机器人编码器信号电缆。控制柜与机器人的连接如图 5-54 所示。

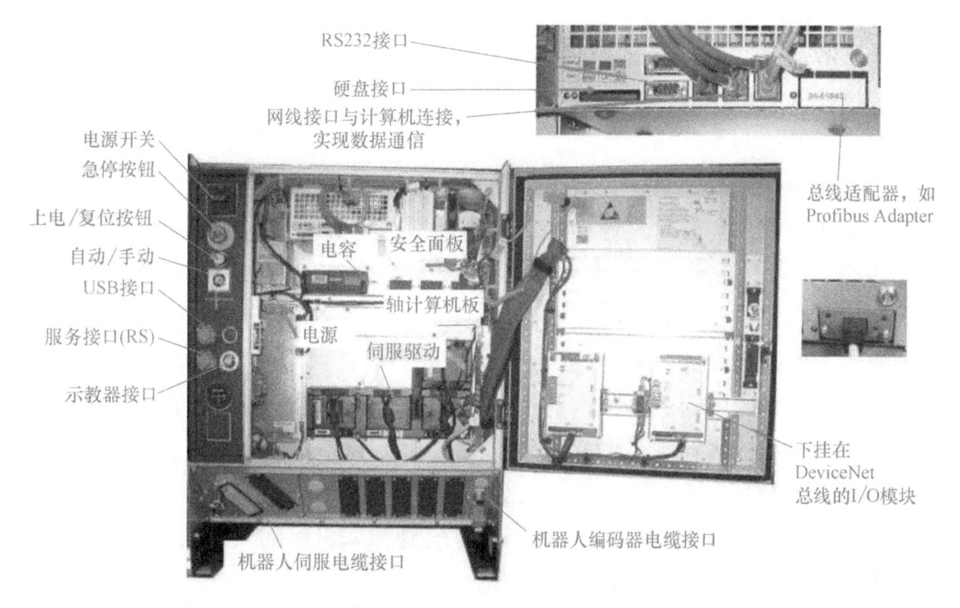

图 5-53 控制柜的不同接口

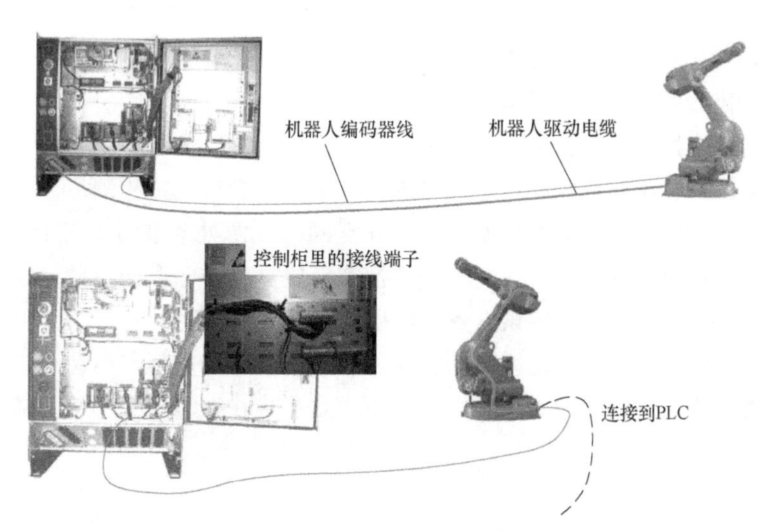

图 5-54 控制柜与机器人的连接

机器人已内置用户电缆用于连接工具上的信号到控制柜，方便接线。

电缆两端均采用重载连接器方式进行连接，但两端的重载连接器出线方式、线标方式均不同，连接的接插件也不同。出线方式分侧出式和中出式。重载连接器出线方式为侧出的一端接于控制柜，重载连接器出线方式为中出式的一端接至机器人本体上，如图 5-55 所示。使用时，将其连接到控制柜或机器人本体，连接时分清电缆的两端，以防接错，损坏电缆。两根电缆采用的重载连接器的插芯是不同的，使用时要根据重载连接器的插芯进行区分。

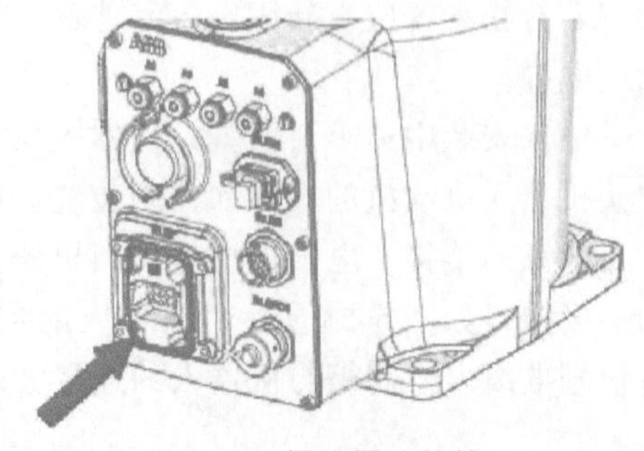

图 5-55 操作器连接接口

控制柜与示教器通过专用电缆进行连接，电缆的一端接在示教器侧面接口处，可以热插拔。电缆的另一端接在控制柜面板上的示教器连接插槽内。

末端执行器如果使用气动部件，需要连接气路。末端执行器如果使用电气控制，需要在机器人本体上走线。在多功能工作站中的机器人本体上安装手爪需要连接气路，机器人本体上提供了气路接口，位于机座与机器人上臂处，接口处是螺纹气管接头，需要使用快插接头来连接。

机座上的气源输送插口通过聚乙烯（PE）气管与电磁阀相连接，电磁阀与继电器通过信号的控制可以将压缩空气通过本体内部的气管输送到上臂的气源输送孔，再将手爪与输送孔用气管相连，将气源输送给手爪，实现手爪的打开及闭合。

连接 PE 气管的具体操作步骤如下：

① 将快插接头安装在底座气源插口上，再将气管插入机座的气源插孔内。

② 将快插接头拧到手臂上的气源插口上。

③ 剪裁一段长度适合手爪与气源输送孔之间距离的 PE 气管，然后一端插入手臂上的输送插口。

④ 在手爪的气源接口拧入快插接头。

⑤ 将 PE 气管的另一端插入手爪的快插接头内。

⑥ 将 PE 气管用扎带固定，使其不会影响机器人的运动。

至此，机器人末端执行器气源的连接完成，接下来要进行气路检测。

给空气压缩机上电，开启空气压缩机，打开滑阀，气源处理装置开始会发出吱吱响声，等达到一定的压力后响声自动消失。使用一字槽螺钉旋具旋转电磁阀上的旋钮，对应的气缸就会动作，如果气缸的工作出现错误，更换电磁阀上的气管即可。

除了机器人与控制柜之间的电缆之外，还需要用电缆将控制柜与电源连接起来。电源接插件一边是将电缆接入外部保护断路器中，另一边是连接在控制柜上，然后通过两边的航空插头连接。

【任务评测】

1. 自我评价

由学生根据学习任务完成情况进行自我评价，记录得分值于表 5-9 中。

表 5-9 自我评价

评价内容	配分	评分标准	得分
外壳拆解与安装	20	1. 正确拆除外壳,不损坏 2. 正确安装外壳,不装反、不破损	
传动带及传动齿轮拆除与安装	20	1. 拆除传动带,不破坏传动带 2. 拆除传动齿轮轴承滚珠 3. 安装传动带,松紧应符合仪器标准 4. 安装轴承齿轮应转动顺畅	
伺服电动机及线缆、气管拆除与安装	30	1. 正确拆除伺服电动机 2. 拆除伺服电动机线缆并做标记 3. 拆除气管并做标记 4. 安装伺服电动机应正确、不歪、不卡 5. 安装气管应不漏气、无错误 6. 安装伺服电动机线缆应正确无误、不插反、不插错	
工具使用	20	1. 正确使用力矩扳手,各螺钉拧紧力矩使用合理 2. 正确使用声波张力仪,参数设置合理	
安全意识	10	遵守安全操作规范要求	

2. 小组评价

由同实训小组的同学结合自评的情况进行互评，记录得分值于表 5-10 中。

表 5-10 小组评价

项目内容	配分	得分
1. 实训记录与自我评价情况	30	
2. 工业机器人作业前准备工作流程	30	
3. 相互帮助与协作能力	20	
4. 安全、质量意识与责任心	20	

3. 指导人员评价

由指导人员结合自评与互评的结果进行综合评价，并给出评价意见与得分值。

【任务评测】

1）常用的装调工具和测量工具有哪些？

2）画出六自由度工业机器人的机构简图。

3）拆卸工业机器人手腕部分时，是先拆卸减速器还是先拆卸电动机？为什么？

4）简述工业机器人机座部分的装配过程。

任务 5.2 调试供料模块单元及调整机械结构

【任务目标】

1）了解供料模块单元的机械结构。

2）了解供料模块单元调试及机械结构调整的目的。

3）掌握供料模块单元调试及机械结构调整的方法。

【知识准备】

设备在长期、不同的环境（包括恶劣环境）的使用过程中，机械部件磨损、间隙增大、配合改变等会直接影响到设备原有的平衡，设备的稳定性、可靠性、使用效益均会出现相当程度的降低，甚至会导致机械设备丧失其固有的基本性能，无法正常运行。因此，必须掌握设备的机械结构及其调整方法，理论与实际相结合，科学合理地制订设备的维护、保养计划。

图 5-56 和图 5-57 所示为技术人员正在为动车组的机械结构进行检查、调整与维护。

图 5-56　动车组的机械结构检查、调整与维护

图 5-57　动车组的机械结构维护

【任务分析】

针对供料模块单元调试及机械结构调整，对本任务实施方案分析如下。

1. 了解供料模块单元的结构组成

本任务中使用的供料模块单元的结构材料主要是铝型材，通过铝型材结构和螺钉、螺母进行各个位置的固定，而且也可以通过对铝型材位置的调整来调节供料模块单元整体的结构。图 5-58 所示为本任务安装完成的供料模块单元。

2. 掌握供料模块单元的机械结构调整方法

供料模块单元的机械结构需要调整的主要为供料模块放置的位置。在日常的程序编辑中，为了增加程序的流畅性，在机器人方面优化的同时，机械结构本身也可以对供料模块位置进行不同方位的调整。调整方法为改变供料模块出料口的位置，松开固定装置螺钉后进行位置调整，调整到需要的方位后固定即可。

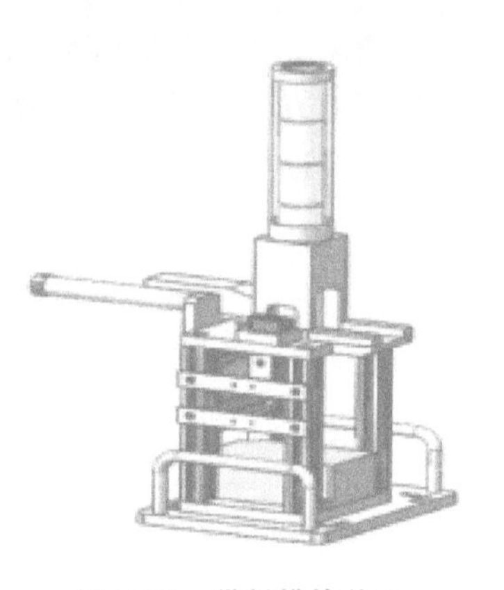

图 5-58 供料模块单元

【任务实施】

步骤一、供料模块单元底板与把手的安装。将底板与把手进行连接，同时使用螺钉进行位置的固定，如图 5-59 和图 5-60 所示。

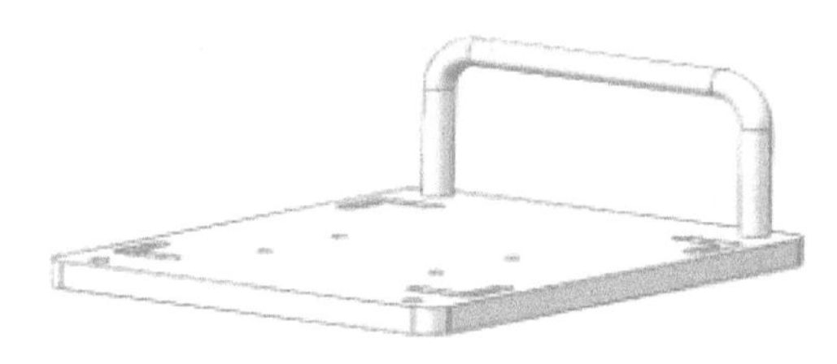

图 5-59 底板与把手进行连接（一）

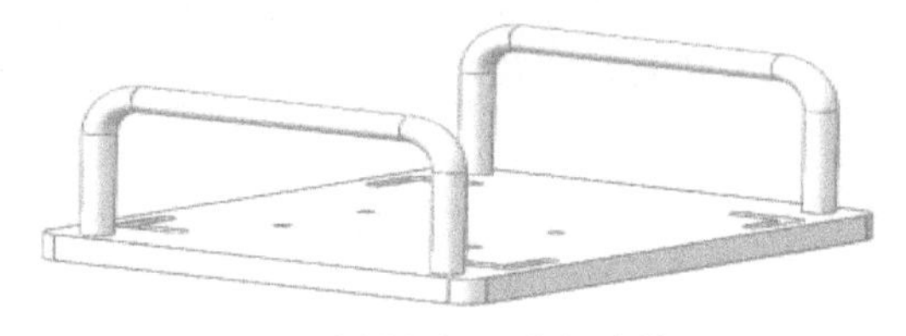

图 5-60 底板与把手进行连接（二）

步骤二、安装供料模块单元立柱小底板。将供料模块单元的小底板与立柱按图 5-61～图 5-64 所示顺序进行连接，并且使用螺钉进行固定。安装立柱时，可以对其位置进行修改，以变换立柱的工整度。

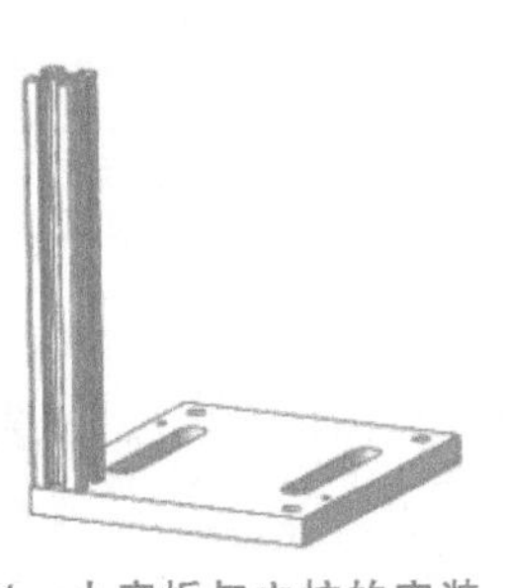

图 5-61 小底板与立柱的安装（一）

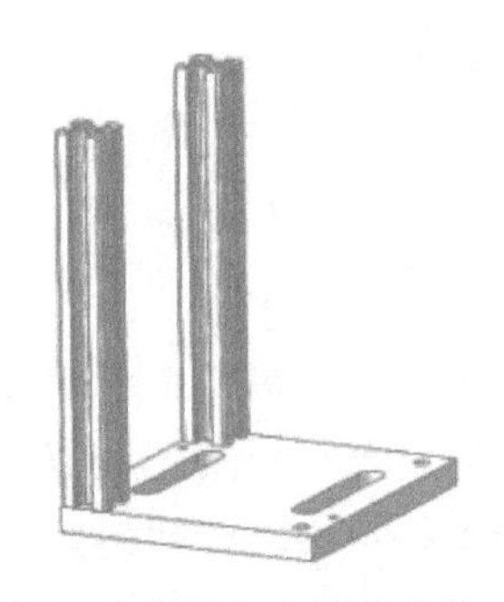

图 5-62 小底板与立柱的安装（二）

图 5-63 小底板与立柱的安装（三）

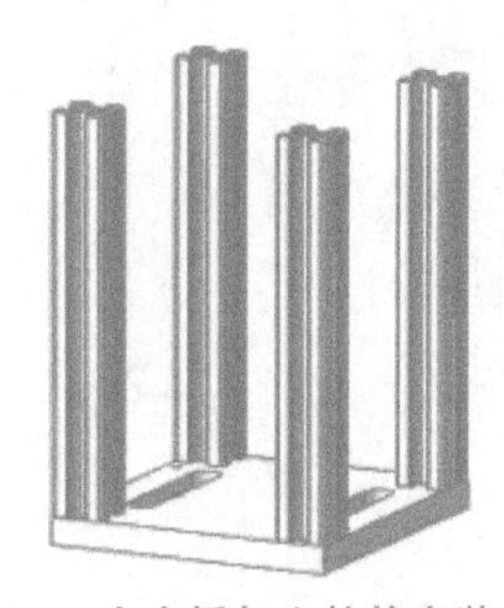

图 5-64 小底板与立柱的安装（四）

步骤三、将图 5-64 所示的小底板和立柱安装在供料模块单元底板上，并将电气盒固定于小底板上方，如图 5-65 和图 5-66 所示。在立柱与小底板的安装过程中，可以通过对该板的左右位置进行调整，来达到调整供料桶左右位置的目的。

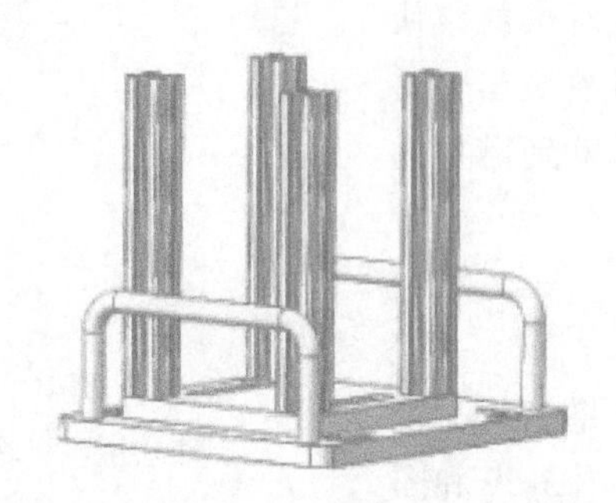

图 5-65　立柱与小底板的安装调整

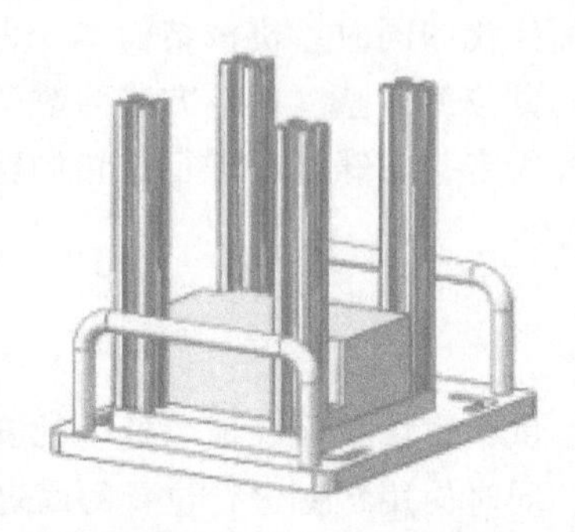

图 5-66　电气盒的安装

步骤四、距底板 66mm 处安装第一根横梁，用角件连接，如图 5-67 所示。安装横梁时，可以对其位置进行修改，以变换横梁的工整度。

步骤五、使第二根横梁上端面与立柱端面对齐，并用角件连接，如图 5-68 所示。安装横梁时，可以对其位置进行修改，以变换横梁的工整度。

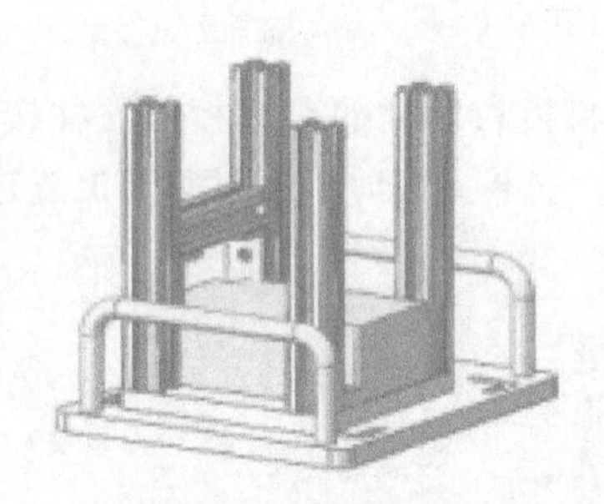

图 5-67　安装第一根横梁

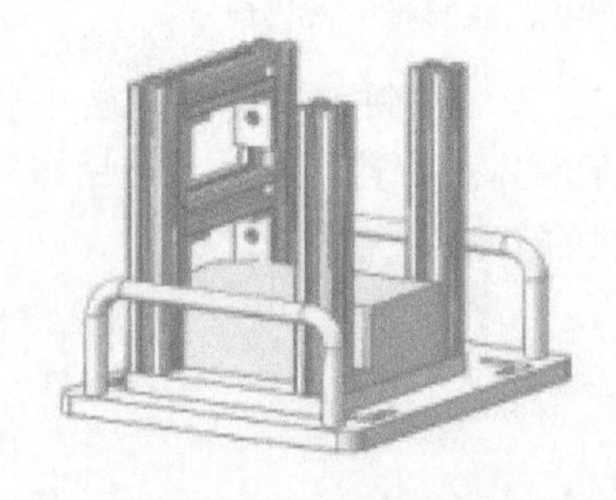

图 5-68　安装第二根横梁

步骤六、在立柱上安装第一个和第二个电磁阀，如图 5-69 所示。

步骤七、将气缸安装在固定挡板上（图 5-70），再安装物料推块（图 5-71）。安装过程中，调整气缸整齐度，并调整物料推块的朝向。

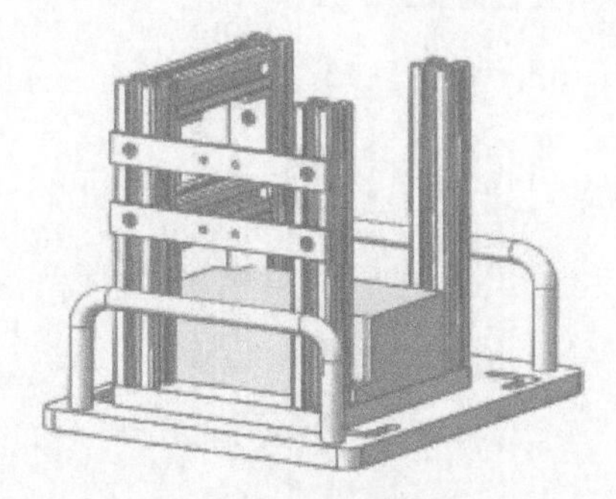

图 5-69　安装电磁阀

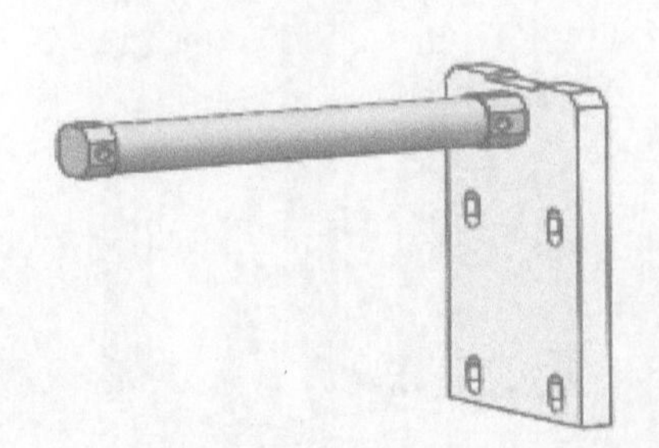

图 5-70　安装气缸

步骤八、如图5-72所示，将安装有气缸和物料推块的固定挡板固定在横梁上，对准孔位调至合适位置拧上螺钉。注意：先不要拧紧，以方便稍后调节。安装过程中可调整固定挡板，使气缸处于水平朝向。

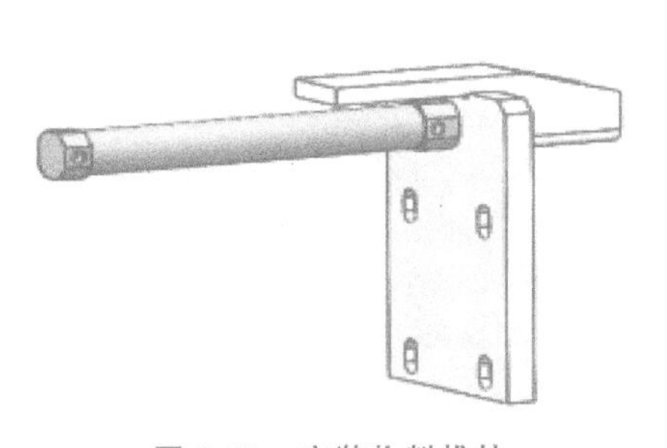

图5-71 安装物料推块

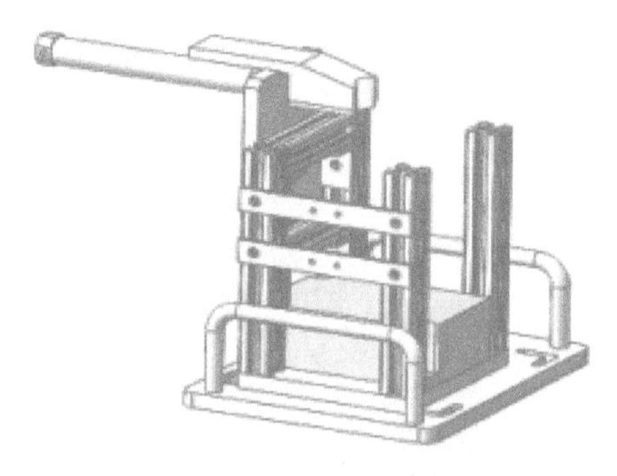

图5-72 安装固定挡板

步骤九、按图5-73～图5-76所示顺序安装。准备落料斗支承板、落料斗底座、光电传感器安装板、光电传感器和物料挡边，对准孔位安装落料斗底座、光电传感器安装板、光电传感器和物料挡边。

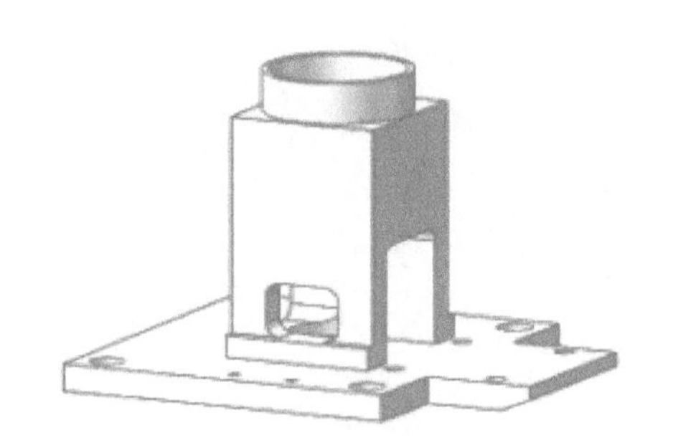

图5-73 安装落料斗支承板、落料斗底座

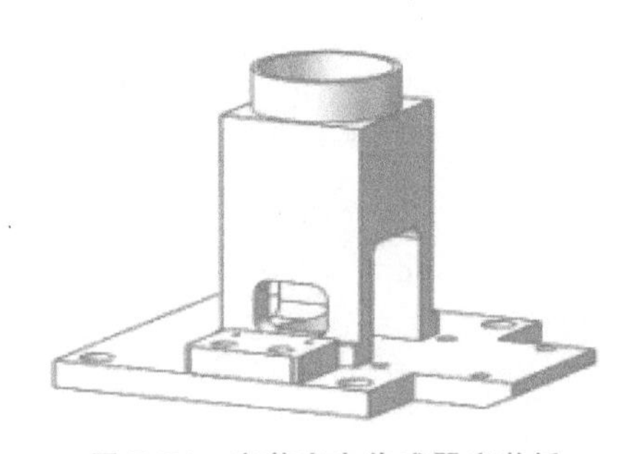

图5-74 安装光电传感器安装板

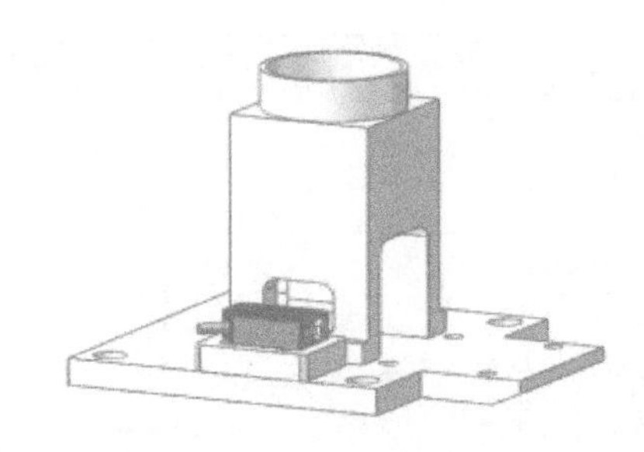

图5-75 安装光电传感器

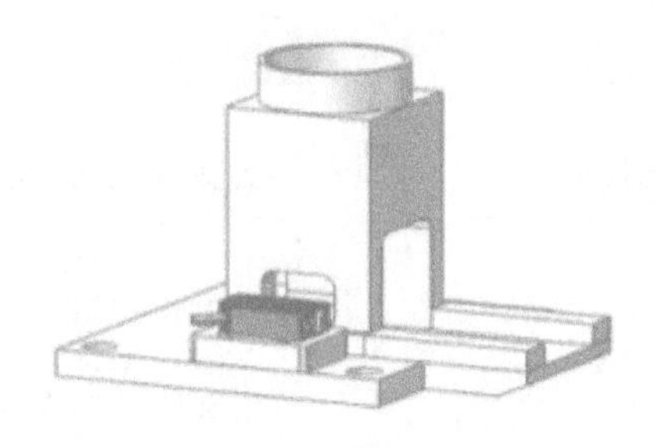

图5-76 安装物料挡边

步骤十、按图5-77～图5-80所示顺序安装。使立柱对准落料斗支承板孔位，并用螺钉拧紧；将料管插入落料斗底座；在料管顶部安装装饰环；向料管内放置物料。

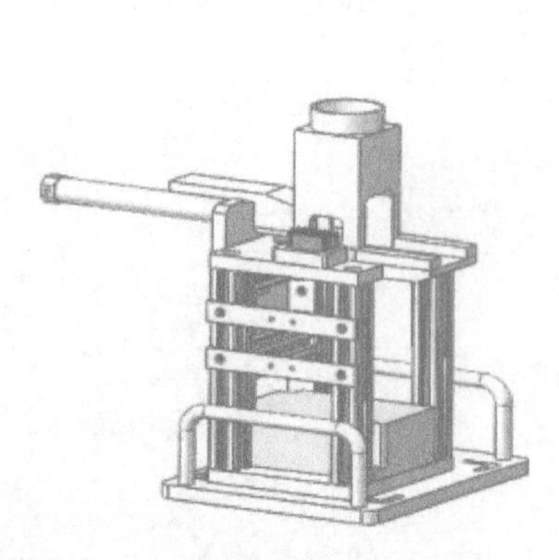

图 5-77　安装落料斗支承板与立柱

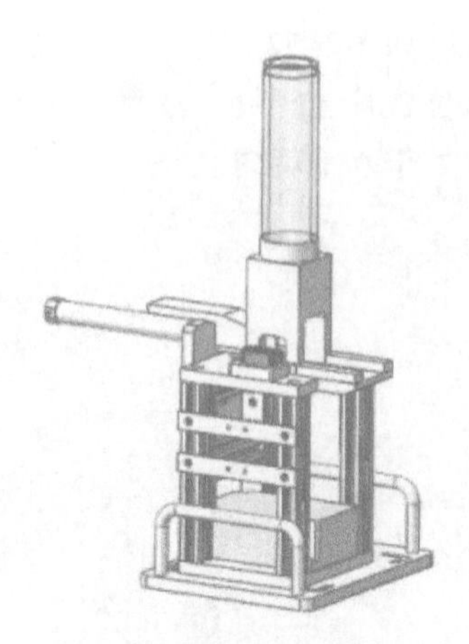

图 5-78　安装料管

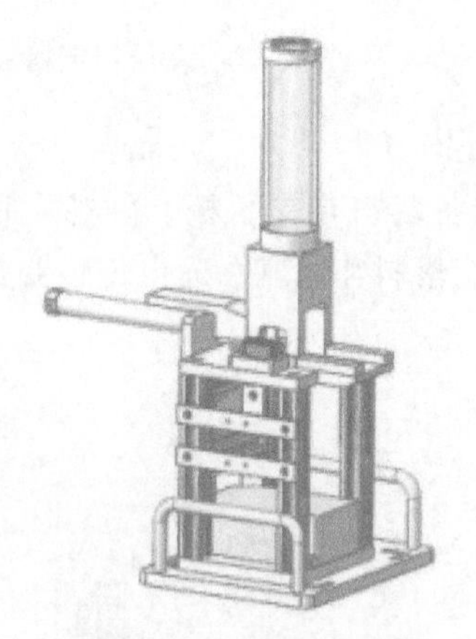

图 5-79　安装装饰环

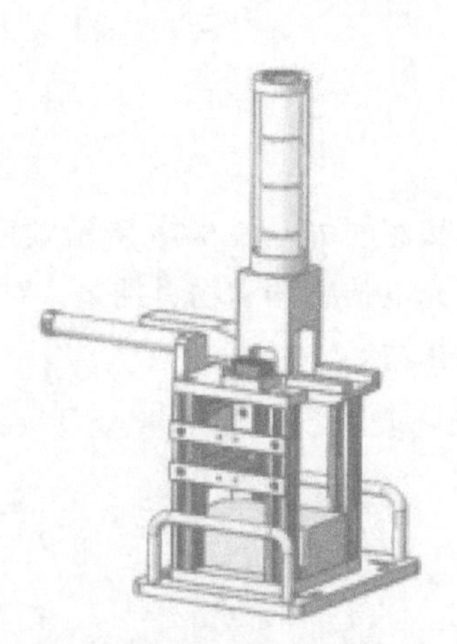

图 5-80　放入物料

【任务评测】

1. 自我评价

由学生根据学习任务完成情况进行自我评价，记录得分值于表 5-11 中。

表 5-11　自我评价

评价内容	配分	评分标准	得分
了解供料模块单元的机械结构	10	1. 了解供料模块单元机械结构组成 2. 掌握供料模块单元机械部件及安装方式	
安装供料模块单元	20	1. 能够正确选取供料模块单元机械部件 2. 能按正确顺序安装供料模块单元 3. 安装供料模块单元的部件合理，不妨碍下一部件的安装 4. 供料模块单元的活动部件活动自如，不卡顿、无杂音	
供料模块单元结构调整	30	1. 安装完供料模块单元后能进行机械微调 2. 气缸、气管、电气线缆安装合理、美观 3. 活动部位、出料部位微调后出料精准	

（续）

评价内容	配分	评分标准	得分
供料模块单元机械及电气维护	20	1. 紧固螺钉后，机械部件不松动、不摇晃 2. 线缆、气管用捆绑带捆扎 3. 气管、线缆不打结，气路畅通 4. 传感器检测范围符合需求	
工具使用	10	能正确合理使用工具，不破坏工具	
安全意识	10	遵守安全操作规范要求	

2. 小组评价

由同实训小组的同学结合自评的情况进行互评，记录得分值于表5-12中。

表5-12 小组评价

项目内容	配分	得分
1. 实训记录与自我评价情况	30	
2. 工业机器人作业前准备工作流程	30	
3. 相互帮助与协作能力	20	
4. 安全、质量意识与责任心	20	

3. 指导人员评价

由指导人员结合自评与互评的结果进行综合评价，并给出评价意见与得分值。

【任务评测】

1）想要更换供料模块单元出料口的左右位置，应该改变哪里的结构？
2）想要更换供料模块单元的摆放位置，应该改变哪里的结构？
3）在铝型材安装完成后，通过什么来固定？

任务5.3 调试立体仓库单元及调整机械结构

【任务目标】

1）了解立体仓库单元的机械结构。
2）了解立体仓库单元机械结构调整的目的。
3）掌握立体仓库调试及机械结构调整的方法。

【知识准备】

立体仓库是现代物流系统的重要组成部分，它可以节约用地、减轻劳动强度、消除差错、提高管理水平、提高管理人员和操作人员素质、降低储运损耗、有效地减少流动资金的积压以及提高物流效率。

立体仓库具有很高的空间利用率、很强的出入库能力，在后期的自动化升级改造中，也会将其与厂级计算机管理信息系统联网以及与生产线紧密相连，从而加强智能化程度。立体仓库已成为企业物流和生产管理不可缺少的仓储技术，越来越受到企业的重视。因此，必须掌握立体仓库的机械结构及其调整方法，理论与实际相结合，科学合理地制订设备的维护、保养计划。

图 5-81 所示为物流分拣使用的立体仓库，高层次的结构帮助企业节约了大量的空间，结合自动化码垛、包装设备形成一条智能化的生产链。

图 5-81　物流分拣使用的立体仓库

图 5-82 所示为立体仓库的技术人员在进行立体仓库的数据测量，为后期立体仓库的尺寸变化做好数据计算。

图 5-82　立体仓库的数据测量

【任务分析】

本任务中将现实生产链中使用的立体仓库进行缩小化和简略化，通过简单的模型来体现立体仓库在智能生产线中的作用。

针对立体仓库单元调试及机械结构调整，对本任务实施方案分析如下。

1. 了解立体仓库单元的结构组成

本任务中使用的立体仓库单元的结构材料主要是铝型材，通过铝型材结构和螺钉、螺母进行各个位置的固定，也可以通过对铝型材位置的调整来调节立体仓库单元整体的结构。图 5-83 所示为本任务安装完成的立体仓库单元。

2. 掌握立体仓库单元的机械结构调整方法

立体仓库单元的机械结构需要调整的位置主要为立体仓库的库位间距，在日常的程序编辑中，为了增加程序的多样性，在机器人多种方式编程的同时，机械结构本身也可以对立体仓库库位进行间距的调整。调整方法为改变货架板的位置，松开固定装置后进行位置调整，调整到需要的方位后固定即可。

【任务实施】

步骤一、立体仓库单元底板与支柱的安装。将底板与支柱进行连接，同时使用角件进行位置的固定，安装顺序如图 5-84～图 5-86 所示。

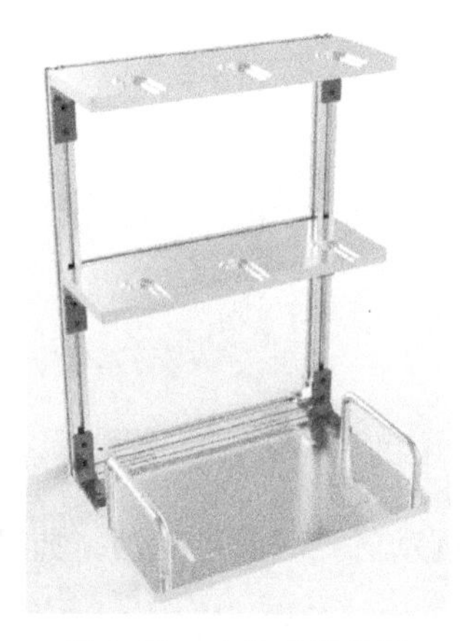

图 5-83 立体仓库单元

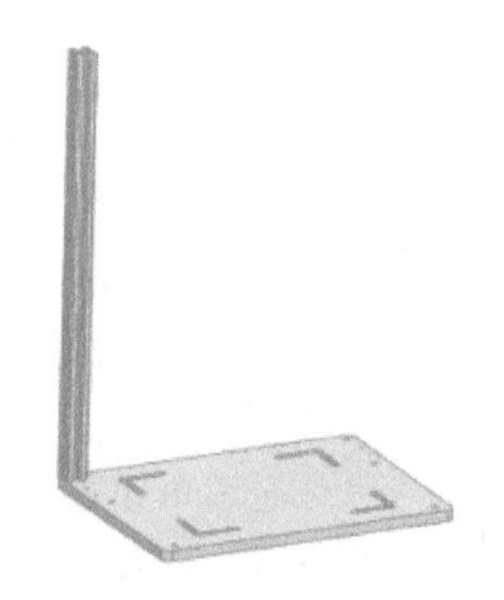

图 5-84 底板与支柱进行连接

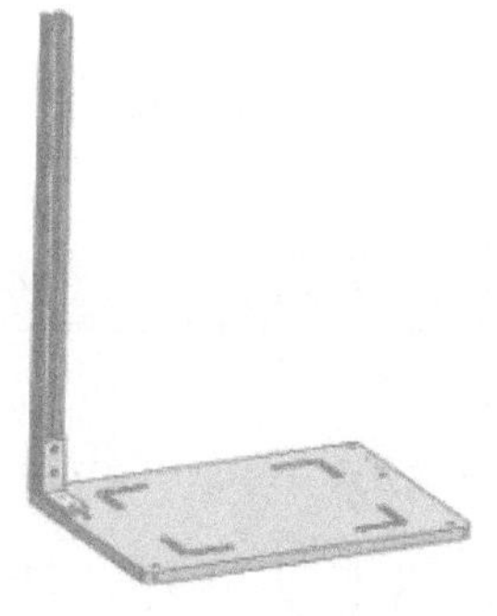

图 5-85 角件进行位置的固定（一）

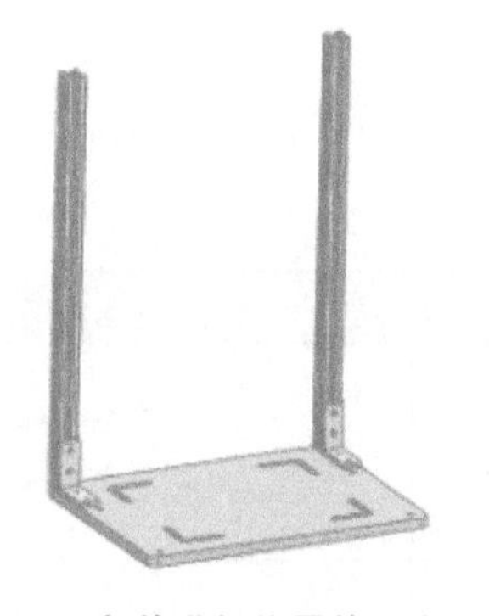

图 5-86 角件进行位置的固定（二）

步骤二、安装立体仓库单元横梁。将立体仓库单元横梁与步骤一中搭建好的底座进行安装，并且使用角件进行固定。横梁决定了立体仓库单元的库位间距，所以在横梁的安装中，可以通过改变横梁的间距对其立体仓库库位间距进行修改，安装顺序如图 5-87 和图 5-88 所示。

图 5-87　安装横梁与底座（一）　　图 5-88　安装横梁与底座（二）

步骤三、安装立体仓库单元货架板。货架板安装于立体仓库单元横梁位置，安装顺序如图 5-89～图 5-91 所示。

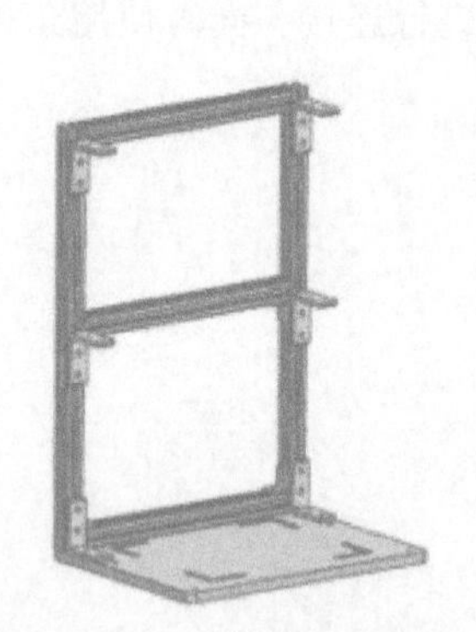

图 5-89　安装货架板的角件

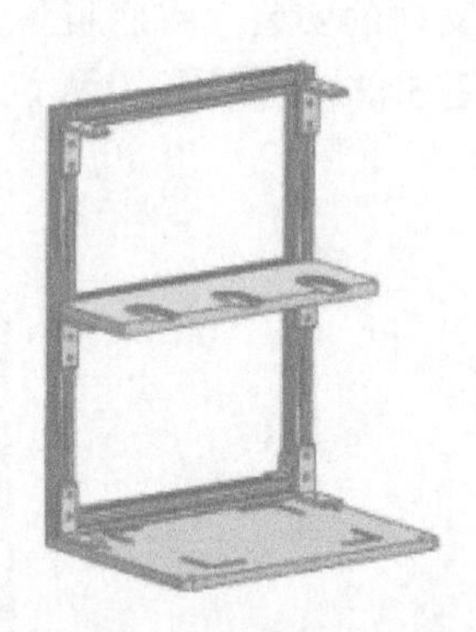

图 5-90　安装底层货架板

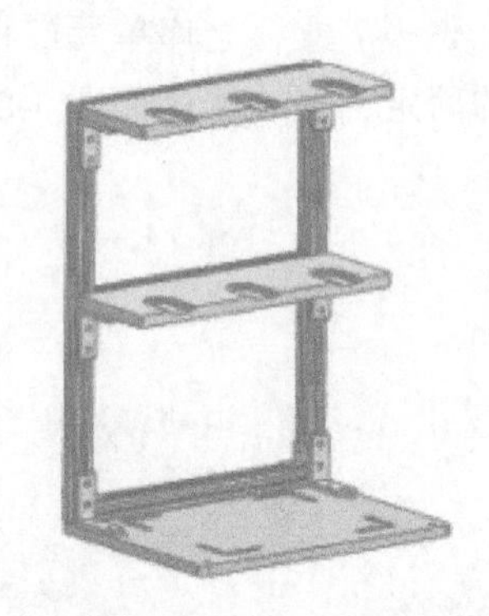

图 5-91　安装上层货架板

步骤四、验证立体仓库单元是否安装妥当，用手摇动时是否发生晃动，如果出现整体松动的情况，则需要检查各个位置是否固定好。

【任务评测】

1. 自我评价

由学生根据学习任务完成情况进行自我评价，记录得分值于表 5-13 中。

表 5-13　自我评价

评价内容	配分	评分标准	得分
了解立体仓库单元的机械结构	10	1. 了解立体仓库单元的机械结构组成 2. 掌握立体仓库单元的机械部件及安装方式	
安装立体仓库单元	20	1. 能够正确选取立体仓库单元的机械部件 2. 能按正确顺序安装立体仓库单元 3. 安装立体仓库单元的部件合理,不妨碍下一部件安装 4. 立体仓库单元的活动部件活动自如,不卡顿、无杂音	

（续）

评价内容	配分	评分标准	得分
立体仓库单元的结构调整	20	1. 安装完立体仓库单元后能进行机械微调 2. 使每个货架板处于水平位置	
机械及电气维护	30	1. 紧固螺钉后，机械部件不松动、不摇晃 2. 固定角件安装整齐，并与型材齐平 3. 传感器检测范围符合需求	
工具使用	10	能正确合理使用工具，不破坏工具	
安全意识	10	遵守安全操作规范要求	

2. 小组评价

由同实训小组的同学结合自评的情况进行互评，记录得分值于表 5-14 中。

表 5-14 小组评价

项目内容	配分	得分
1. 实训记录与自我评价情况	30	
2. 工业机器人作业前准备工作流程	30	
3. 相互帮助与协作能力	20	
4. 安全、质量意识与责任心	20	

3. 指导人员评价

由指导人员结合自评与互评的结果进行综合评价，并给出评价意见与得分值。

【任务评测】

1）想要调整立体仓库的库位间距，应该改变哪里的结构？
2）立体仓库单元的横梁有几根？
3）立体仓库的横梁与立柱之间通过什么来固定？

任务 5.4 调试快换装置单元及调整机械结构

【任务目标】

1）了解快换装置单元的机械结构。
2）了解快换装置单元调试及机械结构调整的目的。
3）掌握快换装置单元调试及机械结构调整的方法。

【知识准备】

近年来，机器人在工业生产中得到了广泛应用，随着现代化生产要求的不断提高，工业机器人技术也需要不断提升。在机器人本体上，除了控制系统、执行器外，快换装置是确保机器人工作稳定性的关键技术。

工业机器人是一种具有自动控制和移动功能，能完成各种作业的可编程操作机器，通过快换装置可以更换不同的末端执行器，提高工业机器人的工作效率。如图 5-92 所示，机器人快换装置通常由主盘和工具盘组成。主盘安装在工业机器人手腕上，工具盘与末端操作器连接。快换装置的释放和夹紧可以由主盘和工具盘通过气动的形式实现。

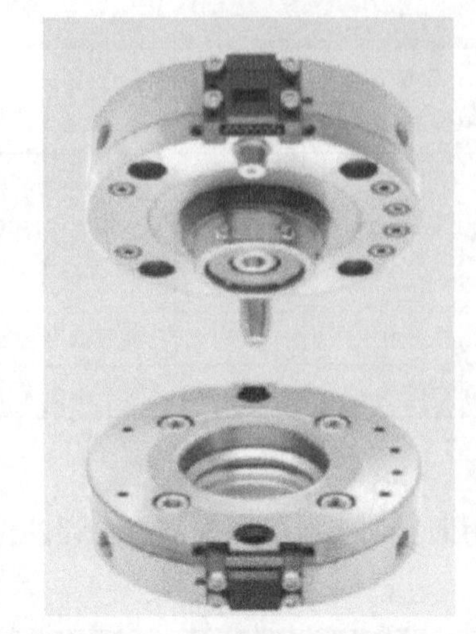

图 5-92　机器人快换装置

当操作器处于释放状态时，主盘上的释放口开始供气，产生的推力使活塞杆处于下压状态，钢球收于内侧。当操作器需要夹紧时，主盘上的夹紧口开始供气，主盘内活塞拉力和内部弹簧使活塞杆回拉，并由钢球将工具侧定位夹紧套按压在接合面上。如图 5-93 所示，排气口在必要时可进行气体的排放，保证气路的畅通；而检测口则与压力开关相接，用来检测快换装置的工作状态。

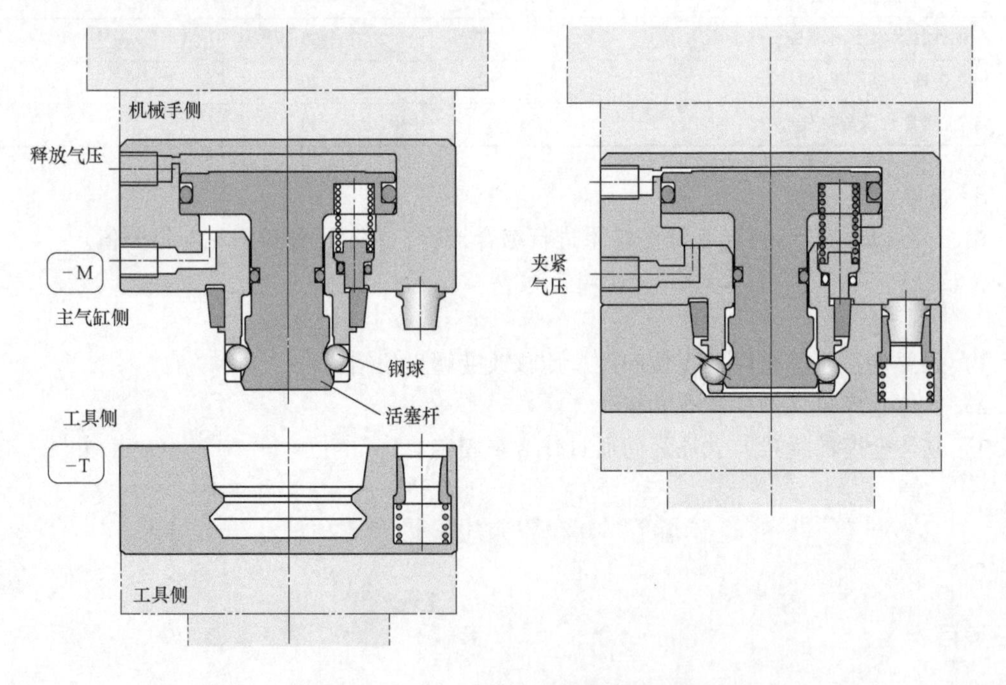

图 5-93　机器人快换装置的工作状态

【任务分析】

本任务将现实生产链中使用的快换装置单元进行体型上的缩小，减少夹具数量，简化夹具结构，从而达到用简单的机械模型来模拟真实生产线中快换装置单元的功能以及调试方法。

针对快换装置单元调试及机械结构调整，对本任务实施方案做分析如下：

1. 了解快换装置单元的结构组成

本任务使用的快换装置单元的结构材料主要是铝型材，通过结构和螺钉、螺母进行各个位置的固定，也可以通过对铝型材位置的调整来调节快换装置单元整体的结构。图 5-94 所示为本任务安装完成的快换装置单元（带两种夹具）。

2. 掌握快换装置单元的机械结构调整方法

快换装置单元的机械结构需要调整的主要为快换夹具放置的位置。在日常的程序编辑中，为了增加程序的流畅性，在机器人方面优化的同时，机械结构本身也可以对夹具位置进行不同方位的调整。调整方法为改变夹具安放板的位置，松开固定装置后进行位置调整，调整到需要的方位后固定即可。

图 5-94 快换装置单元

【任务实施】

步骤一、快换装置单元底板与支柱的安装。将底板（图 5-95）与支柱进行连接，同时使用角件进行位置的固定，安装顺序如图 5-96～图 5-99 所示。

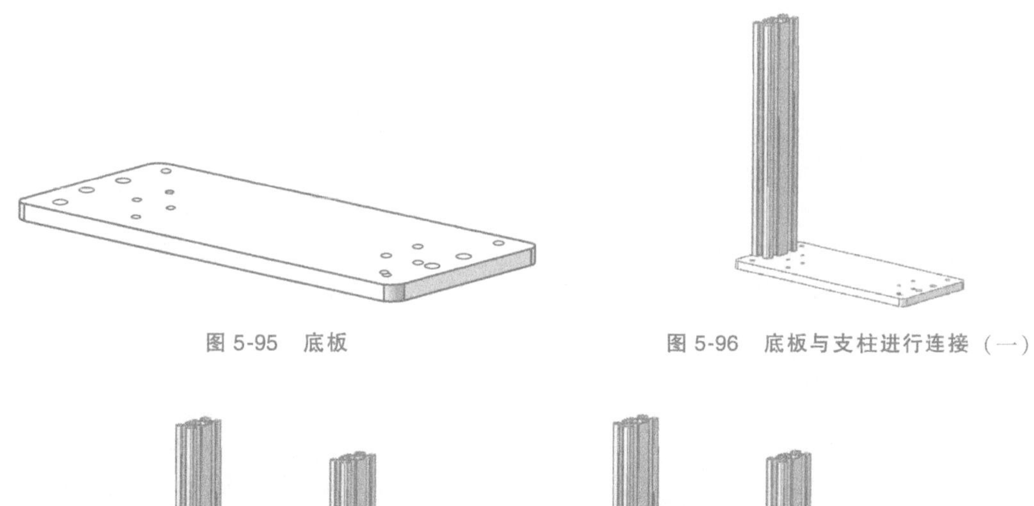

图 5-95 底板

图 5-96 底板与支柱进行连接（一）

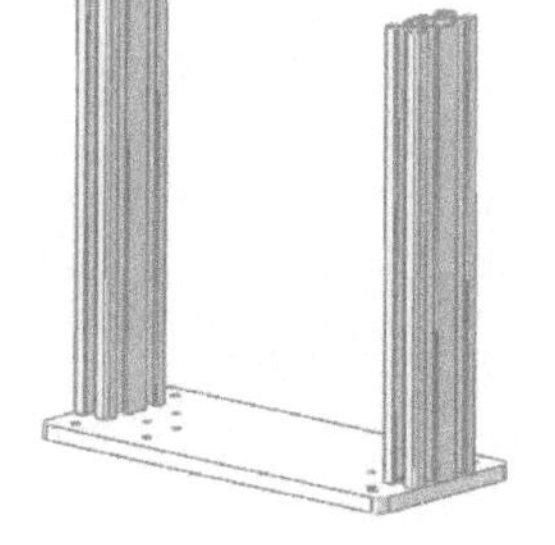

图 5-97 底板与支柱进行连接（二）

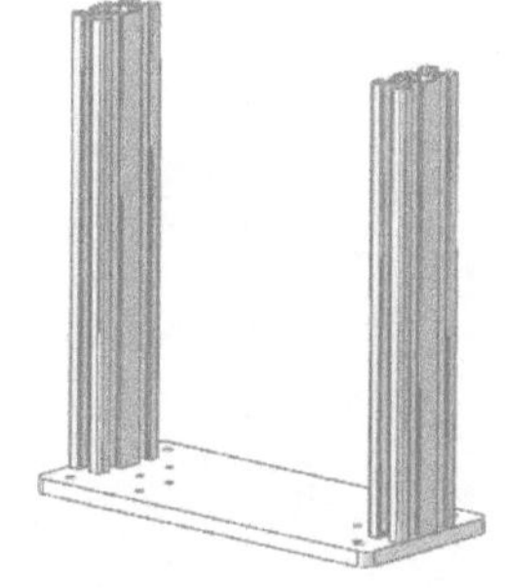

图 5-98 底板与支柱进行连接（三）

步骤二、安装快换装置单元上梁。将快换装置单元的上梁与步骤一中搭建好的底座进行安装，并且使用角件进行固定。在上梁的安装中，可以对其位置进行修改，以变换夹具最终的高度，安装顺序如图 5-100 和图 5-101 所示。

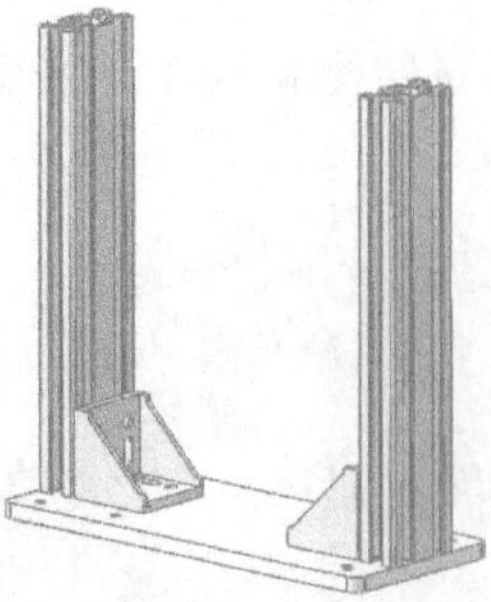

图 5-99　用角件进行位置固定

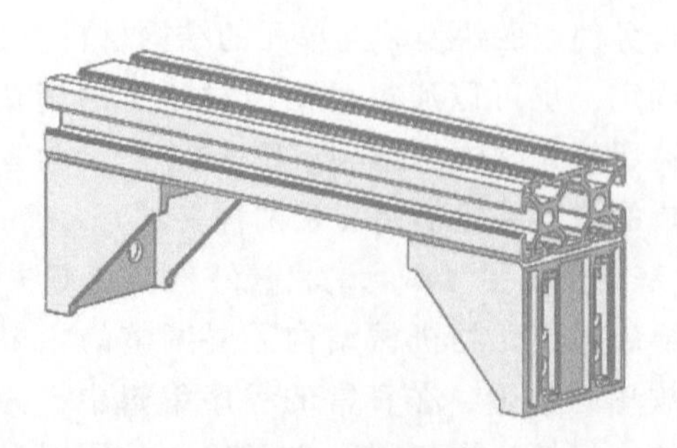

图 5-100　安装上梁

步骤三、安装快换装置单元夹具放置板。在快换装置单元本体大致搭建完成后，进行夹具放置板的安装。夹具放置板安装于快换装置单元的上梁位置，安装完成后进行定位销的安装。在夹具放置板的安装过程中，可以通过对该板的左右位置进行调整，来达到调整快换工具左右位置的目的，安装顺序如图 5-102～图 5-104 所示。

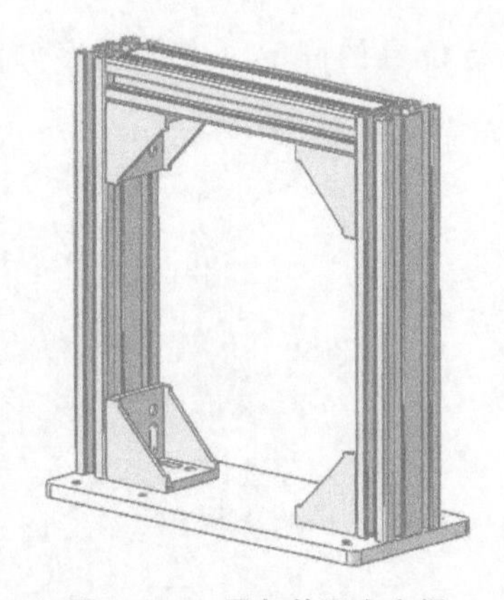

图 5-101　用角件固定上梁

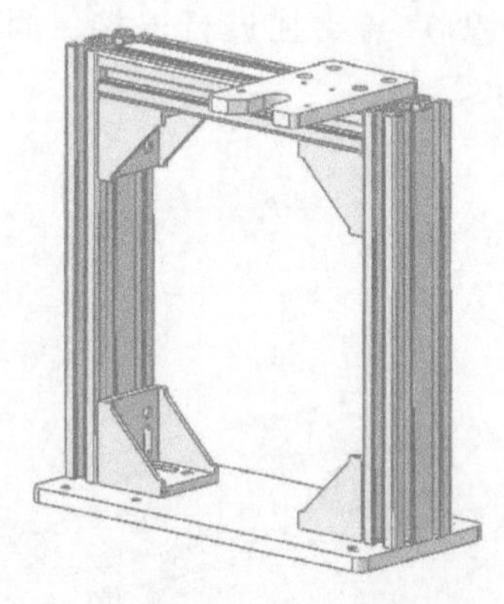

图 5-102　安装夹具放置板（一）

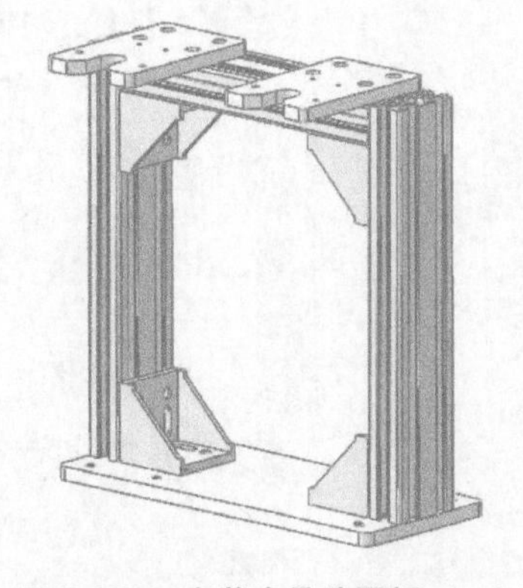

图 5-103　安装夹具放置板（二）

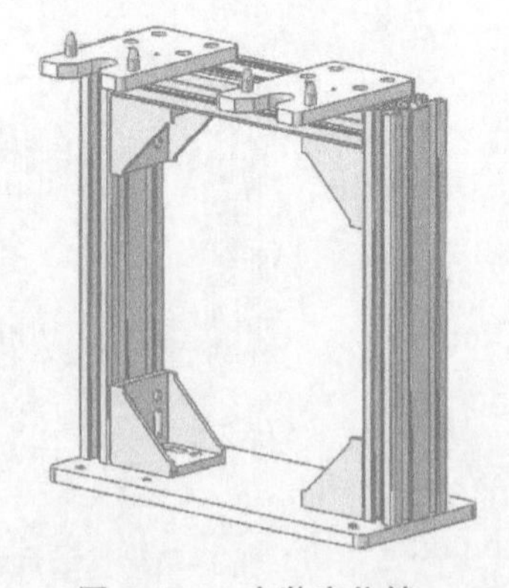

图 5-104　安装定位销

步骤四、验证快换装置单元是否安装妥当，用手摇动时是否发生晃动，如果出现整体松动的情况，则需要再次检查各个位置是否固定好。

【任务评测】

1. 自我评价

由学生根据学习任务完成情况进行自我评价，记录得分值于表5-15中。

表5-15 自我评价

评价内容	配分	评分标准	得分
了解快换装置单元的机械结构	10	1. 了解快换装置单元的机械结构组成 2. 掌握快换装置单元的机械部件及安装方式	
安装快换装置单元	20	1. 能够正确选取快换装置单元的机械部件 2. 能按正确顺序安装快换装置单元 3. 安装快换装置单元的部件合理，不妨碍下一部件安装 4. 快换装置单元的活动部件能活动自如，不卡顿、无杂音	
快换装置单元的结构调整	20	1. 安装完快换装置单元后能进行机械微调 2. 能使每个放置板处于水平位置	
机械及电气维护	30	1. 紧固螺钉后，机械部件不松动、不摇晃 2. 调整定位销和工具，使其活动自如 3. 传感器检测范围符合需求	
工具使用	10	能正确合理使用工具，不破坏工具	
安全意识	10	遵守安全操作规范要求	

2. 小组评价

由同实训小组的同学结合自评的情况进行互评，记录得分值于表5-16中。

表5-16 小组评价

项目内容	配分	得分
1. 实训记录与自我评价情况	30	
2. 工业机器人作业前准备工作流程	30	
3. 相互帮助与协作能力	20	
4. 安全、质量意识与责任心	20	

3. 指导人员评价

由指导人员结合自评与互评的结果进行综合评价，并给出评价意见与得分值。

【任务评测】

1）想要更换快换夹具的左右位置，应该改变哪里的结构？

2）想要更换快换夹具的上下位置，应该改变哪里的结构？

3）在铝型材安装完成后，通过什么来固定？

任务5.5 装调视觉工艺单元

【任务目标】

1）了解视觉工艺单元的基本结构。

2）熟悉视觉工艺单元的安装顺序。

3）掌握视觉工业相机及镜头的调节。

【知识准备】

一、视觉工艺单元

视觉工艺单元由底板、立柱、把手、显示器支架、上板、视觉底座、光轴、光源支架和相机支架等机械构件组成，还装有工业相机、光源、显示器和控制器等外围控制设备，如图 5-105 所示。

安装工具：内六角扳手一套，钢直尺一把，十字槽螺钉旋具一把。

操作说明：

1）准备好视觉工艺单元所有组成构件。

2）对视觉工艺单元进行安装，按由下而上的顺序安装。

3）底板与立柱的固定需先进行预拧紧，待上板安装后再一起紧固。

4）一般采用对角方式预紧、待全部螺栓都拧上后再一起紧固的方法安装多孔位结构。

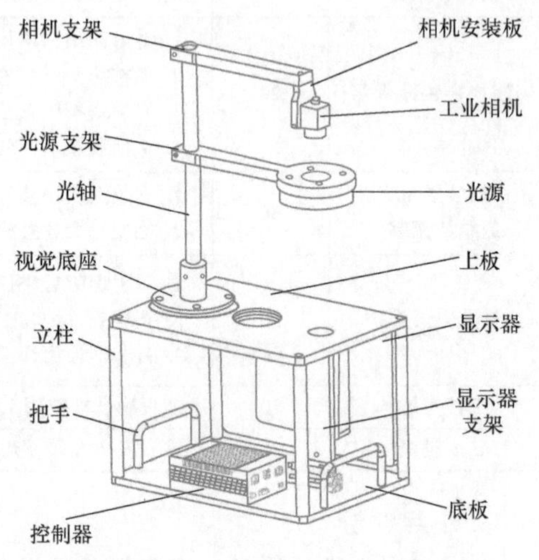

图 5-105　视觉工艺单元

二、工业相机

工业相机是指应用在各种工业领域的成像相机，是机器视觉系统中的一个关键组件，其最本质的功能就是将光信号转变成为有序的电信号，如图 5-106 所示。选择合适的工业相机也是机器视觉系统设计中的重要环节，相机不仅直接决定所采集到的图像分辨率、图像质量等，也与整个系统的运行模式直接相关。

图 5-106　工业相机

1. 镜头接口

从大的分类来看，镜头接口可以分为螺纹接口和卡口两类。其中，螺纹接口这个类别中最常用的是 C、CS、M12、M42、M58 五种。

2. 数据接口

数据接口是工业相机为了向主机（一般是工控计算机）传输图像数据所采用的一种电气接口。数据接口可以分为“数字接口”和“模拟接口”两大类，前者传输的是数字信号，后者传输的是模拟信号。

3. 电源及控制接口

电源及控制接口是用于向工业相机供电以及控制工业相机进行获取图像数据所采用的一

种电气接口。

三、工业镜头

根据目前行业内的分类，镜头主要分为定焦镜头、变焦镜头、放大镜头以及双远心镜头等。工业项目应用最多的是工业定焦镜头，如图 5-107 所示。

1. 作用

将折射率不同的各种硝材通过研磨，加工成高精度的曲面，把这些镜头进行组合，就是设计镜头。从伽利略时代开始使用的普遍技术是其基本原理。为得到更清晰的图像，人们一直在研发试制新的硝材和非球面镜片。

图 5-107 工业定焦镜头

2. 参数

（1）焦距 焦距是工业镜头的主要参数，与图像采集系统的工作距离息息相关，焦距越长，要求的工作距离也就越长。通常来说，工作距离取决于设备的安装空间，常用 16mm、25mm 和 35mm 的焦距，焦距小于 16mm 的镜头一般会出现明显畸变。

（2）光圈值 光圈值（焦距/通光直径）通常表示为 F×.×或 X：×.×，光圈 F 值越小，通光孔径越大，同一单位时间内进光量越多，图像亮度越高，景深越小，分辨率越高。

（3）分辨率（单位为 lp/mm） 分辨率又称鉴别率、解像力，指镜头清晰分辨被摄景物纤维细节的能力。制约工业镜头分辨率的原因是光的衍射现象，即衍射光斑（爱里斑）。镜头分辨率与相机分辨率应尽量相近。

【任务分析】

针对视觉工艺单元的装调，对本任务实施方案分析如下。

1. 视觉工艺单元的安装

1）视觉工艺单元框架的安装。

2）视觉工艺单元外围设备的安装。

2. 相机镜头的调节

1）相机光圈及成像清晰度调节。

2）光源调节。

【任务实施】

步骤一、准备好底板和立柱，分别将四根立柱装于底板上，进行预拧紧，如图 5-108 所示。

步骤二、将把手和控制器分别固定于底板上，如图 5-109 所示。

步骤三、将型材固定于底板上。

步骤四、将显示器支架固定于型材上，进行预拧紧，方便后续调整，如图 5-110 所示。

步骤五、将显示器固定于支架上，调节显示器支架至合适位置后紧固，如图 5-111 所示。

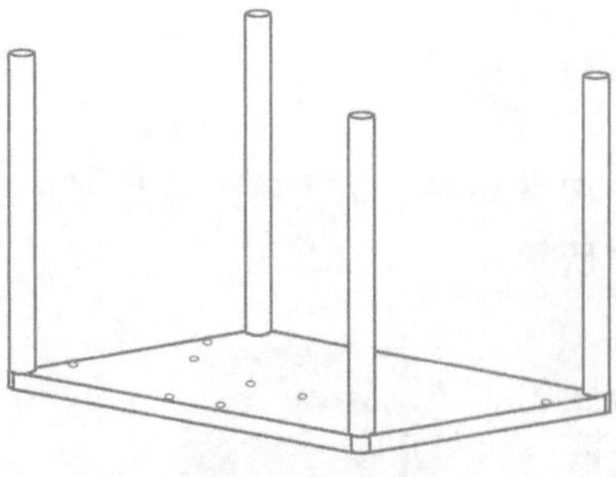

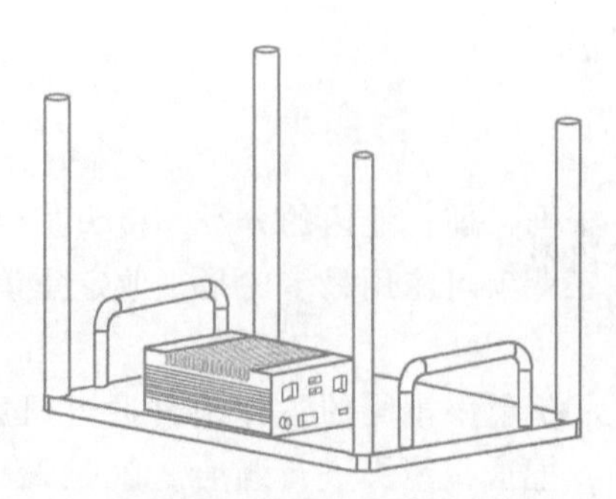

图 5-108　安装立柱

图 5-109　安装把手与控制器

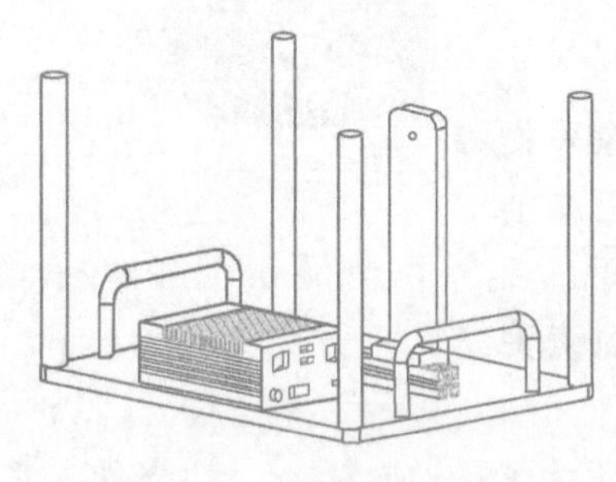

图 5-110　安装显示器支架

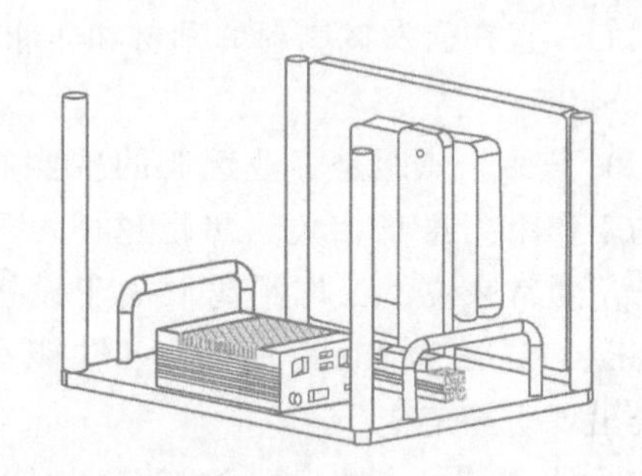

图 5-111　安装显示器

步骤六、将上板固定于立柱上，将底板与上板分别紧固，如图 5-112 所示。

步骤七、将视觉底座固定于上板，插入光轴固定，如图 5-113 所示。

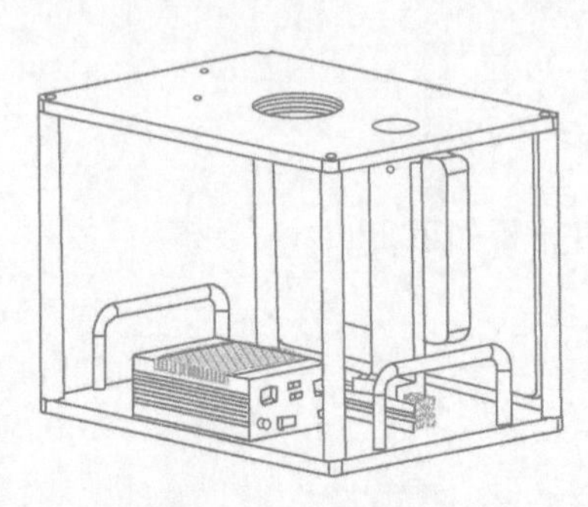

图 5-112　安装上板

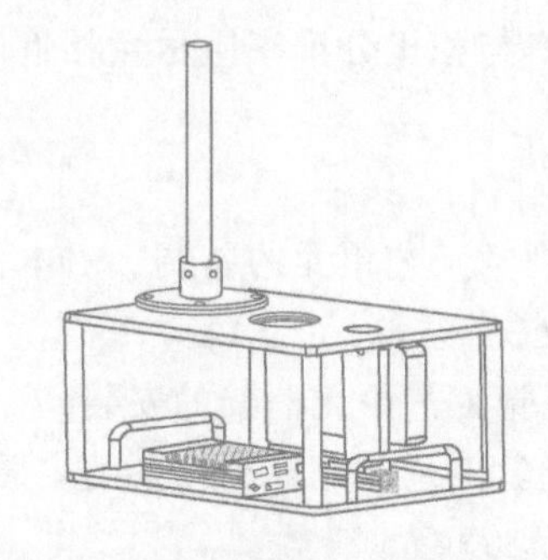

图 5-113　安装视觉底板与光轴

步骤八、将光源支架与相机支架分别从光轴上方插入，进行预拧紧。

步骤九、安装光源于光源支架处，如图 5-114 所示。

步骤十、将相机安装板固定于相机支架上，安装工业相机于相机安装板处，如图 5-115 所示。

步骤十一、将视觉工艺单元各线接插完成后上电。

步骤十二、打开 VisionController 软件。

步骤十三、调节光源亮度，如图 5-116 所示。

步骤十四、打开 VisionMaster 3.2 软件。

步骤十五、打开连续拍摄，观察拍摄画面。

步骤十六、通过调节工业镜头上的对焦筒和光栏筒，对画面清晰度和亮度进行调节。

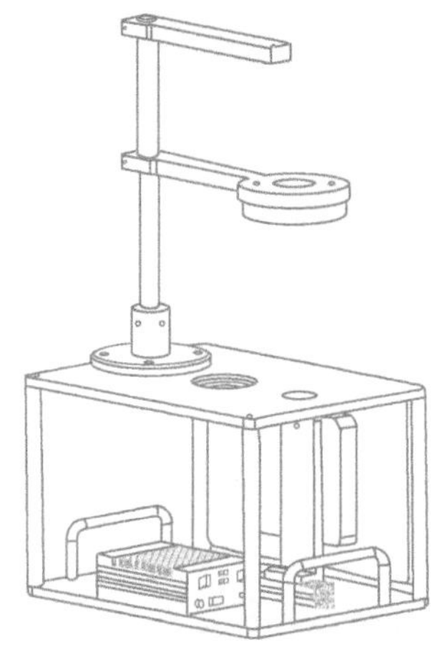
图 5-114　安装光源支架及光源

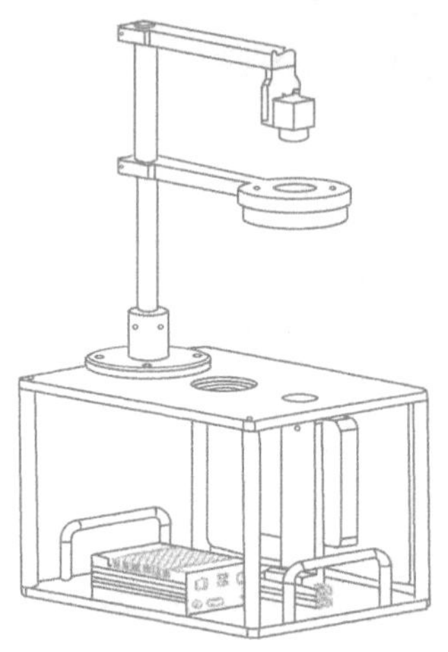
图 5-115　工业相机安装完成

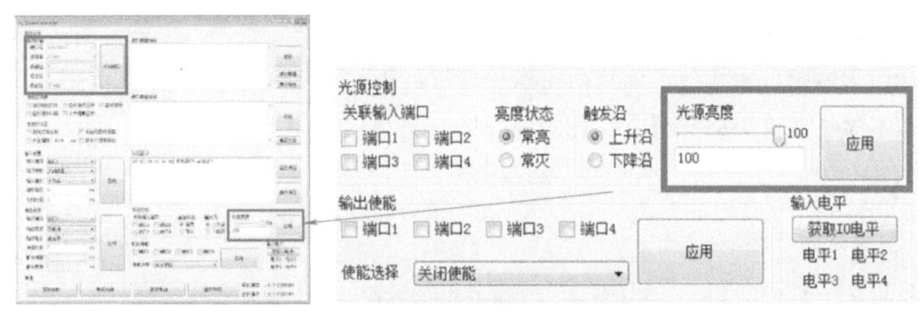

图 5-116　调节光源亮度

【任务评测】

1. 自我评价

由学生根据学习任务完成情况进行自我评价，记录得分值于表 5-17 中。

表 5-17　自我评价

评价内容	配分	评分标准	得分
了解视觉工艺单元的机械结构	10	1. 了解视觉工艺单元的结构组成 2. 掌握视觉工艺单元的机械部件及安装方式	
安装视觉工艺单元	20	1. 能够正确选取视觉工艺单元的机械部件 2. 能按正确顺序安装视觉工艺单元 3. 安装视觉工艺单元的部件合理,不妨碍下一部件安装 4. 视觉工艺单元的活动部件能活动自如,不卡顿、无杂音	
视觉工艺单元的结构调整	20	1. 安装完视觉工艺单元后能进行机械微调 2. 相机和光源距离合理	
机械及电气维护	30	1. 紧固螺钉后,机械部件不松动、不摇晃 2. 通电调整相机,镜头清晰,光圈亮度合适	
工具使用	10	能正确合理使用工具,不破坏工具	
安全意识	10	遵守安全操作规范要求	

2. 小组评价

由同实训小组的同学结合自评的情况进行互评，记录得分值于表5-18中。

表5-18 小组评价

项目内容	配分	得分
1. 实训记录与自我评价情况	30	
2. 工业机器人作业前准备工作流程	30	
3. 相互帮助与协作能力	20	
4. 安全、质量意识与责任心	20	

3. 指导人员评价

由指导人员结合自评与互评的结果进行综合评价，并给出评价意见与得分值。

【任务评测】

1）安装底板时能否直接紧固？为什么？
2）使用工业相机不装镜头进行拍摄会如何成像？
3）若不对工业镜头进行调节，会出现什么情况？

项目6 维护与维修工业机器人系统

任务6.1 维护保养工业机器人系统

【任务目标】

1）了解工业机器人各个部件的使用注意事项以及维护保养等知识。
2）掌握工业机器人本体以及配套系统的维修和保养相关知识。

【知识准备】

一、设备维护理论简介

机器人设备的管理与维护是为了保障机器人安全运转和减少机器人故障停机时间。机器人必须经常定期保养，这一点直接影响系统的使用寿命。管理部门要充分认识到机器人维护的重要性，需要从根本上建立健全制度。同时，工业机器人维护需要一批经过严格训练的专业人员。

工业机器人的维护保养可分为一般性保养和例行维护。例行维护分为控制柜的维护保养和机器人本体的维护保养。一般性保养是指机器人操作者在开机前，对设备进行点检，确认设备的完好性以及机器人的原点位置；在工作过程中注意机器人的运行情况，包括油标、油位、仪表压力、指示信号和保险装置等；工作完成之后清理现场，清点工具和设备。

控制柜的维护保养包括一般的清洁维护，更换滤布（500h），更换测量系统电池（7000h），更换计算机风扇单元、伺服风扇单元（50000h）以及检查冷却器（每月）等。保养时间间隔主要取决于环境条件，以及机器人运行小时数和温度。机器人系统的电池是不可充电的一次性电池，只在控制柜外部电源断电的情况下才工作，其使用寿命大约为7000h。定期检查控制器的散热情况，确保控制器没有被塑料或其他材料覆盖，控制器周围要有足够的间隙，并且远离热源，控制器顶部无杂物堆放，冷却风扇正常工作，风扇进出口无堵塞现象。冷却器回路一般为免维护密闭系统，需按要求定期检查和清洁外部空气回路的各个部件，环境湿度较大时，需检查排水口是否需要定期排水。

机器人本体的维护保养，主要是机械手的清洗和检查、减速器的润滑以及机械手的轴制动测试等。

二、工业机器人本体的维护保养知识

1. 工业机器人本体的维护与保养

不同的工业机器人，其保养工作是有差异的。设备交付之后，要按照规定的保养期限或

者每5年一次进行润滑。例如，若保养期限为1万小时（运行时间），要在1万小时或者最迟于设备交付5年（视哪个时间首先到达而定）后，进行首次保养（换油）。当然，不同的工业机器人有不同的保养期限。如果机器人配有拖链系统，还要执行附加的保养工作。

2. 机器人本体维护常用工具

机器人本体维护常用工具见表6-1。

表6-1 机器人本体维护常用工具

工具名称	数量	备注
游标卡尺	1	规格为150mm
百分表	1	
推拉式弹簧秤	1	
活扳手	1	开口距离为8~9mm
内六角螺钉5~17mm	若干	规格为M5~M15
外六角套筒	1	编号为20~60
套筒扳手组	1	
力矩扳手	1	规格为10~100N·m
力矩扳手	1	规格为75~400N·m
棘轮头	1	尺寸为力矩扳手的1/2
外六角螺钉	若干	规格为M10×100
外六角螺钉	若干	规格为M16×90
注脂枪	1	
吊环螺钉	若干	M12、M20等
钳子	1	
扁嘴钳	1	
塑料锤	1	

3. 机器人本体的保养计划

若要保证机器人长时间高效率地运转，工业机器人日常的维护和保养就显得十分重要。根据上述维护保养知识，参考产品手册，结合企业生产实际情况制订按时间段进行的机器人日常维护及保养计划，见表6-2。

表6-2 机器人日常维护及保养计划

序号	日常检查及维护	三个月检查及维护（包括日常检查及维护）	一年保养（包括日常、三个月检查及维护）
1	检查设备的外表有无灰尘附着	检查各接线端子是否固定良好	检查控制柜内部各基板接头有无松动
2	检查外部电缆是否磨损、压损，各接头是否固定良好、有无松动	检查机器人本体的机座是否固定良好	检查内部电缆有无异常情况
3	检查冷却风扇工作是否正常	清扫内部灰尘	检查本体内配线有无断线
4	检查各操作按钮动作是否正常	控制装置通气口的清洁	检查机器人的电池电压是否正常

（续）

序号	日常检查及维护	三个月检查及维护（包括日常检查及维护）	一年保养（包括日常、三个月检查及维护）
5	检查机器人动作是否正常	—	检查机器人各轴电动机的制动是否正常
6	—	—	检查各轴的同步带张紧度是否正常
7	—	—	给各轴减速器加机器人专用油
8	—	—	检查各设备电压是否正常
9	—	—	外部螺栓的紧固

机器人的维护保养工作由操作者负责，操作者必须严格按照保养计划保养维护好设备，每次保养必须填写保养记录。操作者应严格按照操作规程操作，在每班交接时仔细检查设备完好状况，记录好各班设备运行情况。设备发生故障时，应及时向维修人员反映设备情况，包括故障出现的时间、故障的现象，以及故障出现前操作者进行的详细操作，以便维修人员正确快速地排除故障，顺利恢复生产。

机器人本体的检查见表6-3。

表6-3　机器人本体的检查

序号	检查内容	检查事项	方法及对策
1	整体外观	机器人本体外观上有无脏污、龟裂及损伤	清扫灰尘、焊接飞溅，并进行处理（用真空吸尘器、用布擦拭时，使用少量酒精或清洁剂；用水清洁时，加入缓蚀剂）
2	机器人上的螺钉	机器人本体上的螺钉是否紧固；执行器上的螺钉、地线是否紧固	紧固螺钉和各零部件
3	同步带	检查同步带的张紧力和磨损程度	对同步带的张紧度进行调整；同步带损伤、磨损严重时要更换
4	伺服电动机上的螺钉	伺服电动机上的螺钉是否紧固	根据力矩紧固伺服电动机上的螺钉
5	超程开关的运转	闭合开关电源，打开各轴，检查运转是否正常	检查机器人本体上有几个超程开关
6	原点标志	原点复位，确认原点标志是否吻合	目测原点标志是否吻合
7	腕部	伺服锁定时，腕部有无松动；在所有运转区域中腕部有无松动	松动时要调整锥齿轮
8	阻尼器	检查所有阻尼器上有无损伤、破裂或存在大于1mm的印痕，螺钉是否变形	目测到任何损伤必须更换新的阻尼器。如果螺钉有变形，则更换连接螺钉
9	润滑油	检查齿轮箱润滑油量和清洁程度	卸下注油塞，用带油嘴和集油箱的软管排出齿轮箱中的油，装好油塞，重新注油（注油量根据排出的量而定）
10	平衡装置	检查平衡装置有无异常	卸下螺母，拆去平衡装置防护罩，抽出一点气缸检查内部平衡缸，擦干净内部，目测内部环有无异常，更换任何有异常的部分，推回气缸，装好防护罩并拧好螺母

（续）

序号	检查内容	检查事项	方法及对策
11	防碰撞传感器	闭合电源开关及伺服电源，拨动执行器使传感器运转，查看紧急停止功能是否正常	防碰撞传感器损坏或不能正常工作时应进行更换
12	空转（刚性损伤）	运转各轴检查有无刚性损伤	
13	锂电池	检查锂电池使用时间	每一年半更换一次
14	电线束上的润滑油	检查在机器人本体内电线束上润滑油的情况	在机器人本体内电线束上涂敷润滑油，以每三年为一个周期更换
15	所有轴的异常振动、声音	检查所有运转中轴的异常振动和异常声音	用示教器手动操作转动各轴，不能有异常振动和声音
16	所有轴的运转区域	示教器手动操作转动各轴，检查在软限位报警时是否达到限位	目测是否达到硬限位，进行调节
17	所有轴与原来标志的一致性	原点复位后，检查所有轴与原来标志是否一致	用示教器手动操作转动各轴，目测所有轴与原点标志是否一致，不一致时重新检查第6项
18	变速器润滑油	打开注油塞检查油位	若有漏油，用油枪根据需要补油（第一次工作隔6000h更换，以后每隔24000h更换）
19	外部导线	目测检查有无污迹、损伤	若有污迹、损伤，进行清理或更换
20	外露电动机	目测有无漏油	若有漏油，应清理并联系专业人员
21	大修	3000h	请联系厂家人员

【任务分析】

1）了解工业机器人各个部件（如同步带、螺钉和螺栓等）的使用注意事项以及维护保养知识。

2）掌握工业机器人本体以及配套系统（如电动机、管线包等）的维修和保养相关知识。

【任务实施】

当机器人的设置环境较差时，需要在适当的时机更换润滑脂。此外，机器人缺润滑脂时，要马上予以补充。

步骤一、切断控制装置的电源。

步骤二、拆除排脂口的插销。

步骤三、供脂。一直供脂，直到从排脂口挤出来的润滑脂是新注入的为止。

步骤四、供脂完成后，释放润滑脂槽内残压。

注意：如果供脂作业操作错误，会因为润滑脂室内的压力急剧上升等原因造成油封破损，进而有可能导致润滑脂泄漏或机器人动作不良。进行供脂作业时，务必遵守下列注意事项：

1）供脂前，务必拆下封住排脂口的孔塞或密封螺栓。

2）使用手动泵缓慢供脂。

3）尽量不要使用工厂的空气泵。在某些情况下不得不使用空气泵供脂时，务必保持注油枪前端压力在规定压力以下。

4）供脂后，先按照规定步骤释放润滑脂室内的残余压力，再用孔塞塞好排脂口。

5）彻底擦掉沾在地面和机器人上的润滑脂，以避免滑倒。

机器人供脂姿势如图 6-1 所示。更换 J1～J4 轴的润滑脂如图 6-2～图 6-4 所示。

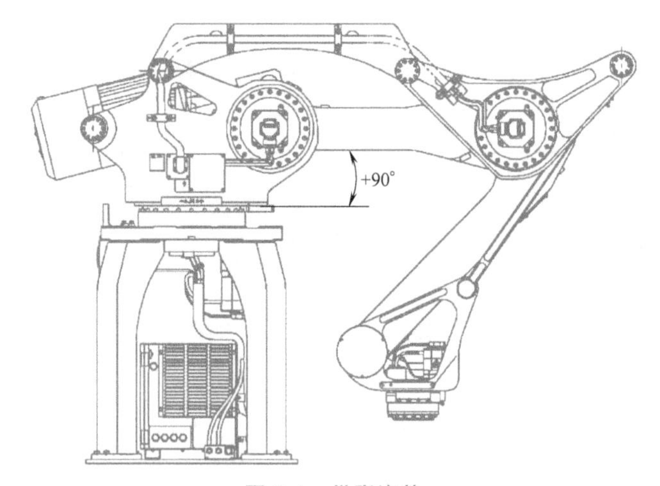

图 6-1　供脂姿势

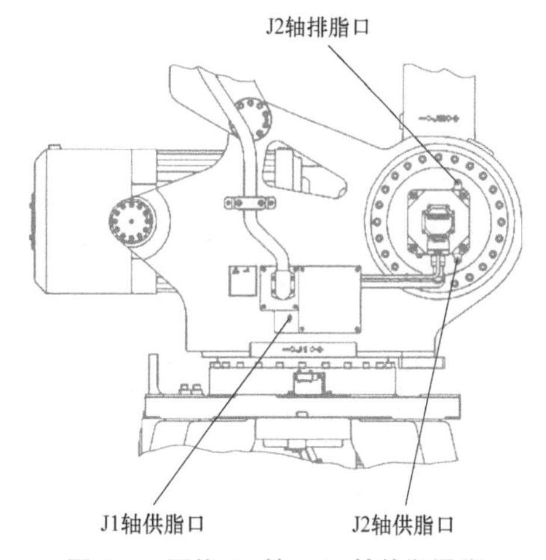

图 6-2　更换 J1 轴、J2 轴的润滑脂

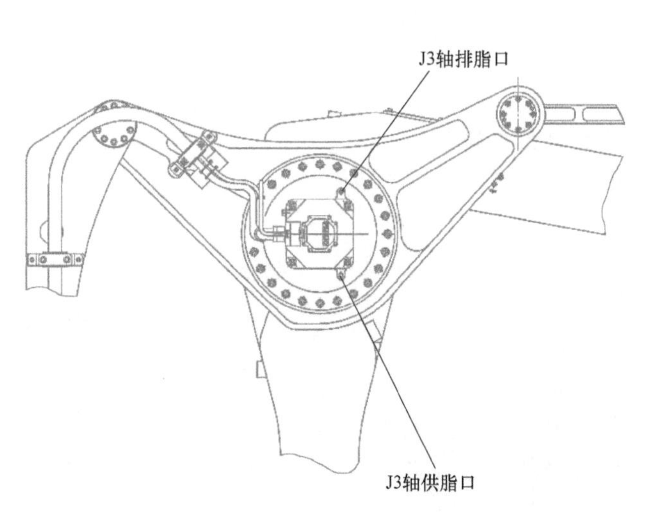

图 6-3　更换 J3 轴的润滑脂

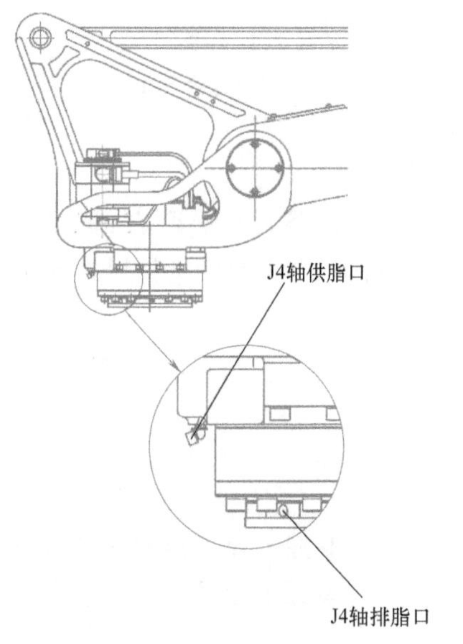

图 6-4　更换 J4 轴的润滑脂

【任务评测】

1. 自我评价

由学生根据学习任务完成情况进行自我评价，记录得分值于表 6-4 中。

表 6-4　自我评价

评价内容	配分	评分标准	得分
维护工具使用	20	正确使用维护工具	
维护与保养	70	1. 外壳无灰尘 2. 外壳无裂痕 3. 线缆无磨损、开裂 4. 安装螺钉已紧固 5. 同步带张紧度和磨损程度适当 6. 齿轮箱润滑油量和清洁程度正常 7. 锂电池电压正常	
安全意识	10	遵守安全操作规范要求	

2. 小组评价

由同实训小组的同学结合自评的情况进行互评，记录得分值于表 6-5 中。

表 6-5　小组评价

项目内容	配分	得分
1. 实训记录与自我评价情况	30	
2. 工业机器人作业前准备工作流程	30	
3. 相互帮助与协作能力	20	
4. 安全、质量意识与责任心	20	

3. 指导人员评价

由指导人员结合自评与互评的结果进行综合评价，并给出评价意见与得分值。

【任务评测】

1）机器人本体系统维护保养的安全操作规范有哪些？

2）机器人日常维护保养的流程有哪些？

任务 6.2　排除工业机器人控制系统故障

【任务目标】

1）掌握工业机器人电气控制系统维修保养的安全操作规范。

2）掌握工业机器人电气控制系统常见故障的排除方法。

【知识准备】

一、控制系统基本知识

1. 控制系统软件的功能

工业机器人的基本动作与软件功能如图 6-5 所示。工业机器人的柔性体现在其运动轨迹、作业条件和作业顺序能自由变更，变更的灵活程度取决于其软件的功能水平。工业机器人按照操作人员的示教动作及要求进行作业，操作人员可以根据作业结果或条件进行修正，直到满足要求为止。因此，软件系统应具有以下基本功能：①示教信息输入；②对工业机器人及外部设备动作进行控制；③运行轨迹在线修正；④实时安全监测。

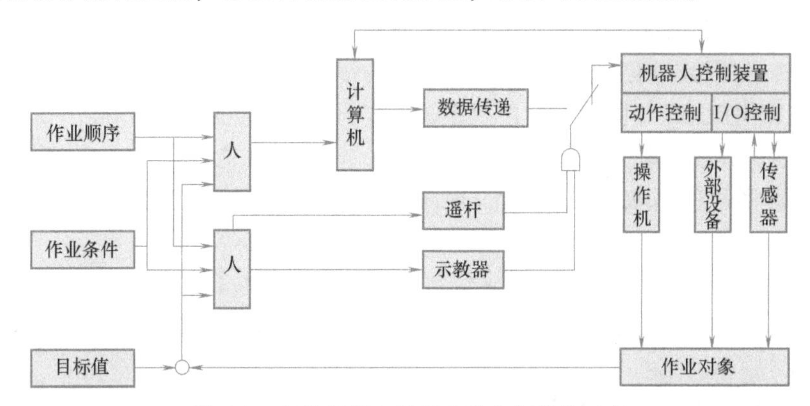

图 6-5　工业机器人的基本动作与软件功能

2. 软件构成

控制系统软件由如下三部分构成。

(1) 操作系统　操作系统是与硬件系统相关的程序集合，用于协调控制器内部任务，也提供同外部通信的媒介。其任务同计算机操作系统相类似，包括主存储器处理、接收和发送数据、输入/输出单元、外围设备、传感器输入设备及对其他通信要求的响应。机器人操作系统应快速响应实时产生的信号，可以扩展服务于更复杂的用户要求；对于规模较小的控制系统，采用监控系统。

(2) 机器人专用程序模块　机器人专用程序模块包括坐标变换，为操作机传递应用的特殊命令，提供轨迹生成、运动学和动力学的限制条件，处理力反馈、速度控制、视觉输入和其他传感器输入信号，处理输出数据和面向机器级的 I/O 错误。为提供可维护、自生成文件和结构化的程序，常用 PASCAL、C 语言或其他适合实时应用场合的高级语言。汇编语言常用于编写一些实时性强而其他语言又无法处理的场合。

(3) 机器人语言　机器人语言是软件接口，编程者通过它可直接操纵机器人执行需要的动作。这种语言应具有与用户友好的界面，提供简单的编辑功能，可使用宏指令或子程序解决应用的具体任务。

3. 软件功能

机器人控制系统软件功能是由机器人的应用过程决定的。控制系统软件一般由实时操作系统进行调度管理。简单的控制系统软件则在监控程序下运行。

4. 工业机器人控制系统的主要功能

工业机器人控制系统的主要任务是控制工业机器人在工作空间中的运动位置、姿态和轨迹、操作顺序及动作的时间等。工业机器人控制系统的主要功能有以下两项。

(1) 示教再现功能　示教再现控制是指控制系统可以通过示教盒或手把手进行示教，将动作顺序、运动速度和位置等信息用一定的方法预先教给工业机器人，由工业机器人的记忆装置将操作过程自动记录在存储器中，当需要再现操作时，重放存储器中的内容即可。如需更改操作内容，只需重新示教一遍即可。

目前，大多数工业机器人都具有采用示教方式来编程的功能。示教编程一般可分为手把手示教编程和示教盒示教编程两种方式。

1）手把手示教编程。手把手示教编程方式主要用于喷漆、弧焊等要求实现连续轨迹控制的工业机器人示教编程中。具体方法是：人工利用示教手柄引导末端执行器经过所要求的位置，同时由传感器检测出工业机器人各关节处的坐标值，并由控制系统记录、存储这些数据信息。实际工作中，工业机器人的控制系统重复再现示教过的轨迹和操作技能。

手把手示教编程能实现点到点（PTP）控制；与连续轨迹（CP）控制不同的是，它只记录各轨迹程序移动的两端点位置，轨迹的运动速度则按各轨迹程序段对应的功能数据输入。

2）示教盒示教编程。示教盒示教编程方式是人工利用示教盒具有的各种功能按钮来驱动工业机器人的各关节轴，按作业需要的顺序单轴运动或多关节协调运动，从而完成位置和功能的示教编程。

示教盒通常是一个带有微处理器、可随意移动的小键盘，内部 ROM 中固化有键盘扫描和分析程序。其功能键一般具有回零方式、示教方式、自动方式和参数方式等。

由于示教编程控制具有编程方便、装置简单等优点，在工业机器人的初期得到较多的应用；同时，由于其编程精度不高、程序修改困难、示教人员对编程要熟练等的限制，促使人们又开发了许多新的控制方式和装置，使工业机器人能更好、更快地完成作业任务。目前，随着计算机技术与制造技术的发展，示教盒的功能更加丰富。

（2）运动控制功能　运动控制功能是指对工业机器人末端执行器的位姿、速度和加速度等项的控制。

工业机器人的运动控制是指在工业机器人的末端执行器从一点移动到另一点的过程中，对其位置、速度和加速度的控制。由于工业机器人末端操作器的位置和姿态是由各关节的运动引起的，因此，对其运动的控制实际上是通过控制关节运动实现的。

工业机器人关节的运动控制一般可分为两步进行：第一步是关节运动伺服指令的生成，即指将末端执行器在工作空间的位置和姿态的运动转化为由关节变量表示的时间序列或表示为关节变量随时间变化的函数，这一步一般可离线完成；第二步是关节运动的伺服控制，即跟踪执行第一步生成的关节变量伺服指令，这一步是在线完成的。

5. 工业机器人主机及控制柜的管理

（1）工业机器人主机的管理　工业机器人主机位于控制柜内，是出故障较多的部分。常见的故障有串口、并口、网卡接口失灵，无法进入系统以及屏幕无显示等。而主板是主机的关键部件，起着至关重要的作用，其集成度越来越高，维修主板的难度也越来越大，需要专业的维修技术人员借助专门的数字检测设备才能完成。主板集成的组件和电路多而复杂，容易引起故障，其中也不乏是用户人为造成的。机器人主机研究的经验主要如下：

1）人为因素。热插拔硬件非常危险，许多主板故障都是热插拔引起的，带电插拔主板及插头时，用力不当容易造成对接口、芯片等的损害，从而导致主板损坏。

2）内部因素。随着机器人使用时间的增长，主板上的元器件就会自然老化，从而导致主板故障。

3）环境因素。由于操作者的保养不当，主板上布满了灰尘，会造成信号短路。此外，静电也常造成主板上芯片（特别是 CMOS 芯片）被击穿，引起主板故障。

因此，应特别注意机器人主机的通风、防尘，减少因环境因素引起的主板故障。

（2）机器人控制柜的管理

1）控制柜的保养计划。机器人的控制柜必须按计划经常保养，以保证其正常工作。控制柜的保养计划见表 6-6。

表 6-6 控制柜的保养计划

保养内容	设备	周期	说明
检查	控制柜	6 个月	
清洁	控制柜		
清洁	空气过滤器		
更换	空气过滤器	4000h/24 个月	小时数表示运行时间，而月数表示实际的日历时间
更换	电池	12000h/36 个月	

2）检查控制柜。控制柜的检查方法与步骤见表 6-7。

表 6-7 控制柜的检查方法与步骤

步骤	检查方法
1	检查并确定控制柜里面无杂质。如果发现杂质，应清除并检查控制柜的衬垫和密封
2	检查控制柜的密封结合处及电缆密封管的密封性，确保灰尘和杂质不会从这些地方进入控制柜
3	检查插头及电缆连接的地方是否松动，电缆是否有破损
4	检查空气过滤器是否干净
5	检查风扇是否正常工作

在维修控制柜或连接到控制柜上的其他单元之前，应注意以下几点：

① 断开控制柜的所有供电电源。

② 控制柜或连接到控制柜的其他单元内部很多元件都对静电很敏感，如果受静电影响，有可能损坏。

③ 在操作时，一定要带上一个接地的静电防护装置，如特殊的静电手套等，有的模块或元件装了静电保护扣，用来连接保护手套，应使用该保护扣。

3）清洁控制柜。所需设备有一般清洁器具和真空吸尘器。一般清洁器具可以用软刷蘸酒精清洁外部柜体，用真空吸尘器进行内部清洁。控制柜内部清洁方法与步骤见表 6-8。

表 6-8 控制柜内部清洁方法与步骤

步骤	操作	说明
1	用真空吸尘器清洁控制柜内部	
2	如果控制柜里装有热交换装置，需保持其清洁。这些装置通常在供电电源、计算机模块和驱动单元后面	如果需要，可以先移开这些热交换装置，然后清洁控制柜

清洁控制柜之前的注意事项如下：

① 尽量使用上面介绍的工具清洗，否则容易造成一些额外的问题。

② 清洁前检查保护盖或者其他保护层是否完好。

③ 在清洗前，严禁移开任何盖子或保护装置。

④ 严禁使用指定外的清洁用品，如压缩空气及溶剂等。

⑤ 严禁使用高压的清洁器喷射。

6. 工业机器人控制系统的检查（表 6-9）

表 6-9 工业机器人控制系统的检查

序号	检查内容	检查事项	方法及对策
1	外观	①机器人本体和控制装置是否干净 ②电缆外观有无损伤 ③通风孔是否堵塞	①清扫机器人本体和控制装置 ②目测外观有无损伤，如果有，应紧急处理，损坏严重时应进行更换 ③目测通风孔是否堵塞并进行处理
2	复位急停按钮	①面板急停按钮是否正常 ②示教器急停按钮是否正常 ③外部控制复位急停按钮是否正常	开机后用手按下面板复位急停按钮，确认有无异常，损坏时进行更换
3	电源指示灯	①面板、示教器、外部机器、机器人本体的指示灯是否正常 ②其他指示灯是否正常	目测各指示灯有无异常，确认损坏后应更换
4	冷却风扇	运转是否正常	打开控制电源，目测所有风扇运转是否正常，不正常应予以更换
5	伺服驱动器	伺服驱动器是否洁净	清洁伺服驱动器
6	底座螺栓	检查有无缺少、松动	用扳手拧紧、补缺
7	盖类螺栓	检查有无缺少、松动	用扳手拧紧、补缺
8	放大器输入/输出电缆安装螺钉	①放大器输入/输出电缆是否连接 ②安装螺钉是否紧固	连接放大器输入/输出电缆，并紧固安装螺钉
9	编码器电池（后备电池）	机器人本体内的编码器挡板上的蓄电池电压是否正常	电池没电，机器人遥控盒显示编码器复位时，按照机器人维修手册上的方法进行更换
10	I/O 模块的端子导线	I/O 模块的端子导线是否连接	连接 I/O 模块的端子导线，并紧固螺钉
11	伺服放大器的输入/输出电压（AC、DC）	打开伺服电源，参照各机型维修手册测量伺服放大器的输入/输出电压（AC、DC）是否正常。判断基准在±15%范围内	建议由专业人员指导
12	开关电源的输入/输出电压	打开伺服电源，参照各机型维修手册，测量各开关电源的输入/输出电压。输入端为单相 220V，输出端为 DC 24V	建议由专业人员指导
13	电动机抱闸线圈打开时的电压	在电动机抱闸线圈打开时的电压判定基准为 DC 24V	建议由专业人员指导

【任务分析】

1）掌握工业机器人电气控制系统维修保养的安全操作规范。

2）掌握工业机器人电气控制系统常见故障的排除方法。

3）掌握工业机器人电气控制系统常见故障的维修手段。

【任务实施】

机器人各轴的位置数据供电通过后备电池供电保存，后备电池每过一年半应更换。但是机器人在关掉控制柜主电源后，六个轴的位置数据是由后备电池供电进行保存的，此时会缩短后备电池的使用寿命，因此后备电池的电压下降报警显示时，也应更换电池。更换电池的操作步骤如下：

步骤一、为预防危险，先按下急停按钮。

步骤二、拆下电池盒盖。

步骤三、从电池盒中取出旧电池。

步骤四、将新电池装入电池盒中。注意：不要弄错电池的正、负极性。

步骤五、安装电池盒盖。

电池盒如图 6-6 所示。

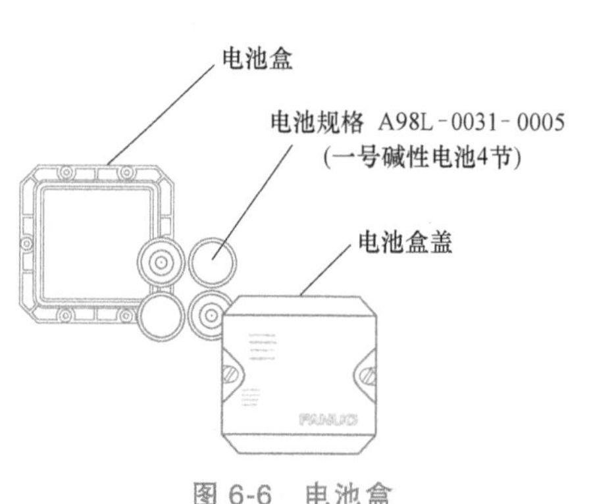

图 6-6 电池盒

在更换电池时需要注意的是：务必将电源置于 ON 状态。若在电源处在 OFF 状态下更换电池，将会导致当前位置信息丢失，从而需要进行零点标定。

【任务评测】

1. 自我评价

由学生根据学习任务完成情况进行自我评价，记录得分值于表 6-10 中。

表 6-10 自我评价

评价内容	配分	评分标准	得分
外观	9	1. 机器人本体和控制装置干净 2. 电缆外观无损伤 3. 通风孔无堵塞	
复位急停按钮	9	1. 面板急停按钮正常 2. 示教器急停按钮正常 3. 外部控制复位急停按钮正常	
电源指示灯	6	1. 面板、示教器、外部机器、机器人本体的指示灯正常 2. 其他指示灯正常	
冷却风扇	8	运转正常	
伺服驱动器	8	伺服驱动器洁净	
底座螺栓	8	检查后无缺少、松动	
盖类螺栓	8	检查后无缺少、松动	
放大器输入/输出电缆和安装螺钉	8	1. 放大器输入/输出电缆已连接 2. 安装螺钉已紧固	
编码器电池(后备电池)	8	机器人本体内的编码器挡板上的蓄电池电压正常	
I/O 模块的端子导线	8	I/O 模块的端子导线已连接	
伺服放大器的输入/输出电压(AC、DC)	10	打开伺服电源，参照各机型维修手册测量伺服放大器的输入/输出电压(AC、DC)在基准电压的±15%范围内	
安全意识	10	遵守安全操作规范要求	

2. 小组评价

由同实训小组的同学结合自评的情况进行互评，记录得分值于表 6-11 中。

表 6-11　小组评价

项目内容	配分	得分
1. 实训记录与自我评价情况	30	
2. 工业机器人作业前准备工作流程	30	
3. 相互帮助与协作能力	20	
4. 安全、质量意识与责任心	20	

3. 指导人员评价

由指导人员结合自评与互评的结果进行综合评价，并给出评价意见与得分值。

【任务评测】

1）工业机器人控制系统的主要功能有哪些？
2）工业机器人控制系统常见故障的维修手段有哪些？
3）如何进行工业机器人电气控制系统后备电池的更换？

参 考 文 献

[1] 技工学校机械类通用教材编审委员会. 电工工艺学 [M]. 5版. 北京：机械工业出版社，2012.

[2] 隋冬杰，谢亚青. 机械基础 [M]. 上海：复旦大学出版社，2010.

[3] 周真，苑惠娟. 传感器原理与应用 [M]. 北京：清华大学出版社，2011.

[4] 汤晓华，蒋正炎，陈永平，等. 工业机器人应用技术 [M]. 北京：高等教育出版社，2015.

[5] 吕景泉. 工业机械手与智能视觉系统应用 [M]. 北京：中国铁道出版社，2014.

[6] 颜玮. 工业机器人快换装置的安装与调试 [J]. 山东工业技术，2016 (19)：9-10.